The wolf's wisdom

激流勇进
永不言败

- 我们残忍,但是我们从不苛求;我们贪婪,但是我们从不忘宽容!
- 失败的团队没有成功者,成功的团队成就每一个人!
- 狼的生存就是在恶劣的环境中坚强的创造生存空间;狼的团队就是在充满争斗的环境中建立强大的团队力量;狼的智慧就是在强者如林的环境中不断的竞争超越!

狼道 智慧

张 玲 ◎ 编著

陕西新华出版传媒集团
三秦出版社

图书在版编目(CIP)数据

狼道智慧 / 张玲编著. -- 西安：三秦出版社，
2012.6（2018.11重印）
（影响一生的成功励志经典）
ISBN 978-7-5518-0105-8

Ⅰ.①狼… Ⅱ.①张… Ⅲ.①成功心理－通俗读物
Ⅳ.①B848.4-49

中国版本图书馆CIP数据核字(2012)第039054号

狼 道 智 慧

张 玲 编著

出版发行	陕西新华出版传媒集团 三秦出版社
社　　址	西安市雁塔区曲江新区登高路1388号
电　　话	（029）81205236
邮政编码	710061
印　　刷	阳信龙跃印务有限公司
开　　本	787×1092　1/10
印　　张	30
字　　数	240千字
版　　次	2012年6月第1版
	2019年1月第7次印刷
标准书号	ISBN 978-7-5518-0105-8
定　　价	39.80元
网　　址	http://www.sqcbs.cn

前　言

人类在远古时代，就对狼充满了尊敬与崇拜，许多民族甚至将狼作为图腾。自古以来，人们对狼的是非也是褒贬不一。我们不得不承认，尽管在恶劣的生存环境中，狼群却仍能够顽强地生存下来，这其中必有值得人类学习、借鉴的智慧所在。

事实上，古今中外，凡能成就大业者，也都具有一种"狼"的气质。当忍则忍、有勇有谋者的处世智慧与狼的生存之道颇有许多共通处。在残酷的自然界竞争中，狼族以其顽强、坚韧、忠诚、合作、牺牲的优秀品质，成为动物界里最有生命力、竞争力和最具个性的族群。它们在自然界的竞争中始终牢牢占据着强者的地位，从而雄行天下。捕猎时，它们会遇到种种险阻，但它们始终保持高昂的斗志与激情，勇往直前；它们自始至终都很清楚自己的位置与职责，并且为此奋力拼搏；为了捕获猎物，它们不得不忍受饥肠辘辘，在猎物活动的地方守上几个昼夜，以寻找最佳时机；一只狼想要捕获猎物并非易事，但几十只狼团结在一起却可以捕捉数百只的羚羊群；它们始终忠诚于自己的团队，在与敌人的战斗中，如果有同伴牺牲，狼群就不会离去，它们会围绕同伴的尸体不停地哀嚎。这就是狼族的狼道——自强不息、主动自发、坚韧不拔、团队精神！

每个人都有不同于他人的生活环境，但这并非就是决定一个人成败的关键因素。无论如何，我们都要相信自己，相信经过自己的不懈努力一定能彻底改变结果。在人生的道路上，每个人都应该懂得掌控自己的命运。

也就是说，如果我们能学会接受自己，认识自己，知己所长、所短，便能稳步前行，达到目标。秉持自我本色，勇敢做自己，这才是生命的意义所在。

　　本书以生动的案例，对狼的优秀素质及卓越精神进行了深入剖析。在如今残酷的社会竞争中，一个人若具备了狼的诸多素质，则定能令其拥有强大的力量，取得令人瞩目的成功；一个团队若获得了狼的这种精神，那么它也将会无往不胜，创造出巨大的辉煌！希望通过阅读本书，能让你以全新的视角"以狼为师，学狼之长"，成为以智慧生存的强者！

目 录

第一章
百折不挠　笑傲沙场

狼道智慧之一：全力以赴，不找借口 …………… 2
狼道智慧之二：不畏艰险，坚韧不拔 …………… 4
狼道智慧之三：傲骨铮铮，宽宏大量 …………… 11
狼道智慧之四：志存高远，乘风破浪 …………… 17
狼道智慧之五：团队意识，服从第一 …………… 21
狼道智慧之六：保持危机，提升自我 …………… 22
狼道智慧之七：昂扬斗志，永不服输 …………… 25
狼道智慧之八：耐心坚守，锲而不舍 …………… 27
狼道智慧之九：和衷共济，双赢为上 …………… 32
狼道智慧之十：张扬个性，纵横不羁 …………… 34
狼道智慧之十一：坚持到底，永不放弃 …………… 38

第二章
勇猛无畏　力争上游

狼道智慧之十二：强者之道，绝不示弱 …………… 42
狼道智慧之十三：勇者无畏，执着追求 …………… 45
狼道智慧之十四：保持热忱，激情生活 …………… 47
狼道智慧之十五：不求全面，只求专精 …………… 53
狼道智慧之十六：聚精会神，专注目标 …………… 56
狼道智慧之十七：辨明主次，实现目标 …………… 57
狼道智慧之十八：选定目标，紧盯不放 …………… 61
狼道智慧之十九：提升实力，设定目标 …………… 64
狼道智慧之二十：细化目标，积极实现 …………… 68
狼道智慧之二十一：永争第一，力争上游 …………… 75
狼道智慧之二十二：勇往直前，全力以赴 …………… 76
狼道智慧之二十三：完美追求，创造第一 …………… 77
狼道智慧之二十四：激情野性，追求卓越 …………… 78
狼道智慧之二十五：主动出击，无畏无惧 …………… 80
狼道智慧之二十六：紧抓机会，努力拼搏 …………… 86
狼道智慧之二十七：生生不息，自强自立 …………… 89
狼道智慧之二十八：增强实力，战无不胜 …………… 93

第三章
积极进取　坚守信念

狼道智慧之二十九：激流勇进，逆境崛起 …………… 96
狼道智慧之三十：笑对困境，强者人生 …………… 98

狼道智慧之三十一：信心十足，成功百倍 …………… 100
狼道智慧之三十二：亲力亲为，创造辉煌 …………… 101
狼道智慧之三十三：志当存高远 …………………… 104
狼道智慧之三十四：成功之道，在乎主动 …………… 108
狼道智慧之三十五：赤诚忠心，进取不息 …………… 110
狼道智慧之三十六：积极行动，超越自我 …………… 111
狼道智慧之三十七：志向高洁，精英意识 …………… 115
狼道智慧之三十八：顺祥敌意，狼道千变 …………… 118
狼道智慧之三十九：吸纳知识，日新月异 …………… 122
狼道智慧之四十：浴火重生，生生不息 …………… 125
狼道智慧之四十一：不弃不离，天道酬勤 …………… 130
狼道智慧之四十二：保持冷静，谨言慎行 …………… 135
狼道智慧之四十三：生命不息，挑战不止 …………… 136

第四章
打碎桎梏　能者为上

狼道智慧之四十四：打破常规，随机应变 …………… 144
狼道智慧之四十五：千变万化，变是不变 …………… 147
狼道智慧之四十六：保持距离，健康交往 …………… 150
狼道智慧之四十七：生存第一，永不放弃 …………… 155
狼道智慧之四十八：生存智慧，机敏狡黠 …………… 158
狼道智慧之四十九：学会韬晦，达到目标 …………… 161
狼道智慧之五十：张弛有道，功成身退 …………… 172
狼道智慧之五十一：注重实效，忽略虚荣 …………… 178
狼道智慧之五十二：积极应对，灵活多变 …………… 182
狼道智慧之五十三：借力打力，借势成功 …………… 186
狼道智慧之五十四：灵活应变，创新思维 …………… 190

狼道智慧之五十五：困境崛起，全力以赴 …………… 194
狼道智慧之五十六：审时度势，当机立断 …………… 196
狼道智慧之五十七：果断取舍，不拘一格 …………… 199
狼道智慧之五十八：物竞天择，适者生存 …………… 203

第五章
进退有据　八面玲珑

狼道智慧之五十九：退后一步天地宽 ………………… 208
狼道智慧之六十：顺势而为，避免冲突 ……………… 211
狼道智慧之六十一：做人办事别怕扮黑脸 …………… 213
狼道智慧之六十二：韬光养晦，掩藏锋芒 …………… 215
狼道智慧之六十三：大智若愚，大巧若拙 …………… 217
狼道智慧之六十四：涵养气量，以静制动 …………… 219
狼道智慧之六十五：宏阔大度，达观处世 …………… 221
狼道智慧之六十六：积极乐观，人生佳境 …………… 224
狼道智慧之六十七：功成身退，明哲保身 …………… 225
狼道智慧之六十八：屈己忍志，隐机以待 …………… 228
狼道智慧之六十九：衡量轻重，进退有道 …………… 230
狼道智慧之七十：详尽调查，完胜敌人 ……………… 232
狼道智慧之七十一：有条不紊，万事无忧 …………… 237
狼道智慧之七十二：迷惑敌人，声东击西 …………… 241
狼道智慧之七十三：冷静观察，避实击虚 …………… 244
狼道智慧之七十四：适可而止，所向无敌 …………… 250
狼道智慧之七十五：主动出击，永不后退 …………… 253

第六章
日新月异　潜力无穷

狼道智慧之七十六：成功之基，自信为上 …………… 260
狼道智慧之七十七：乐观豁达，笑看人生 …………… 262
狼道智慧之七十八：力争第一，把握命运 …………… 264
狼道智慧之七十九：自励自强，斗志昂扬 …………… 267
狼道智慧之八十：有胆有识，功成名就 …………… 270
狼道智慧之八十一：激发潜能，登攀高峰 …………… 274
狼道智慧之八十二：身残志坚，坦然进取 …………… 276
狼道智慧之八十三：跌倒爬起，不惧挫折 …………… 278
狼道智慧之八十四：全力争取，勤勉攻坚 …………… 279
狼道智慧之八十五：积蓄力量，迎接挑战 …………… 281
狼道智慧之八十六：勇于竞争，调动激情 …………… 283
狼道智慧之八十七：乐观心态，努力成功 …………… 286
狼道智慧之八十八：保持动力，更新观念 …………… 288

第一章
百折不挠　笑傲沙场

狼的词典里，没有失败这样的字眼，每匹狼在一生的战斗中，难免会遭遇失败甚至惨败，然而却永不会遭遇怯懦与退缩；狼，只会在一次次的成功或者失败之后，冷静地开始另一次战斗；失败，从不会占据狼的脑海。

狼道智慧之一：
全力以赴，不找借口

每次围猎，每匹狼都要严格执行狼王的命令，即使拼死一搏，也不能惧怕。

没有任何借口是执行力的表现，无论做什么事情，都要记住自己的责任，无论在做什么样的事情，都要对自己的行为负责。执行就是不找任何借口地去执行，这就是狼的纪律，狼的执行力。

NBA明星基德小的时候，常跟父亲去打保龄球。每一回合的较量，他得分都低于父亲。一次次地输给父亲，让小基德心里很不服气，每次他总是找出这样或那样的理由，去遮掩自己与父亲球技上的差距。

这天打完保龄球，他又是一败涂地。又找借口解释自己为何没打好，这回父亲直捣要害地说："别再找借口了。你保龄球打得不好，是因为你不够用功。"

一个人无论逃避责任，还是推脱过错，总能找到借口。任何时候，任何情况下，借口都无助于成功，反而会拖累前进的步伐。父亲的这一逆耳之言，对基德的震动很大。从这一天开始，他把注意力倾注到用功练习上，而不是事后找借口。

"海信集团之所以能够在海内外市场的激烈竞争中一直保持其电视、空调、冰箱、手机等主导产品的产销规模，每年以两位数的速度递增，达到现在的221亿元人民币，原因与其说是决策成功，不如说是海信拥有一支高水平执行力的团队。"海信集团领导对记者所提的问题直白作答，"对于企业而言，丧失了执行力是致命的。"

这种执行文化强化的是每一位学员想尽办法去完成任何一项任务，而不是为没有完成任务去寻找借口，哪怕是看似合理的借口。而想尽办法完成任务的背后，体现的是一种服务态度，一种敬业精神，一种完美的执行力。

举例来说，中国某一大型国有企业因为经营不善导致破产，后来被一个外国财团收购。令人惊讶的是，该财团仅将财务、管理、技术等几个要害部门的高级管理人员换成了本国人，其他人与机器设备一概没变，只是要求员工将原有的制度坚定不移地执行下去，不到一年时间，该企业便扭亏为盈了。

"据此可以断言，仅有战略并不能让企业在激烈的竞争中脱颖而出，只有执行力才能使企业创造出实质的价值。失去执行力，就失去了企业长久生存和成功发展的保障。"海信集团董事长语气慨然加重，"海信集团虽未有过面临死而复生的体验，但在某一决策的成败上却感受到了贯彻执行的重要性。"

海信集团领导认为，执行是一种暴露现实并根据现实采取行动的系统化方式，其流程包括对方法和目标的严密讨论、质疑、坚持不懈地跟进，以及责任的具体落实。如何强化企业的执行力？海信集团领导说，企业最根本的目的是盈利。因此，海信集团要求自己的每一个员工为了企业的根

本利益而坚决贯彻执行好企业的经营方针，决不为讨好上司而盲目地执行其有悖于企业经营方针的任何一项指示。对集团的各级管理人员，则要求其具备灌输思想和贯彻行为两种能力，即向员工灌输企业的经营思想，使之自觉具有坚定不移地执行企业经营思想的行为。

"企业的核心竞争力的大小在于其执行力的强弱，目前已成为海内外企业决策者的共识。将执行力和企业战略、核心竞争力紧密联系在一起，与企业的理念、抱负、责任等同起来，全心全意做你应做之事，没有任何借口而不为，是企业强化员工执行力所要达到的理想境界。"

在海信集团领导决策层眼里,执行力的源泉是文化。企业之间的竞争,事实上都是执行力的竞争,而执行力的竞争归根到底是执行文化的竞争。因此,从海信诞生那一天起,海信电器就不遗余力地在企业理念、精神、文化等方面培育具有扬子江特色的执行文化,使海信的"执行"有了行为的最高准则和终极目标文化的深厚土壤。

对于执行力文化,作为领导有自己独特的理解:"人始终是企业中的决定性因素,所有企业的问题,事实上都是人的问题,而只有文化才能改变人的意识,从而改变人的行为。任何新的战略的模式都会引来众多的模仿者,而企业的执行文化却是无法复制的。多数企业的失败,是由于没有建立起一种执行文化,使执行成为无本之木,无源之水。"

因为"1%的不执行就会招致100%的失败"。因此,公司执行文化就是"执行"无条件,一声喊到底,差一点都不行。为提升企业的执行力文化,扬子江药业从培养职工对企业的认同感、责任感、使命感、归属感入手,积极引导职工爱企业、爱岗位、争奉献,通过潜移默化的厂史教育、理念教育,激发全体职工"心往一处想,劲往一处使""个人服从组织,执行没有借口"的工作热情和拼搏精神。

狼道智慧之二:

不畏艰险,坚韧不拔

狼在捕猎的时候,常常会遇到猎物拼死抵抗,一些大型猎物有时还会伤及狼的生命。但只要狼锁定了猎物,不管跑多远的路程,耗费多长时间,冒多大的风险,它都是不会放弃的,不捕获猎物誓不罢休,永不言败。

这就是狼的另一个成功要素——坚韧。

春秋战国时代,一位父亲和他的儿子出征作战。父亲已做了将军,儿子还只是马前卒。又一阵号角吹响,战鼓雷鸣之时,父亲庄严地托起一个箭囊，箭囊装着一支箭。父亲郑重地对儿子说："这是家传宝箭，佩戴身边，力量无穷，但千万不可抽出来。"

那是一个精美华丽的箭囊，厚牛皮打制，镶着幽幽泛光的铜边儿，再看露出的箭尾，一眼便能看出是用上等的孔雀羽毛制作。儿子喜上眉梢，想象着箭杆、箭头的模样，耳旁仿佛有嗖嗖的箭声掠过，敌方的主帅应声落马而毙。

果然，佩戴宝箭的儿子英勇非凡，所向披靡。当鸣金收兵的号角吹响时，儿子再也禁不住得胜的豪气，完全背弃了父亲的叮嘱，强烈的欲望驱使着他拔出了宝箭，试图看个究竟。骤然间他惊呆了——箭囊里竟然装着一支折断的箭。

"原来我一直拎着支断箭打仗呢！"儿子吓出了一身冷汗，就像顷刻间失去支柱的房子，他的意志轰然坍塌了。

结果不言自明，儿子惨死于乱军之中。

这个故事告诉我们，只有把自己的意志磨砺得像箭一样坚韧，我们在生活中、事业上才能"百步穿杨""百发百中""平步青云"。毁灭它的是我们自己，拯救它的也是我们自己。毁灭，还是生存？选择的权利在我们自己的手中。狼选择了坚韧，朝着自己锁定的目标，奋勇直前，永不放弃，因为它知道：

它的生命每天都在接受类似的考验。如果它坚韧不拔，勇往直前，迎接挑战，那么，它一定会成功。

精卫本是炎帝的女儿，因游海上遭遇风浪，溺水而死。死后化做一只名叫"精卫"的鸟，形状如乌鸦，头有花纹，白嘴红足。它愤恨大海夺去了自己的青春，从西山衔来树枝和石子，发誓要填平东海，使它不再兴风作浪危害人类。

晋代诗人陶渊明曾在《读山海经》中写道："精卫衔微木，将以填沧海。刑天舞干戚，猛志固常在。"他把区区精卫小鸟与顶天立地的巨人刑天相提并论，一种悲壮之美，千百年来震撼着人们的心灵。沧海固然大，而精卫鸟坚韧的品格更为伟大。

野草的种子在面对黑黝黝的泥土时，它没有抱怨，也没有退缩、放弃，而是把全部的希望都寄托在泥土中。它珍爱每一束阳光，珍爱每一滴雨露，甚至珍爱每一缕清风。当它迎风霜、顶烈日、经雨雪后，终于挺身焕发出生命的绿色。

人和草一样，在生命历程中交织着矛盾和痛苦，充满求索的艰辛，遍布荆棘和坎坷。我们要像那不为人知的野草，萌发坚韧幼芽，使它达到根本不能被摧毁的程度。即使是受到打击也要凭着顽强的意志和坚韧的精神毅力以及对理想的不懈追求，向成功一步一步迈进。也只有这样，我们才能换来无比丰硕的成功果实。

荒野中觅食的狼在任何困境下都能够勇往直前，而一个意志坚韧的人应该是思想开明，不屈不挠，行为自律，做事灵活。我们也要相信自己是可以在任何环境下都可以生存的坚韧的狼！在任何时候，都要记得不要轻言放弃。

曾国藩是中国近代史上最有影响的人物之一，然而他小时候的天赋却不高。有一天，他在家读书，对一篇文章重复不知道多少遍了，还在朗读，因为，他还没有背下来。这时候，他家来了一个贼，潜伏在他家的屋檐下，希望等读书人睡觉之后捞点好处。可是等啊等，就是不见他睡觉，还是翻来覆去地读那篇文章。贼人大怒，忍不住跳出来说："这种水平还读什么书？"然后将那文章背诵一遍，扬长而去！

贼人是很聪明，至少比曾国藩要聪明，但是他只能成为贼，而曾国藩却成为毛泽东都钦佩的人。

那贼的记忆力真好，听过几遍的文章都能背下来，而且很勇敢，见别人不睡觉居然可以跳出来"大怒"，教训曾国藩之后，还当面将曾先生所读的内容背出，然后扬长而去。但是让人感到遗憾的是，他名不见经传。而曾国藩的坚韧意志却使他自己成为中国历史上最有影响的人物之一。克服困难，这就是狼的坚韧。

也有一些人在遇到困难或挫折时会萌发极端的想法。如果说，文化的、政治的、经济的精神刺激等因素容易使人产生极端的想法，那么使他们萌发极端想法的直接因素就是个人的挫折容忍力，而且是最主要的影响因素。在同样的文化、政治、经济、社会状况中有时很多人处于同样的动机冲突、挫折情绪的精神刺激之中，但由此而产生自杀行为的毕竟是极少数人。显然，这与人们的心理承受力相关，如果每个人都能像狼一样拥有锲而不舍的坚韧意志，那么在严重的挫折面前，我们就会变得更加坚韧，百折不挠，而不会惊慌失措，颓废沮丧，一蹶不振。

彭端淑在《为学》中讲了这样一个故事：四川边远地区有贫富悬殊的两个和尚，都想到南海朝圣，富和尚几年间一直打算雇船顺江而下直到南海，然而最终没有去成；穷和尚却仅凭着一只盛水的瓶和一只讨饭的钵，步行到达了南海并且胜利返回。

一般人都认为，这说明逆境能培养人才，而顺境则埋没人才。我倒不这样认为。辩证唯物主义理论告诉我们，外因是变化的条件，内因是变化的根据，外因通过内因而起作用。逆境、顺境都是外部条件，而不是成才的根本原因，成才的关键在于主观能动性的发挥。

身处顺境的富和尚未到达南海而身处逆境的穷和尚却最终到达，这是为什么？根本原因就是穷和尚有着坚韧的意志，不达目的不罢休的坚定信念。正是这种意志和信念存于心中，穷和尚才能到达南海。这也为我们学习狼性的法则提供了动力的源泉。

铁穆耳的经历也证明了这一点。他被敌人紧追不舍，不得不躲进了一间坍塌的破屋。就在他陷入困惑与沉思时，他看见一只蚂蚁吃力地背负着一粒玉米向前爬行。蚂蚁重复了59次，每一次都是在一个凸起的地方连同玉米一起摔下来，它总是翻不过这个坎。哦，瞧！到了第60次，它终于成功了！这只蚂蚁的行为极大地鼓舞了这位迷茫的英雄，使他开始对未来的胜利充满希望。

许多先贤都是在经历了许多苦痛的转折之后，更深刻地体味了人生的大义之所在，依靠坚韧的意志延续他们的生命力，写下了一篇篇传世经典，造就了一桩桩奇功伟业。就是在这些转折中，先哲们的坚韧和坦荡，使他们的人格和思想在历史长河上空凝聚成了一瓣瓣恒久的馨香，也正是

这些转折，把他们的意志磨炼得更加坚韧

狼的坚韧让我们看到的不仅仅只有这些。王羲之是我国历史上最杰出的书法家之一，作为中国艺术史中被尊为"书圣"的王羲之，书界赞美他"贵越群品，古今莫二，兼撮众法，备成一家"。在少年时为了写得一手好字，刻苦磨炼，精研体势，独辟蹊径，坚韧而行的精神，一直是后人的楷模。

在国外也有不少例子是狼的坚韧法则的体现。

19世纪末，电灯、电话、电报、电唱机等电器的问世，给人们的生活带来了便利和欢乐。然而，这些电器都是要用电的，没有了电，这些东西就毫无利用价值，成了一堆废物。但当时的蓄电池的使用时间却很短。爱迪生，这位举世闻名的科学家，意识到解决蓄电池"短命"问题的重要性：如果不延长蓄电池的供电时间，将会影响许多电器的利用。于是，爱迪生把研制新型蓄电池的工作提上了日程。

一旦确定了目标，爱迪生便把全部的精力投入到工作中去。在他的头脑里，其他事情，包括衣食住行似乎都淡化了，只清晰地留下研究工作。

一天，爱迪生在家里吃饭时，突然举着刀叉的手停在空中，面部表情呆板。他的夫人看惯了他的这类事儿，知道他正考虑蓄电池的问题，便关切地问："蓄电池'短命'的原因在哪里？"

"毛病出在内脏。要治好它的根，看来要给他开个刀，换器官。"

"不是大家都认为，只能用铅和硫酸吗？"夫人脱口而出。她想了想，对她的丈夫——爱迪生说这种话毫无意义。他不是在许多"不可能"之中创造了奇迹吗？于是，夫人连忙纠正道："世上没有不可能的事，对吗？"

爱迪生被夫人的这番话逗乐了。"是啊，世界上没有什么不可能的事，我一定要攻下这个难关。"爱迪生暗暗地下定决心。

问题看起来很简单，然而，做起来却是非常非常的困难。

爱迪生和他的助手们夜以继日地做实验。一个春天过去了，又一个春天过去了，苦战了3年，爱迪生试用了几千种材料，做了4万多次的实验，可依然没有什么收获。这时，一些冷言冷语也向他袭来，可爱迪生并不理会。他对自己的研究充满信心。

有一次，一位不怀好意的记者向他问道：

"请问尊敬的发明家,您花了3年时间,做了4万多次实验,都有些什么收获?"

爱迪生笑了笑说:"收获嘛,比较大,我们已经知道有好几千种材料不能用来做蓄电池。"

爱迪生的回答,博得在场的人一片喝彩声。那位记者也被爱迪生的坚韧的意志所感动,红着脸为他鼓掌。

正是凭着这种意志,爱迪生将他的实验继续下去。1904年,在一个阳光灿烂的日子,爱迪生终于用氢氧化钠(烧碱)溶液代替硫酸,用镍、铁代替铅,制成世界上第一台镍铁碱电池。它的供电时间相当长,在当时可以算是"老寿星"了。

再比如瑞典著名化学家诺贝尔。他和他的父亲在拿破仑三世的资助下研究甘油炸药,曾发生过多次爆炸事故。在1867年9月3日发生的一次大爆炸中,工厂完全被炸毁,诺贝尔的弟弟和许多工人被炸死,他本人也被炸伤,造成轰动一时的"海伦波事件",该事件引起了一些人的极大恐惧和强烈反对。面对困难,诺贝尔并未认输,他先后发明了"诺贝尔安全炸药""无烟炸药"。如果诺贝尔不具备坚韧的意志、非凡的创造力,他也不会取得这样的成就,更不会成为举世瞩目的化学家。

生下来就一贫如洗的林肯,终其一生都在面对挫败,八次选举八次都落败,两次经商失败,甚至还精神崩溃过一次。

"此路破败不堪又容易滑倒。我一只脚滑了一跤,另一只脚也因而站不稳,但我回过气来告诉自己:这不过是滑一跤,并不是死掉爬不起来了。"在竞选参议员落败后亚伯拉罕·林肯如是说。也正因为他没有放弃,始终向自己的目标努力,永不言败,才成为美国历史上最伟大的总统之一。

而对于弱者,挫折成了他们一道不可逾越的鸿沟。他们在此徘徊、唉声叹气。却没有想到这条鸿沟正是他们自己,只有征服自己,超越自我,拥有狼性，成功自然也就随之而来。但是他们没有勇气面对挫折，因而也失去了"目标"，放弃了很多本是属于自己的东西。曾经有一位日本青年到一家大公司去应聘，得到的消息是没有被录取。他在绝望中准备自杀，自杀未遂后，才得知"没被录取"是由于计算机故障带来的误报。正当他接到聘书喜形于色之时，一纸解聘书又飞到他手中，说他不能很好地面对挫折，必不能胜任今后的工作。想想看，这位青年的成功机会就在他自己手中，他却因为承受不了挫折，不能征服自己，而让这机会从他指缝间溜走了。没有勇气接受挫折的挑战，也就意味着本已积累起的成功的筹码也将失去它的分量，而新的筹码你又没有拿到，那么怎么能达到成功的顶峰呢？

狼是不畏惧失败的，促使它们勇往直前的是"猎物"，它们知道如果放弃，就要面临饥饿，甚至死亡。有时我们可能会认为自己遭受的挫折很大，或许有的人会说我遭受的打击太沉重了，而且成功的希望也非常渺茫。但是，只要我们像狼一样锁定"目标"，紧随"目标"，依靠坚韧的承受力，我们就还有希望，"猎物"就不会逃出我们的掌心。

生活中的苦涩，曾使人失望流泪；漫漫岁月的辛苦挣扎，曾催人衰老。但由于忍耐，由于奋斗，也由于不断地向上仰望，我们的生命会因坚韧而超越于所有的忧患与磨难之上。

当有一天，我们一生的剧目终于要落下帷幕，我们想要表达的，终究不是那些功名，而是内心的感受和那些曾经深深触动我们的细节。我们经历的种种外在的打击也好，磨炼也好，机遇也好，最终都将化为我们内心百折不挠的意志。不断地去努力，直到有一天，它和我们本身合二为一，成为一颗种子——一颗坚韧的种子，那顽强坚韧的种子，并没有因为自己的瘦弱、渺小而退缩，它只是拼命地钻、拼命地挺，要在困境中求生。最后，就这样长成了一棵挺拔的参天大树。

狼道智慧之三：
傲骨铮铮，宽宏大量

不可否认，狼是自然界的强者，强在极大的气量，狼不会为了所谓的尊严在自己弱小时攻击比自己强大的东西。狼不会为了嗟来之食而向人类摇尾乞怜。因为狼知道，决不可有傲气，但不可无傲骨，这就是强者的气量，随时机而动，不计较微小的得失。但又绝不会低头献媚，出卖自己的灵魂。

世上成大事者，都有一颗宽大的心。我们在生活中常可以看到一些为小事而斤斤计较的人，这样的人都是极度平庸的人，也是十分可笑的人，有一个关于棕熊的故事，可以在我们的生活中找到原型。

棕熊生活在美国阿拉斯加科迪亚克岛上，它是世界上最大的食肉动物。它的体重一般为500公斤，身高4米，最大的可达700公斤。棕熊的主要食物有各种昆虫、鲑鱼等鱼类、鸟类及野兔、土拨鼠等兽类，也对鹿、野牛、野猪等大型动物发动攻击。在山林中很少有动物能敌得过它。棕熊走路缓慢，但跑起来却很快，很多动物以为它很笨，结果往往是被它突然咬住而丢了性命。

但棕熊也有它的缺点，就是容易发怒。比如树上的猴子摘野果时不小心掉下一颗野果正好砸在了棕熊的头上，它便咆哮着要找猴子算账。结果，机灵的猴子几个跳跃便跑得无影无踪了，它还抱着那棵树不停地撕咬着。

狐狸是森林中最狡猾的动物，它常爱捉弄像棕熊这样体形庞大而气量极小的动物。狐狸喜欢躲在浓密的树叶中，专等棕熊笨重的身影出现，它便用树上的果子砸向棕熊。棕熊果然咆哮着向狐狸待的那棵树扑去，就在棕熊张开血盆大口撕咬那棵树的时候，狐狸又灵巧地跳到了另一棵树上，继续用野果向棕熊砸去。

一只小小的猴子，一只体重不足20公斤的狐狸，一颗轻飘飘的野果，原本就对棕熊这种体形庞大的动物构不成任何威胁，可棕熊一定要与它计较，结果最终因此而受伤。

生活中很多人也像棕熊一样喜欢与他人计较，结果被小事所困，整天烦恼不堪。那颗从树上突然掉下来的野果，如果你不去理会，毫不介意，野果还是野果，你还是你，互不相干；但是你理会了，便会引来重重烦恼，将自己弄得心力交瘁，把原本美好的生活搅得一塌糊涂。

成功者中是不可能有这样的人。从小的方面说，他们会慢慢地被人群湮没；从大的方面来说，我们的社会不需要这样的人。我们需要的是强者，一种宽大的气量。三国时期，东吴水军都督周瑜，容不得诸葛亮之才，三次用计害之，三次不成，反而被诸葛亮气死了。周瑜之死，实在不值什么，虽让人惋惜不已，但如此气量之人，终究不会是东吴之福吧。更有曹军军师司徒王朗，口出狂言，认为只用一席话，保管叫诸葛亮拱手而降。不料两军阵前，没有说动诸葛亮分毫，倒叫他一顿臭骂，气塞胸膛，大叫一声，撞死于马下。志气那么大，气量这般小，王朗之死，让人哭笑不得，但我们对这种人，也只有一笑而过。

气量太小者，往往是会自取灭亡的。

范仲淹《岳阳楼记》中有句话，叫做"不以物喜，不以己悲"，这才是达观的处世态度。遇事要看得开一点，想得远一点。古语说得好："将相头上堪走马，公侯肚内可撑船。"我们要做就要做现代社会中的"将相公侯"。

春秋战国时期，赵国的蔺相如因为出使秦国，临危不惧，战胜了骄横的秦王，为赵国立下大功，因而赵王封他为上卿。廉颇，是赵国的一员名将。武灵王在位时，南征北战，为赵国立有汗马之劳；赵惠文王当政后，他更是东挡西杀，为赵国屡立新功，自认为是赵国无人可比的功臣。

蔺相如为上卿后，廉颇不满地逢人便说："我有攻城野战之功，他蔺相如算什么？只不过是有口舌之劳。而且，他是宦者舍人，出身卑贱。然而，他的官位竟居我之上，我怎能甘心？哼，等我见到他，非羞辱他一番不可！"这一天，游说名士虞卿受赵惠文王之命去拜见廉颇。见面后，虞卿先是把廉颇攻城野战的功绩着实地夸耀一番，然后，话锋一转，说道："廉将军，若论军功，那蔺相如自然不如你；可若论气量，将军你可就不如他了。"廉颇先是喜形于色，后又勃然大怒，问道："蔺相如以口舌取功名，不过是一介匹夫。他有什么气量？"虞卿说："廉将军，秦王那么大的威势，蔺相如都不害怕，他怎么会怕你呢？蔺相如说，今天的秦国有点怕赵国，它所怕的，就是蔺相如跟廉将军的团结一致。如果你们俩互相攻击，那正是秦国所喜见东闻的事。那时，秦国就不怕赵国了，赵国就要遭受秦国的侵略了。所以，他蔺相如才避开你廉将军。显然，蔺相如是以国家为重，以个人的恩怨为轻。"

这廉颇被虞卿的一席话羞得红了脸。他深深地惭愧了。

于是，平常威风凛凛的廉将军，袒露着肩背，身背着荆条，不坐车辇，单身徒步到蔺相如的府上请罪来了。见到蔺相如，扑通一声，廉颇跪在了地上："蔺上卿，鄙人见识浅狭，不知上卿胸襟如海。罪过！罪过！请上卿责打我吧！"说着，廉颇从身上取下荆条，向蔺相如递去。

蔺相如见此也跪在了地上，与廉颇跪了个面对面："廉将军啊，你我二人，并肩侍主，都是社稷的重臣。将军能够体谅我，我已是感激万分了。怎敢劳将军负荆前来请罪呀！"看见蔺相如如此宽宏大度，廉颇流着泪十分诚挚地说道："蔺上卿，我愿与您结成生死之交，虽刎颈而心不变！"什么叫人杰？像廉颇、蔺相如者，就是真正的人杰。战国时期的赵国会如此强大，与赵国的杰出人才是分不开的。廉颇能"负荆请罪"，是一种美德，蔺相如身为宰相，位高权重，而不与廉颇计较，处处礼让，更是一种大气量。放在现在来说，气量宽大到这种程度，还有什么事情做不成功呢？我们在工作中，如若能有古代的廉颇和蔺相如一样的个人品质。那么，你不想成功都难了。

中国有句古话，叫做"量小非君子"。抛开成败得失不谈，一个人的气量是大是小，能够从根本上体现一个人的品质优劣。至少，气量大一点，可以做到不那么令人讨厌。谁不希望做一个令人喜欢的人呢？但是，要做到大人有大量还真不那么容易，除了要有达观的处世态度之外，还得有坚强的自制力。比如说，韩信的"胯下之辱"，没有无故加之而不怒的意志支持，那还不"一怒拔剑"？自制力从何而来？从生活中来。首先，你得立志锻炼自己做一个大量的人，并且付诸实践。其次，要时时刻刻坚持锻炼自己的心态，有一个好的心态，就会有一个好的品质，那么你也就会有宽大的气量，只要有足够的气量，能够容人你就会取得成功。

《史记留侯世家》记载：秦朝末年，张良在博浪沙谋杀秦始皇没有成功，便逃到下邳隐居。

一天，他在镇东石桥上遇到位白发苍苍、胡须长长、手持拐杖、身穿褐色衣服的老人。老人的鞋子掉到了桥下，便叫张良去帮他捡起来。张良觉得很惊讶，心想："你算老几呀？敢让我帮你捡鞋子？"张良甚至想用拳头揍对方，但见他年老体衰，而自己却年轻力壮，便克制住自己的怒气，到桥下帮他捡回了鞋子。

谁知这位老人不但不道谢，反而大大咧咧地伸出脚来说："替我把鞋穿上！"张良心底大怒："嘿，这糟老头子，我好心帮你把鞋捡回来了，你居然还得寸进尺，要让我帮你把鞋穿上，真是过分！"

张良正想脱口大骂，但他又转念一想，反正鞋子都捡起来了，干脆好人做到底。于是默不作声地替老人穿上了鞋。张良的恭敬从命，赢得了这位老人的首肯。又经过几番考验，这位老人终于将自己用毕生心血注释而成的《太公兵法》送予张良。

张良得到这本奇书，日夜诵读研究，使之后来成为满腹韬略、智谋超群的汉代开国名臣。

张良能克制自己的不快，为老人拾鞋、穿鞋，实际就是在锻炼自己的气量。看上去好像很窝囊，但这并不是软弱的表现。明知自己比老人身强力壮，却处处礼让，这既表现为对老人的尊重，也表现为对自身品格的完善。张良正是在不断礼让的过程中，磨砺了意志，增长了智慧，练就了宽大的气量。最终成为运筹帷幄之中，决胜千里之外的杰出的军事家、政治家。真正的强者总是善于在社会中努力锻炼自己，培养自己。有气量者总能掌握一种外圆内方，绵里藏针的管理、处事技巧。让别人的攻击因为没有着力点而不能发挥作用，反之，自己只需轻轻一击就可以令竞争对手受到重创，这才是真正的高手应该做的事情。

我们再来看一个例子：

战国时期，魏国有个能人，名叫范雎。范雎想帮魏王出谋划策，但是因为他家里太穷，没有自荐的本钱，只好先在中大夫须贾府上做事。有一次，范雎跟从须贾出使齐国，齐襄王久闻范雎才华出众，便派人给送来黄金和牛酒等物以示敬意。须贾大怒，认为齐王之所以送他礼物，是因为他把魏国的秘密告诉了齐国人。归国之后，须贾一状告到宰相魏齐那里。要是气量狭小的人早就不干了，可范雎仍然是不露声色。魏齐得到密报，怒不可遏，叫家兵家将杖打，范雎肋骨被打断了几根，牙齿也被打掉了好几颗。范雎装作被打死了，魏齐叫人用席子卷起来，丢到厕所里。

这还不算，须贾等人喝醉之后上厕所，他们还轮换着往范雎身上撒尿。范雎好歹也算天下名士，可在如此难堪的局面中，他忍辱负重，请卫兵帮忙把他当死尸扔到乱坟岗中。后来，范雎到了秦国，被秦昭公拜为宰相，终身为应侯，为秦国的强大作出了杰出贡献。

抛开其他的不说，我们是应该佩服范雎的气量的。成大事者，是一定要能忍让的。换个角度来说，能如此忍让也是要让时间、事实来替自己表白。时间是可以证明一切的。忍让是一种美德，亲人的错怪，朋友的误解，讹传导致的轻信，流言制造的是非……此时生气无助雾散云消，恼怒不会春风化雨，而一时的忍让则能帮助恢复你应有的形象，得到公允的评价和赞美。然后心平气和地做你应该做的事情，多好啊。

清代中期，有个六尺巷的故事。据说当朝宰相张英与一位姓叶的侍郎都是安徽桐城人。两家毗邻而居，都要起房造屋，为争地皮，发生了争执。张老夫人便修书北京，要张英出面干预。这位宰相到底见识不凡，看罢来信立即做诗劝导老夫人：

千里家书只为墙，再让三尺又何妨？万里长城今犹在，不见当年秦始皇。

张母见书明理，立即把墙主动退后三尺；叶家见此情景，深感惭愧，也马上把墙让后三尺。这样，张叶两家的院墙之间，就形成了六尺宽的巷道，成了有名的六尺巷。事情就这样：争一争，行不通；让一让，六尺巷。古代人士尚能如此，今天同事之间、邻里之间处理是非小事，更应该高上一筹。

气量中包含有忍让、宽容和不拘小节。我们从历史的长河中，能读到很多这样的故事。我们人类也不断地在学习。

《宋史》记载，有一天，宋太宗在北陪园与两个重臣一起喝酒，边喝边聊，两个大臣喝醉了，竟在皇帝面前相互比起功劳来，他们越比越来劲，干脆斗起嘴来，完全忘了在皇帝面前应有的君臣礼节。侍卫在旁看着实在不像话，便奏请宋太宗，要将这两人抓起来送吏部治罪。宋太宗没有同意，只是草草撤了酒宴，派人分别把他俩送回了家。第二天上午他俩都从沉醉中醒来，想起昨天的事，惶恐万分，连忙进宫请罪。宋太宗看着他们战战兢兢的样子，便轻描淡写地说：“昨天我也喝醉了，记不起这件事了。”

宽容是一种美德，也是有气量的一种表现。现代的领导，都难免会遇到下属冲撞自己、对自己不尊的时候，学学宋太宗，既不处罚，也不表态，装装糊涂，行行宽容。这样做，既体现了领导的仁厚，更展现了领导的睿智，既不失领导的尊严，而又保全了下属的面子。以后，上下相处也不会尴尬，你的部属更会为你效犬马之劳。

对于一个企业，领导者的心胸宽广能容纳百川。但宽容并不等于是做"好好先生"，不得罪人，而是设身处地地替下属着想，这样的老板不是父母官，也称得上是一个修养颇高的领导者。优秀的管理人员会尽量避免说不，以免伤害对方。他们不采取任何行动，希望问题会自动消失。但是，他们也绝不会说不敢面对问题或向员工投降。有气量和懦弱从根本上是有差别的。

对于个人的成功，宽容的影响更大，没有宽容，就没有信任。没有宽容，就没有团结和合作。没有宽容，就不可能出现什么奇迹。

古人讲忍字，至少有如下两层意思：其一是坚韧和顽强。晋朝朱伺说：两敌相对，唯当忍之；彼不能忍，我能忍，是以胜耳。(《晋书·朱伺传》) 这里的忍，正是顽强精神的体现。其二是抑制。被誉为亘古男儿的宋代爱国诗人陆游，胸怀上马击狂胡、下马草战书的报国壮志，也写下过"忍志常须"作为自己的座右铭。这种忍耐，不正凝聚着他们顽强、坚韧的可贵品格吗？忍让是一种眼光和度量，能克己忍让的人，是深刻而有力量的,是雄才大略的表现。

李世民(公元599~649年),即唐太宗,公元626~649年在位。在位任贤纳谏,励精图治。推行均田制、租庸调法和府兵制;发展科举制;施恩威于边境,嫁文成公主于吐蕃赞普松赞干布,加强汉藏联系,使国昌民富,被誉为"贞观之治"。《旧唐书》称其"玄鉴深远,临机果断,不拘小节,时人莫能测"。又"拔人物则不私于党,负志业则咸尽其才"。

能开创中国历史上最为强大的帝国,唐太宗的气量,不可谓不大。《旧唐书》称其"不拘小节",也许是对他最为贴切的评语。大的气量,应该做自己认为的大事,纠结于点滴小事中而不能敞开胸怀,是最得不偿失的,也是最为愚蠢的举动。

狼道智慧之四:

志存高远,乘风破浪

"志"是人的心意所向,《诗·关雎序》称:"在心为志。"作为人生的追求目标,"志"有着举足轻重的地位。狼的生存也可以称其为心态的生存,这可以引申到我们人类的志求高远。

立志也就是使一个人从大地上站立起来。从懵懵懂懂中清醒过来,从浑浑噩噩中悔悟过来,从芸芸众生中凸显出来。生活不能没有目的,人生不能没有方向。"立志",就是给人生一个目的,一个方向,让智慧、情感和意志沿着既定的方向驶向既定的目的。《大学》有言:"知止而后能定,定而后能静,静而后能安,安而后能虑,虑而后能得。"这个止,就是人生的至善境界，生活的目的，它是使人高大的东西，支撑人的价值和尊严的东西。

在中国文化的传统意义上，立志与做人是紧密相关的，志向如何，不但决定人的品格如何，而且也决定个人人生智慧成就如何。说到立志，也是一种人生智慧。一方面，需要有崇高的目标，如诸葛亮写给他外甥的一封信中说："夫志当存高远……若志不强毅，意不慷慨，徒碌碌滞于俗，默默束于情，永窜伏于凡庸，不免于下流矣。"另一方面，也不可逞才使气，妄自尊大到不切实际的地步，即所谓志大才疏，如《三国演义》中的袁绍，自以为兵多将广，又有四世三公的出身，青、冀、幽、并等四州地盘，认为在群雄中无人可比，天下唾手可得，结果在官渡之战中被曹操打败。

等到曹操举兵攻冀州时，袁绍又气又急，吐血斗余而死。《三国演义》特别有一首诗议论这种立志不当之人：

累世公卿立大名，少年意气自纵横。空招俊杰三千客，漫有英雄百万兵。羊质虎皮功不就，凤毛鸡胆事难成。更怜一种伤心处，家难徒延两弟兄。

既要有高远志向，又要有切实的努力过程，这是一种人生智慧。儒学的创始人孔夫子在立志上可称颇具创造性。《论语·为政》说："吾十有五，而志于学。"治学是孔子的本意。孔子治学而不入仕。在当时是不会有太高的地位的，但当孔子看到了在礼崩乐坏的时代，新兴统治者不断产生，新兴统治者为了表明自己执政的合理性，往往要援引传统理论，以证明自己行动的正确性。他想通过掌握了"道"的士人去影响并改造统治者，于是便将解"道"当成了自己的主要任务，这就是后来的治学与讲学。志求高远，必然带动充实的人生，孔子一生以治学为核心，终成"大家"，也算充实。

现实社会中的很多人都在立志，但是不敢立大志，对自己缺乏足够的自信，其实我们应当深信：志当存高远，要立志就要立大志。俗话说"有志者事竟成"，只要我们有坚定不移的奋斗目标，相信终有一天，我们能够实现它。

著名的波兰科学家哥白尼，为了证实太阳中心说，不怕封建教会的专制独裁，敢于提出正确的论断，在艰苦的环境下，坚持真理，尊重科学，含辛茹苦，努力研究，终于推翻了基督教会支持的地球中心说，在他临终前，完成了《天体论》这部巨著，为人类作出了伟大的贡献。

创立陈氏定理的数学家陈景润，在中学时期就立下了志向，一定要证明出哥德巴赫猜想，为祖国争光，为祖国的科学事业作出贡献。为此，他始终刻苦学习，努力钻研，在林彪、"四人帮"横行时期，他顶着狂风恶浪，忍受着疾病的折磨，从来没有中断过对数学的研究。终于部分地证明了哥德巴赫猜想，为祖国争得了荣誉。

中国五千年的文明历史中，立志成才的历史人物很多，他们都成为了当时社会的精英。他们的志向也鼓舞了很多的人。

林则徐自幼聪敏过人，年仅 12 岁就郡试第一，13 岁就考中秀才。父母决心把他培养为报效国家的优秀人才，所以不顾家中贫苦难支，毅然决然地把儿子送进当时福建省的最高学府鳌峰书院，拜不阿权贵、不肯向和珅屈膝而愤然辞官教学的郑光策为师。在父母及良师益友的教诲引导下，林则徐在鳌峰书院发愤攻读了七年，博览群书大开眼界，读书报国的思想日渐明确，曾在札记中写道，岂为功名始读书，摒弃了学而优则仕、读书为当官的传统思想。

在林则徐 20 岁中举之后，父亲又经常带他参加本地一些知名学者们组织的主张革新礼仪，反对繁文缛节、庸俗泥古，具有开明进步倾向的率真会的研讨活动；同时还把他引见给从小就令他时常赞叹的、仗义敢言、勇揭贪官而被诬下狱、发配新疆却始终不屈的学界先辈林雨化，鼓励他向这位有骨气、敢抗争的前辈学习。

在父母爱国思想的熏陶下，少年时代的林则徐就对诸葛亮、李纲、岳飞、文天祥、于谦等英雄人物深怀景仰、立志效仿。他曾多次邀集学友到越王山麓的李纲祠凭吊，赋诗填词抒发报国之志、爱国情怀。22 岁那年，他又和学友一道发起集资捐款修葺李纲坟墓的义举，进一步表达爱国情操。终而在虎门焚烧大量外国鸦片，沉重打击了外国侵略者的嚣张气焰，成为中华民族的英雄。

我们在现今的社会中也可以找出很多立志成才的例子。然而，也有一些人，他们常常立志，而当他们遇到困难的时候，他们又退缩了，他们不愿付出艰苦的劳动，结果自然是一事无成。这样的人没有自己的远大而坚定的志向，没有自己的始终不渝的奋斗目标，没有吃苦耐劳的作风，没有为科学献身的可贵精神，他们永远也不能为人类作出贡献，永远也享受不到经过艰苦奋斗而得到的欢乐。

志存高远，可以使人生充满信心。三国时，诸葛亮与友人石广元、徐元直、孟公威等避乱游学于荆州，他们均有极高的才学，但却均无进仕的机会，讨论人生前途是他们经常的话题。不过，他们又都立志高远，于自己的对前途总是抱有信心。

刘备礼贤下士，三顾茅庐，诸葛亮迅速作隆中对，向刘备讲述鼎足三分的战略计划，并且随刘备走入当时的政治舞台。在取得赤壁之战、夺取益州、汉中，平定南中之叛，六出祁山伐魏等一系列卓越战绩后，于公元234年病逝于五丈原军中。在临终前，诸葛亮上表给刘禅说："成都有桑八百株，薄田十五顷，子弟衣食，自有余饶。至于臣在外任，无别调度，随身衣食，悉仰于官，不别治生，以长尺寸。若臣死之日，不使内有余帛，外有盈财，以负陛下。"这说明诸葛亮对个人的生活及俸禄、官职并无太多要求。他的志向，在于实现作为帝王师的理想境界。这样的志向自然是高远之志，不是一般人可以理解的。但对于后代的士人，却具有极其重大的影响。

现代企业经营管理者，不求上进者比比皆是，小有成就就会躺在原地睡觉。联想集团的主席柳传志说："联想为什么能做大，的确要志存高远，想到才能做到，连想都不敢想，还怎么做？但知易行难，过河如何过，要想得比较清楚，才能有把握地走出下一步。"

成功者之所以能够取得成功，在很大程度上取决于他们不畏艰难，志求高远的作风。成功的人士其实更应该求"大志"。清末儒者、湖北巡抚胡林翼在给他弟弟的一封信中写道："人生决不当随俗浮沉，生无益于当时，死无闻于后世，可断言者也。唯然，吾人当求所以自立，勉为众人所不敢为、不能为之事，上以报国，下以振家，庶不负此昂藏七尺之躯。"

生，有益于当时，死，闻达于后世，这是一个很大的心愿。庸碌无为，湮没无闻，那无异于对人自我生命价值的否定。

狼道智慧之五：
团队意识，服从第一

当狼王已经确定后，其余的狼总是听从它的领导，这也是狼的纪律。

服从是一种美德。一个企业，如果没有严格的规章制度和严明的纪律，就如同一盘散沙；"没有规矩不成方圆"，如果没有服从，企业将会溃不成军，何谈竞争和生存？

请看一看一位毕业于军校的将军给一位学员的父亲的信：

为什么我们让这些孩子经受四年艰苦的教育？他们住在冷冰冰的军营，在上午9点30分之前不能往垃圾桶里倒垃圾，水池必须始终保持干净，不堵塞。学校要求学生必须遵守如此多的规定和规则，为什么？因为一旦毕业，他们将被要求全无私心。在军校学习期间，他们将要吃苦，将在圣诞节远离家庭，将在泥地里睡觉。这份工作有许许多多的东西让他们把自我利益放在次要地位——因此，必须习惯这样。

背上有痒不能抓，这能够有什么好处呢？学生们知道，军人就是要连背痒都能忍得住。

如果一支部队里士兵都在左摇右晃拼命抓痒，还能称得上是训练有素的部队吗？

服从的观念在企业里同样适用。每一位员工都必须服从上级的安排，就如同每一个军人都必须服从上司的指挥一样。大到一个国家、军队，小到一个企业、部门，其成败很大程度上就取决于是否完美地遵从了服从的理念。

服从是行动的第一步，处在服从者的位置上，就要遵照指示做事。服从的人必须暂时放弃个人的独立自主，全心全意地去遵循所属机构的价值观念。一个人在学习服从的过程中，对其机构的价值观念、运作方式，才会有更透彻的领悟。

当然，军校的训诫和要求是从军事指挥的角度来制定的，在企业中不能机械地照搬。而且，并不是所有上司的指令都正确，上司也会犯错误。但是，一个高效的企业必须有良好的服从观念，一个优秀的员工也必须有服从意识。因为上司的地位、责任使他有权发号施令；同时上司的权威、整体的利益，不允许下属抗令而行。一个团队，如果下属不能无条件地服从上司的命令，那么在达成共同目标时，则可能产生障碍；反之，则能发挥出超强的执行能力，使团队胜人一筹。

曾有一位著名的田径教练，每当见到运动员，便苦口婆心地劝他们把头发剪短。据说，他的理由是：问题并不在于头发的长短，而是在于他们是否服从教练。

可见，纵然不懂教练的意图，但不找借口地服从，这才是教练所期望的好选手。同样，无条件地服从并执行，这才是企业所期望的好员工。

对于下级来说，命令，首先要服从，执行后方知效果；还未执行，就发挥自己的"聪明才智"，大谈见解和不可执行的理由，无论走到哪里都是不受欢迎的角色。对于有瑕疵的命令，首先还是服从，在服从后与领导交流意见，共同改进和提高，"先集中后民主"。现在越来越多的企业倾向于实行军事化管理，最重要的一点就是"服从"，只有"服从"才能造就一支高效率、富有战斗力和竞争力的队伍，才能使企业永远立于不败之地。

狼道智慧之六：
保持危机，提升自我

在秘鲁的国家级森林公园，生活着一只美洲虎。由于美洲虎是一种濒临灭绝的珍稀动物，全世界现在仅存十几只，为了更好地保护这只珍稀的美洲虎，秘鲁人在公园中专门辟出一块近20平方公里的森林作为虎园，还精心设计和建造了豪华的虎房，好让它自由自在地生活。虎园里森林茂密，百草芳菲，沟壑纵横，流水潺潺，并有成群人工饲养的牛、羊、鹿、兔供老虎尽情享用。凡是到过虎园参观的游人都说，如此美妙的环境，真是美洲虎生活的天堂。然而，让人感到奇怪的是，美洲虎从不去捕捉那些专门为它预备的"活食"，也从没有人看见它王者之气十足地纵横于雄山大川，啸傲于莽莽丛林，只是耷拉着脑袋，睡了吃，吃了睡，整天都是一副无精打采的样子。有人说它可能是太孤独了，若是有个伴，兴许就会好一些。于是，政府又通过外交途径，从哥伦比亚租来一只母虎与它做伴，但结果还是老样子。

一天，一位动物行为学家到森林公园参观，见到美洲虎那副懒洋洋的样儿，便对管理员说，老虎是森林之王，在它所生活的环境中，不能只放上一群整天只知道吃草，不知道猎杀的动物。这么大的一片虎园，即使不放进去几只豹子，至少也应放上两只狼，否则，美洲虎无论如何也提不起精神。

管理员们听从了动物行为学家的意见，不久便从别的动物园引进了几只狼投放进了虎园。这一招果然奏效，自从狼进了虎园，这只美洲虎就再也躺不住了。它每天不是站在高高的山顶愤怒地咆哮，就是有如飓风般俯冲下山冈，或者在丛林的边缘地带警觉地巡视和游荡。老虎那种刚烈威猛、霸气十足的本性被重新唤醒。它又成了一只真正的老虎，成了这片广阔的虎园里真正意义上的森林之王。

一种动物如果没有竞争对手，就会变得死气沉沉。同样，一个人如果没有对手，那他就会甘于平庸，养成惰性，最终一生都碌碌无为。一个群体如果没有竞争对手，就会丧失活力，丧失生机。一个行业如果没有了对手，就会丧失进取的意志，就会因为安于现状而逐步走向衰亡。美洲虎因为有了狼这样的对手，才重新找回了原来的自己。有了对手，才会有危机感，才会有竞争力。有了对手，你便不得不奋发图强，不得不吐故纳新，不得不锐意进取，否则，就只有被吞并，被替代，被淘汰。

许多人都把对手视为是心腹大患，是异己，是眼中钉、肉中刺，恨不得除之而后快。其实仔细想一想，拥有一个强劲的对手，反而倒是一种福分，一种造化。

因为一个强劲的对手，会让你时刻有种危机四伏的感觉，它会激发起你更加旺盛的精神和斗志。

善待你的对手吧！千万别把他当成"敌人"，而应该把他当作你的一剂强心针，一部推进器，一个加力挡，一条警世鞭。

请记住：对手所给予我们的，不仅仅是危机和斗争，同时还是激发我们求生和求胜之心的动力。所以，请善待你的对手吧！正因为有他的存在，你才会永远做一只威风凛凛的"美洲虎"，你的生命也才会更精彩。

在职场中奋斗的人，当你学会了感激和欣赏对手的时候，也就是人格走向成熟的时候。

程超去一家著名的广告公司求职，顺利地通过了第一轮测试，成为十位入围者之一。第二轮测试内容很简单：让每位入围者按要求设计一件作品，并当众展示；另外九人打分，并写出相关的评语。

程超在评分时，对其中三人的作品非常佩服，怀着复杂的心情给他们打了高分，并写下了赞语。令他意外的是，他入选了！而更令他意外的是，他欣赏的那三人中只有一位入选！他不明白这是为什么。

该广告公司总裁的一番话使他幡然醒悟。

总裁说："入围的十个人可以说都是佼佼者，专业水平都不低，这固然是重要的方面。但公司更为关注的是，入围者在相互评价中，是否能彼此欣赏。因为，自以为是，看不见别人的长处，从严格意义让讲那不叫人才。落聘的几位虽然专业水平不错，但遗憾的是，他们缺乏欣赏对手的眼光，而这比专业水平更重要。"

面临当前就业日趋激烈的竞争，能否具有欣赏别人的眼光和接纳别人的胸襟，是非常重要的。

因为有了这样的眼光，才能取长补短，团结协作，共同进步。这也正是复合型人才必备的素养之一。

多年前的一场NBA决赛中，当时的公牛队新秀皮蓬独得33分，超过乔丹3分，因而成为公牛队中比赛得分首次超过乔丹的球员。比赛结束后，乔丹与皮蓬紧紧拥抱，两人泪光闪闪。

开始时，由于皮蓬是公牛队中最有希望超越乔丹的新秀，他自己也时常流露出对乔丹不屑一顾的神情，还经常说乔丹在某方面不如自己，自己一定会推翻乔丹在公牛队的首席位置这一类话。

但乔丹并没有把皮蓬当作潜在的威胁而排挤皮蓬，而是以欣赏的态度处处对皮蓬加以鼓励。

有一次，乔丹对皮蓬说："我俩的三分球谁投得好？"皮蓬心不在焉地回答："你明知故问什么，当然是你。"因为那时乔丹的三分球成功率是28.6%，而皮蓬是26.4%。

但乔丹微笑着纠正："不，是你！你投三分球的动作规范、自然，很有天赋，以后一定会投得更好，而我投三分球还有很多弱点。"

乔丹还对他说："我扣篮多用右手，习惯地，用左手帮一下，而你，左右都行。"这一细节连皮蓬自己都不知道，他深深地被乔丹的无私所感动。

从那以后，皮蓬不再把乔丹当成对手，两人彼此欣赏，成了最好的朋友。

要学会感激和欣赏对手。欣赏对手的长处，以对手的长处弥补自己的短处，从而看到自己的不足，以谋求共同进步、共同发展。

欣赏、理解、包容自己的对手，看淡结果的得与失，那么你的心也会因为这份平和而充满宁静和宽容。这样一来，在面对竞争对手的时候，你可以微笑着、气定神闲地迎接挑战。胜利了，赢得辉煌；失败了，也同样美丽。

狼道智慧之七：
昂扬斗志，永不服输

在狼的额头上，刻着"竞争到底"的字样，狼从不轻易认输或放弃竞争的权利。永不服输，是狼呼啸山林之中的法宝。同样，人要是有不服输的心性，就会焕发出想要成功的斗志。

据说，美国前总统里根，在青年时期，曾经是一个有不良行为的人物，尽管他聪明机灵，也常常仗义行事，但他常跟一些不务正业的人混在一起，不是酗酒寻事，就是打架斗殴。有一次，他与同伴一起将父亲一个好友的汽车偷了出去，在加利福尼亚兜了一圈，最后开到纽约去赌钱，结果把父亲好友的汽车也输进去了。他父亲知道此事后，非常恼火，对他骂道："你简直一无是处！"

"我这么聪明怎么会一无是处？"父亲的这句话深深刺伤了里根的自尊心。从此以后，里根断绝了与那些不务正业的朋友们的来往。为了证明自己，里根开始努力学习，很快便拥有了一份属于自己的产业，直到后来成为美国最有威望的总统之一。

每个人都有潜能，这些潜能往往连我们自己也未必清楚，但在遇到外来的刺激的激发下，就会展现出来。在这样的激发之下，人生之局肯定要发生变化。

但有的人在受到外来刺激时，比如受到伤害和侮辱时，没有做出正当的反应，或是感到羞辱，或是恶语相向，最终以结怨告终。这样的结果使自己的人生走向了不利的一面，这种负面的反应实在不可取。

职场中，也有人借着被别人激发的力量来改变自己的处境，达到自己所追求的目标。

美国富豪约翰逊决定在芝加哥兴建一座办公大楼，走遍了无数家银行，但他始终没贷到一笔款。于是他决定先上马后加鞭，设法将自己的200万美元凑集起来，他聘请一位承包商，要他放手建造，自己则想方设法筹集所需要的其余500万美元。

在所剩的钱仅够再花一个星期的时候，约翰逊和大都会人寿保险公司的一个主管在纽约市一起吃晚饭。约翰逊拿出经常带在身边的一张蓝图准备摊在餐桌上时，保险公司主管对约翰逊说："这里我们不便谈，明天到我的办公室来。"

第二天，约翰逊得知大都会公司给他抵押借款时，他说："好极了，唯一的问题是今天我就需要得到贷款的承诺。"

"你一定在开玩笑，我们从来没有在一天之内给过这样的贷款承诺。"保险公司主管回答。

约翰逊把椅子拉近说:"你是这个部门的主管。也许你应该试试看你有没有足够的能力把这件事在一天之内办妥。"

主管微笑着说:"你这是逼我上梁山,不过,还是让我试试看。"

他试过以后,本来说办不到的事儿结果办到了,约翰逊也在钱花光之前的几小时回到芝加哥。

运用激将法,务必找到并直击对方的要害。就这件事说,要害是那位主管对他自己权力的尊严感。

约翰逊在谈话中暗示,他怀疑那位主管果真拥有那么大的权力。主管听了这话,感到自己的权力受到了威胁。那好,我就证明给你看!

在现代职场,确实不可避免地存在着这样那样的竞争。

在一些合资公司,特别是外资公司里,追求工作成绩,希望赢得上司的好感,获得升迁,以及其他种种利益冲突,使同事之间很自然地存在着一种竞争关系。而这种竞争在很大程度上又不是一种单纯的真刀实枪的实力较量,而是掺杂了个人感情的好恶、与上司关系等诸多复杂因素。表面上大家平平安安、和和气气,内心里却可能各打各的算盘。

在竞争越来越激烈的职场,有的人遭到了失败,有的人却在竞争中脱颖而出。既然竞争是不可避免的,那我们就要积极地面对竞争,以不服输的心态去竞争。只有这样,才能最终战胜对手,稳坐成功的钓鱼台。

狼道智慧之八:

耐心坚守,锲而不舍

可以这样说,除了人类之外,狼族可算是最好学的一种动物了。它们往往会用长达好几天的时间,持续观察并且监控被它们"相中"的猎物群。令人吃惊的是,它们绝不会在此过程中显露出丝毫的疲倦或厌恶,它们也不会对这群猎物实施毫无意义地追逐或侵扰行动。

在这段时间里,它们似乎满足于充当观察者的角色,仔细地综合分析所观察到的猎物群成员的生理与心理状态。显然，猎物群中，那些年幼、老弱和受伤者，会很快成为它们狩猎的目标。但是，狼族优秀之处并非仅限于对狩猎对象的辨别，它们甚至能够观察、记录下许多细微到连人类都无法知觉的个性、特征与习性。在对方的群体中，或许会出现一些细微的慌乱行为或征兆，致使某些有着特殊习性的成员脱离了群体的庇护，从而成为狩猎的突出目标。这一切，绝对难逃观察细微且极具耐性的狼族的注意。

狩猎的成功，终将随着它们的超强耐性而完成。事实上，在这段捕猎的过程中，为了使最终目的得以达成，狼族得等待数日以上，并且可以忍受极端的饥饿，甚至几乎濒临饿死的边缘也在所不惜。有朋友或许要问："它们何以不直接进行攻击，以完成整个捕猎工作呢？"因为，如一只像驯鹿般大小的有蹄动物，对于体型较小的野狼而言，它的蹄子会对自己造成严重的伤害甚至危及狼的生命。所以，狼族宁可选择长期等待，用"耐性"换取胜利，也不愿以生命换取一时的饱足。

"耐性"是狼身上的一大特点，同时也是所有成大事者身上最可贵的品质。正因为有了恒心与忍耐力，才有了埃及平原上宏伟的金字塔，才有了耶路撒冷巍峨的庙堂；正因为有了恒心与忍耐力，人们才登上了气候恶劣、云雾缭绕的阿尔卑斯山，在宽阔无边的大西洋上开辟了通道；正因为有了恒心与忍耐力，人类才夷平了新大陆的各种障碍，建立起了人类居住的共同体。

滴水可以穿石，绳锯可以断木。如果三心二意，哪怕是天才，也会一事无成，只有依靠恒心，点滴积累，才能取得成功。勤快的人能笑到最后，而耐跑的马才会脱颖而出。发现新大陆的哥伦布就是具有狼之耐性的开拓者。

1492年2月，哥伦布失望地离开了爱尔罕布拉宫，他原先希望争取到西班牙国王斐迪南和王后伊萨贝拉的支持，但没有成功。他骑着骡子，缓缓地出了宫门，考虑应该往哪里去。他此时此刻看上去头发花白，精神十分萎靡。他从幼年开始就认为地球是个球体。当时，人们在距离海岸线四百英里远的海上发现了雕有图案的木片，还在葡萄牙海滨发现了两具尸体，从人体特征上判断，他们和已知的人种都不一样。哥伦布相信，这些尸体就是从遥远的西部，一些还不为欧洲人所知的岛屿上漂流过来的。他曾经指望葡萄牙国王能够出资，资助他进行海上航行，以便发现那些遥远的岛屿。然而，国王约翰二世一面假惺惺答应帮助他，另一方面却暗地里派出了自己的考察队，哥伦布最后的一线希望破灭了。

哥伦布四处乞讨，靠给别人画各种图表为生。他的妻子已经离他而去，他的朋友也都把他当成疯子，对他不闻不问。斐迪南和伊萨贝拉夫妇身边的智囊人物，对他所谓的往西航行就可以到达东方的理论也嗤之以鼻。

"可是，既然太阳、月亮都是圆的，为什么地球不能是圆的？"哥伦布问道。

"如果地球是球体，靠什么支撑它？"那些智囊问。

"那太阳、月亮又是靠什么来支撑的呢？"哥伦布反问道。

"如果一个人头朝下，脚朝上，就像天花板上的苍蝇一样，你觉得这可能吗？"一位博士继续问哥伦布，"树根如果在上边，它可能生长吗？"

"池塘里的水也都会流出来，我们也就站不起来了。"另一位哲学家补充道。

"这也不符合《圣经》上的说法。《以赛亚书》上说：'苍穹铺张如幔……'这说明大地显然是平直的，说它是圆的，那是异端。"牧师也加入了辩论。

哥伦布对他们不再抱有任何希望，就在他转念想去为查理七世效力的时候，事情突然出现了转机。伊萨贝拉的一个朋友对她建议说，万一哥伦布的说法是对的，那么，只要一笔很小的花费，就可以大大地抬高他们统治的声望。"好的，"伊萨贝拉同意了，"我把我的珠宝拿去抵押，就算是给他的经费，喊他回来。"

就这样，哥伦布转过了身子，同时世界也转了个身。可是，他的航行还有别的问题，没有一个水手愿意和他一起出海，幸好国王和王后用强制手段下了命令，让他们必须去。于是，他们乘坐"平塔号"帆船出了海。

他们的船很小，比平常的帆船大不了多少，而且刚刚启程三天，船舵就断了。水手们内心都有一种不祥之感，一时情绪非常低落。哥伦布就向他们描述了一番他所知道的印度的景象，描述了一番那儿遍地都是金银珠宝，这才让水手们的情绪稳定了下来。

船驶过加那利群岛以西200英里后，他们的磁针不再是朝着北极星的方向了。水手们说什么也不肯再往前走，一场叛乱几乎迫在眉睫。这时候哥伦布又向他们解释，说北极星实际上并不在正北方，最后，总算说服了他们。当船航行到距离出发地2300英里远（哥伦布故意骗他们说只有1700英里远）的时候，他们发现有樱桃木漂在水面上，船周围时常有一些陆上的鸟类飞过，水手们还从水里打捞起了一块很奇怪的雕有图案的木片。

有志者，事竟成。由于对探索新大陆有持之以恒的决心，哥伦布把西班牙王国的旗帜插在了新大陆上。

哥伦布的经历让我们懂得：忍耐对一个人的事业所起到的非凡作用。许多成功者之所以能取得人生的辉煌，便在于他们具有惊人的忍耐力。有时候，决定人一生成败的因素不在于出身、禀赋、学历、经验等，唯有忍耐，才是成功之道。

有这样一个故事：在美国科罗拉多州的山坡上，躺着一棵大树的残躯。自然学家告诉我们，它曾经有过四百多年的历史。在它漫长的生命里，曾被闪电击中过14次，无数次暴风骤雨侵袭过它，都未能让它倒下。但在最后，一小队甲虫的攻击使它永远也站不起来了。那些甲虫从根部向里咬，渐渐伤了树的元气。虽然它们很小，却是持续不断地进攻。这样一棵巨树，闪电不曾将它击倒，狂风暴雨不曾将它动摇，却因一小队用大拇指和食指就能捏死的小甲虫凭借锲而不舍的韧劲而倒了下来。

这是卡耐基引述别人讲过的一个故事，他是要说明常常因小事而烦恼，会损坏人的身心健康。而从这个故事中，我们还发现了另一个人生的哲理，这就是只要有恒心，以微弱之躯撼大摧坚也很平常。

生活中，我们都可能会面对"撼大摧坚"的艰巨任务：运动员要向世界纪录挑战；科学家要解开大自然的奥秘；企业家要跻身世界强者的行列；就是一般人，也会有一些困难的工作要去做。比如你要把一堆砖头从甲地搬到乙地，你怎么做？

莎士比亚说："斧头虽小，但多次砍劈，终究能将一棵坚硬的大树砍倒。"

还有一位作家说过："在任何力量与耐心的比赛中，把宝押在耐心上。"

小甲虫的取胜之道，就在恒心上。

一位青年问著名的小提琴家格拉迪尼："你用了多长时间学琴？"格拉迪尼回答："20年，每天12小时。"

也有人问基督教长老会著名牧师利曼·比彻，他为那篇关于"神的政府"的著名布道词，准备了多长时间。利曼·比彻回答："大约40年。"

现在有一种流行病，就是浮躁。许多人总想"一夜成名""一夜暴富"。比如投资赚钱，不是先从小生意做起，慢慢积累资金和经验，再把生意做大，而是如赌徒一般，借钱做大投资、大生意，结果往往是惨败。网络经济一度充满了泡沫，有人并没有认真研究市场，也没有认真考虑它的巨大风险性，只觉得这是一个发财的"大馅饼"，一口吞下去，最后没撑多久就草草倒闭，白白"烧"掉了许多钞票。

俗话说得好，滚石不生苔。坚持不懈的乌龟能快过灵巧敏捷的野兔。如果能每天学习1小时，并坚持12年，所学到的东西，一定远比坐在学校里接受4年高等教育所学到的多。正如布尔沃所说："恒心与忍耐力是征服者的灵魂，它是人类反抗命运、个人反抗世界、灵魂反抗物质的最有力的支持，它也是福音书的精髓。从社会的角度看，考虑到它对种族问题和社会制度的影响，其重要性无论怎样强调也不为过。"

人类迄今为止，还不曾有一项重大的成就不是凭借坚持不懈的精神而实现的。提香的一幅名画曾经在他的画架上搁了8年，另一幅也摆放了7年。

大发明家爱迪生也如是说："我从来不做投机取巧的事情，我的发明除了照相术，也没有一项是由于幸运之神的光顾。一旦我下定决心，知道我应该往哪个方向努力，我就会勇往直前，一遍一遍地试验，直到产生最终的结果。"

凡事不能持之以恒，正是很多人最后失败的原因。英国诗人布朗宁写道：

实事求是的人要找一件小事做，

找到事情就去做。
空腹高心的人要找一件大事做,
没有找到则身已故。
实事求是的人做了一件又一件,
不久就做一百件。
空腹高心的人一下要做百万件,
结果一件也没有实现。

在职场上打拼,工作中一定要具备忍耐的精神,锲而不舍地去做,才有成功的一天。

狼道智慧之九:

和衷共济,双赢为上

一只狮子和一只野狼同时发现了一只小鹿,于是它们商量共同去追捕那只小鹿。它们配合得很默契,当野狼把小鹿扑倒后,狮子便上前一口把小鹿咬死。

但这时狮子起了贪念,不想和野狼共同分享这只小鹿,想把野狼也咬死。野狼拼命抵抗,后来狼虽然被狮子咬死,但狮子自己也受了重伤,无法享受美味。

如果狮子不起贪念,和野狼共享那只小鹿,那不就皆大欢喜了吗?这个故事正是讲述了不是你死我活便是你活我死的单赢竞争。

在自然界中,狼其实是一种讲"义气"的动物,狼群历来就懂得和别人制造双赢,比如狼和秃鹫就是一对很好的搭档。狼和秃鹫都吃动物的腐肉,但狼在陆地上活动,用眼睛所能看到的范围有限。秃鹫可以在高空飞翔,所以它们观察的范围就比较大,这样就能容易发现动物的尸体,但是它们却不能撕开动物厚重的皮毛。所以,秃鹫就会找狼来帮忙,秃鹫把狼引领到动物尸体前,狼撕开动物的皮毛,而秃鹫和狼就可以共同享用可口的食物了。

在狼的世界里，单赢不是赢，只有双赢双利才是真正的赢。战争的至高境界是和平，竞争的至高境界是合作。一个职业人在进入职场伊始，就应当力求这样的结果。"互利互惠"才能"双赢"，这是与竞争对手寻求共同利益的最好办法。

江仪在竞争记者部主任一职时败给了竞争对手苏乐，她的心里很不是滋味。她担心自己以后没有好日子过，就想调离记者部去做专职编辑，可是她又不甘心放弃风云浪尖般的记者生涯。正在犹豫不决之时，忽然得到一项重要任务：负责一个重大选题的采访，并被任命为首席记者。

这就是记者部主任苏乐对待同事兼竞争对手的策略。"如果我不任命江仪为首席记者，不委以重任，部门里就会形成以她和我为中心的两个帮派。有了这样一个对峙的小团体，工作还怎么展开？我的目标就是让部门做得更出色，取得更大的成绩，而不是打击我的对手。只有让我这个部门的人同心协力，我才能做得更好，才能有更大的发展。所以我尽量对江仪委以重任，给她一些重大且富有挑战性的采访任务，让她有受到器重的感觉。何况她还是部里最有实力的记者，工作能力很强，又有威望，这件事如果处理得好，她就会成为我最得力的助手。"

果然，江仪很快就对苏乐心服口服，忠心辅佐苏乐，办公室里的向心力也大大增强，苏乐因此在事业上如鱼得水。

其实办公室同事间本来就是既合作又竞争的关系，若换个角度去想，以健康的心态看待竞争关系，当同事能力越来越强时，等于是在无形中促使你提升自己的实力。

气量狭小、排挤同事的人，一定也会遭到其他人的排挤。把同事当作阻挡前途的障碍，一定难以在办公室立足。对于在办公室里跟自己有竞争关系的人，不妨试着去赞美他，或者请他帮一个小忙，往往可以化解彼此之间的敌意。在职场上，减少一个敌人的价值，远远胜过增加一个朋友。更积极的态度是，将注意力放在挑战更高的目标上，真正的敌人永远在你视线以外的地方伏击，何不把内部竞争的力气省下来向外发展？

狼道智慧之十：
张扬个性，纵横不羁

在阿根廷的潘帕斯大草原上，人们曾经梦想能够驯服草原野狼。狗是牧羊人必不可少的动物，牧羊犬可以帮牧羊人管理羊群，驱赶一些企图侵袭羊群的野兽。狼和狗在很多方面都很相近，但狗的嗅觉、视觉、听觉等都不如狼发达，狗的奔跑速度也没有狼快，因此牧民们渴望能够驯服野狼，以帮助自己管理羊群。但所有牧民的努力都没有成功，有的牧民还因为饲养狼而受伤甚至丢掉了性命。

老牧民克雷姆斯曾痛苦地说："在我 11 岁的时候，我父亲在一次打猎时找到了一个狼窝，得到了 3 只还没有睁开眼睛的小狼。当时，我高兴极了。饲养一只小狼一直都是我的梦想。等小狼长到两个月的时候，父亲给它们加上了锁链，以前可以自由活动的小狼失去了自由。每天傍晚，父亲都会牵着它们到离家不远的地方散步。突然有一天，直到晚上 8 点多，父亲还是没有回来，我和母亲都很焦急。于是，请邻居和我们一起出去寻找，后来终于发现受伤的父亲。父亲的右腿上都是鲜血，正在朝家的方向艰难地爬行，3 只小狼咬伤了父亲之后，逃回了荒野。父亲幸亏被及时送到医院，才保住了性命，但父亲的右腿却不能再走路了，拐杖陪他度过了一生。在那之后，我就不再对驯养野狼抱有任何幻想。狼，的确是不能被驯服的动物。"

与另一位牧民罗杰斯相比，克雷姆斯的父亲还算幸运，罗杰斯因为饲养狼而丢掉了性命。当然，我们不必就此认为狼是一种凶残的动物。

相对于狼来说，我们是否在丧失一些在远古时代就已经具有的精神素质。狼是一种伟大的动物，我们应该抛弃千百年来形成的对狼的误解。在这个世界上，没有任何动物包括人，能够像狼那样不屈不挠地按照自己的意志生活，甚至不惜以生命为代价，来抗击几乎不可抵抗的敌对力量。

同是不幸的遭遇或失败，有人只能以乞讨混日子为生，有人却能出人头地，这绝非命运的安排，而在于个人的奋斗与否。

威尔逊先生是一位成功的企业家，他从一个普普通通的事务所小职员做起，经过多年的奋斗，终于拥有了自己的公司，并且受到了人们的尊敬。

有一天，威尔逊先生从他的办公楼里出来，刚走到街上，就听见身后传来"嗒嗒嗒"的声音，那是盲人用竹竿敲打地面发出的声响。威尔逊先生愣了一下，缓缓地转过身。

那盲人感觉到前面有人，连忙打起精神，上前说道："尊敬的先生，您一定发现我是一个可怜的盲人，能不能占用您一点时间呢？"

威尔逊先生说："我要去会见一个重要的客户，你要什么就快说吧。"

盲人在一个包里摸索了半天，掏出一个打火机，放到威尔逊先生的手里，说："先生，这个打火机只卖1美元，这可是最好的打火机啊。"

威尔逊先生听了，叹口气，把手伸进西服口袋，掏出一张钞票递给盲人："我不抽烟，但我愿意帮助你。这个打火机，也许我可以送给开电梯的小伙子。"

盲人用手摸了一下那张钞票，竟然是100美元！他用颤抖的手反复抚摸这钱，嘴里连连感激着："您是我遇见过的最慷慨的先生！仁慈的富人啊，我为您祈祷！上帝保佑您！"

威尔逊先生笑了笑，正准备走，盲人拉住他，又喋喋不休地说："您不知道，我并不是一生下来就瞎的。都是23年前布尔顿的那次事故！太可怕了！"

威尔逊先生一震，问道："你是在那次化工厂爆炸中失明的吗？"

盲人仿佛遇见了知音，兴奋得连连点头："是啊是啊，您也知道？这也难怪，那次光炸死的人就有93个，伤的人有好几百，这可是头条新闻呐！"

盲人想用自己的遭遇打动对方，再多得到一些钱，他可怜巴巴地说道："我真可怜啊！到处流浪、孤苦伶仃，吃了上顿没下顿，死了都没人知道!"他越说越激动,"您不知道当时的情况,火一下子冒了出来!仿佛是从地狱中冒出来的!逃命的人群都挤在一起,我好不容易冲到门口,可一个大个子在我身后大喊:'让我先出去!我还年轻,我不想死!'他把我推倒了,踩着我的身体跑了出去!我失去了知觉,等我醒来,就成了瞎子,命运真不公平啊!"

威尔逊先生冷冷地道:"事实恐怕不是这样吧?你说反了。"

盲人一惊,用空洞的眼睛呆呆地对着威尔逊先生。

威尔逊先生一字一顿地说:"我当时也在布尔顿化工厂当工人,是你从我的身上踏过去的!你长得比我高大,你说的那句话,我永远都忘不了!"

盲人站了好长时间,突然一把抓住威尔逊先生,爆发出一阵大笑:"这就是命运啊!不公平的命运!你在里面,现在出人头地了,我跑了出去,却成了一个没有用的瞎子!"

威尔逊先生用力推开盲人的手,举起了手中一根精致的棕榈手杖,平静地说:"你知道吗?我也是一个瞎子。你相信命运,可是我不信。"

面对自己的不幸,屈服于命运,自卑于命运,并企图以此博取别人的同情,这样的人只能永远躺在自己的不幸中哀鸣,不会有站起来的一天。有缺憾并不意味着失去了一切,靠自己的奋斗一样可以消除缺憾的阴影,赢得尊重。

成功者从来不承认生活是不可能改造的,他也许会对他当时所处的环境不满意,这种不满不但不会使他抱怨和不快乐,反而使他充满热忱,想闯出一番事业来。

所以,无论遇到什么不公平,不管它是先天的缺陷还是后天的挫折,都不要怜惜自己,而要咬紧牙根挺住,然后像狼一样勇猛向前。

并非苦难成就天才,也不是天才特别热爱苦难。苦难很多人都可能会碰到,有的人退缩了,有的人克服了。退缩的人就此沉沦,克服的人成了天才。

上帝像精明的生意人,给你一份天才,就搭配几倍于前的苦难。

小提琴家帕格尼尼就是一位同时接受两种馈赠又善于用苦难的琴弦把音乐演奏到极致的人。

他首先是一位苦难者。4岁时,一场麻疹和强直昏厥症险些夺去他的生命。7 岁险些死于猩红热，13 岁患上严重肺炎，不得不大量放血治疗。40 岁时，牙床突然长满脓疮，只好拔掉大部分的牙齿。牙病刚愈，又染上了可怕的眼疾，幼小的儿子成了手中拐杖。50 岁后，关节炎、肠道炎、喉结核等多种疾病吞噬着他的肌体。后来他的声带也坏了，靠儿子按口型翻译他的思想。他仅活到 57 岁，就口吐鲜血而亡。死后尸体也备受磨难，先后搬迁了 8 次。

但帕格尼尼似乎觉得这还不够深重，又给生活设置了各种障碍和漩涡。他长期把自己囚禁起来，每天练琴 8~12 个小时，忘记饥饿和死亡。13 岁起，他就周游各地，过着流浪生活。他一生和 5 个女人发生过感情纠葛，其中有拿破仑的遗孀和两个妹妹，姑嫂间为他展开激烈争夺。但他不齿于上流社会生活，认定人该受苦受难。在他眼中这也不是爱情，而只是他练琴的教场和获得唯一一个儿子的公平交易。除了儿子和小提琴，他几乎没有一个家和其他亲人。

他其次还是一位天才。3 岁学琴，12 岁就举办首次音乐会，并一举成功，轰动舆论界。之后他的琴声遍及法国、意大利、德国、英国等国。他的演奏使帕尔马首席提琴家罗拉惊异得从病榻上跳下来，木然而立，无颜收他为徒。他的琴声使卢卡观众欣喜若狂，宣布他为共和国首席小提琴家。在意大利巡回演出产生神奇效果，人们到处传说他的琴弦是用情妇肠子制作的，魔鬼又暗授妖术，所以他的琴声才魔力无穷。

歌德评价他"在琴弦上展现了火一样的灵魂"。李斯特大喊："天啊，在这四根琴弦中包含着多少苦难、痛苦和受到残害的生灵啊！"人们不禁问：是苦难成就了天才，还是天才特别热爱苦难？这问题一时难以说清。但弥尔顿、贝多芬和帕格尼尼，西方文艺史上的三大怪杰，居然一个成了盲人、一个失聪、一个成了哑巴！或许这正是上帝用他的搭配论按着计算器早已计算搭配好了的呢。厄运不可怕，它应当成为一种促使我们向上的激励，而不是一种让我们自我宽恕和自甘沉沦的理由。厄运来临的时候，一定又是上帝在给我们恩赐新的旨意。

狼道智慧之十一：
坚持到底，永不放弃

在草原上，羊群是狼最喜欢的攻击对象，但随着人类对羊群的保护，狼攻击羊群变得越来越困难。因此，野生的羊群是狼绝对不想放过的目标。而快速的奔跑是野生羊逃脱食肉动物攻击时最有效、也是唯一的武器。狼奔跑起来，速度惊人，但和野生羊群相比，还是略逊一筹。然而，不到最后时刻，狼是不会选择放弃的！在狼的生命意识里，放弃就意味着投降，或是坐以待毙。无论是在等待猎物，还是面对困境，坚持到最后一刻，已成为狼生存的哲学之一。因为狼深深地懂得，成功的出现，往往就在最后僵持的那一刻。如果在成功降临时放弃了，狼的生命也会随之倒下，而前面所做的一切努力也就白白浪费。

第二次世界大战后，功成身退的英国首相丘吉尔应邀在剑桥大学毕业典礼上发表演讲。

经过邀请方一番隆重但稍显冗长的客套之后，丘吉尔走上讲台。只见他两手抓住讲台，注视着观众，大约在沉默了两分钟后，他就用他独特的风范开口说："永远，永远，永远不要放弃！"接着又是长时间的沉默，然后他又一次强调："永远，永远，不要放弃！"最后，他在再度注视观众片刻后回座。

场下的人这才明白过来，紧接着便是雷鸣般的掌声。

这场演讲是成功演讲史上的经典之作，也是丘吉尔最脍炙人口的一次演讲。

丘吉尔用他一生的成功经验告诉人们，成功根本没有秘诀，如果有的话，就只有两个：第一个是坚持到底，永不放弃；第二个就是当你想放弃的时候，回过头来照着第一个秘诀去做，坚持到底，永不放弃。

歌德也曾用激励的语言这样描述坚忍不拔的意义："不苟且地坚持下

去，严厉地驱策自己继续下去，就是我们当中最普通的人这样去做，也一定会达到目标。因为坚忍不拔是一种无声的力量，这种力量会随着时间而增长，是任何失败和挫折都无法阻挡的。"

身在职场，不管你从事什么样的工作，也不管你做的是什么样的事，只要放弃了，就没有成功的机会。不放弃，就会一直拥有成功的希望。如果你有99%想要成功的欲望，却有1%想要放弃的念头，这样也没有办法成功。

人们经常在做了90%的工作后，放弃最后让他们成功的10%。这不但会输掉开始时的投资，更会丧失最后成功时的喜悦。

想真正地做成一件事情，需要你有锲而不舍的精神。不管我们想在哪个领域做成什么事情，一旦你认准了目标，那就一定要坚持不懈地做下去。

要想取得成功，必须拥有积极的心态、必胜的信心。在每一个人的人生旅途中，在每一个人积极行动的过程中，一定会遇到许多问题和困难，只有坚持永不放弃的精神，不断地自我激励，才能战胜自己，战胜困难，最终才能达到自己的目标。

要知道，有时拥有金子的生活可能离我们只有一步之遥。在一个展览会上，德拉蒙德教授看了一座很有名的金矿的玻璃模型。这个金矿原来的主人在他认为可能富含金矿的地层里挖掘了一条1英里长的隧道，花费了100万美元，历时一年半，但他还是没有找到黄金。他决定放弃，于是把这个金矿卖给另一家公司后，便坐火车回家了。而那家公司只是在距原来停止开采的地方挖远了一米，就发现了金矿砂。

到20世纪初为止，世界上的任何发明都比不上蒸汽机给人类命运带来那么强大而深远的影响，而瓦特被称为蒸汽机之父。但事实上，早在公元1世纪，希腊发明家希罗就制造了一种蒸汽锅，那是用蒸汽来推动的。这个设备粗糙而原始，但是已经涵盖了蒸汽机的基本原理。如果这个古代的实验者能够沿着这个发明的思路再坚持一下，再改进一点，也许人类机械发明的历史将会提前2000年。

1688年，丹尼斯·帕皮恩就发明了圆柱体内的密封活塞，后来，托马斯·纽可门发明了压力发动机，这两个离蒸汽机这一伟大的创造都只有一步之遥。但是，只是等到瓦特集中其全部的精力、智慧和耐心，沿着纽可门那粗糙的发明做进一步探索时，19世纪的改良蒸汽机才被制造出来。

早在1774年，电报机的原理就被发现了。而莫尔斯教授是第一位为了人类的福利应用这一原理的人。他于1832年开始实验，在获得发明专利权后经过5年，他又面临着另一个巨大的阻碍。直到1843年，美国国会会议的最后一天才同意资助他3万美元的研究经费。莫尔斯用这笔钱建造了世界上第一条电报线，介于华盛顿和巴尔的摩之间。也许世界上很少有发明像电报这样，对人类的福利产生了如此重大的影响。

美国最早的汽船发明人约翰·菲奇曾经穷困潦倒，衣衫褴褛，受尽嘲讽。他受到大人物的排斥，受到富人的阻挠，甚至在善良人的眼里，他也被当作疯子来可怜。但是，菲奇和他的朋友一直没有放弃对汽船的研发工作。1790年，他们在特拉华州有了一条汽船，它顺流时时速为6英里，逆流时时速为8英里。菲奇的这一发明要早于富尔顿汽船20年左右。

火车机车发明人乔治·斯蒂芬森细心地发现了别人设计中的缺陷，通过对细节的认真研究，找到了一种改进的办法。而在这一过程中如果缺乏足够的毅力，他肯定会失败。最后，在1815年，他制造出了一种新式机器——"喷气比利"，是真正经济耐用的机车。但是，在获得真正的成功和大众认同前，他还有一场硬仗要打。其他人好像对这种产品的普及缺乏足够的信心，而他本人是唯一对这种交通方式的前景持乐观态度的人。虽然当时有很多的阻碍，他还是于1830年又制造了一个叫"火箭"的火车头，其原理与我们今天使用的普通火车机车一样，穿行在利物浦和曼彻斯特之间的铁路上，造成了轰动性效果。最后，他终于获得了成功。

斯蒂芬森并非是铁路的首创者，也不是第一个想到要用蒸汽机推动机车的人。这些特征在早期的"特里维斯克"机器上就已经出现了。假如特里维斯克能够花些心思改进他的机车的缺陷，就像他事业的继承者所拥有的这一优秀个性一样，那么可能就是他而不是斯蒂芬森被称为现代机车之父了。

如果你天生没有坚定执着的这种个性，那么你一定要后天培养它。有了这种个性，你才能成功，才能战胜困难，才能克服消极、怀疑和彷徨的情绪，才能具有自信。没有这种个性，即使是有最为卓越的天才个性也不能保证你一定就能成功，而且很可能你的结果是败得一塌糊涂。

第二章
勇猛无畏　力争上游

"知己知彼，百战不殆。"狼不懂人类的语言与文字，但是狼深知了解自己与敌人的强项与弱项是取得战斗胜利的必要条件。狼会因地制宜、因时制宜、因敌制宜，以己之长，击敌之短，取得战斗胜利。

狼道智慧之十二：
强者之道，绝不示弱

狼有时称不上强者，甚至与某些动物相比还处于弱者的位置，但狼却从来不以弱者自居，相反，狼以强者自居。或许是这种心态决定了它们的行动，或许是它们的性格决定了它们要具有这样的心态。无论遇到什么样的情况，它们都是以强者自居，不管面对什么样的敌人，它们的这种强者心态都不会做出改变。面对弱小的羊群，自不必说，即使是在面对比自己强大的动物，它们也都会丝毫不示弱。它们决不会让自己不战而退，不战自败。

俗话说，老子英雄儿好汉。可是，在棋界却并非如此。在知名棋手的子女当中，走上围棋道路的少之又少，更何况水平能超过父辈。

可是邱峻却是唯一的例外。邱峻的父亲邱鑫是老一代的著名棋手，现在在围甲强豪上海移动队任主教练。而邱峻在小虎辈棋手中，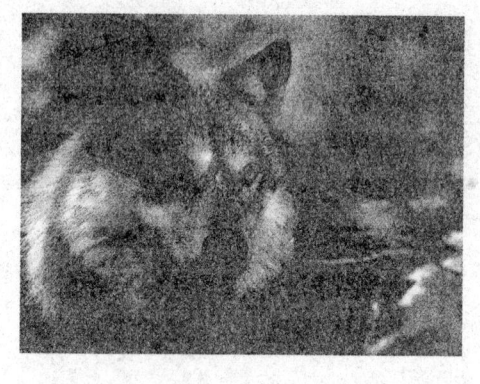却是少年成名。在几年前，年仅16岁的邱峻在全国个人赛中一举获得了生平第一个大赛头衔。在这次以后又奋力打进了富士通杯八强，那时的邱峻可以用春风得意来形容了。可是，随后的邱峻却突然跌入低谷，与冠军的宝座一次次擦肩而过。而其他同龄棋手却逐渐崛起，后来居上。直到后来的名人战，邱峻才重新进入了状态。

邱峻下棋的速度慢是出了名的，无论棋局落后还是领先，他总是表现出慢条斯理、不慌不忙的样子。曾经有棋手开玩笑说，假如所有的棋手都在一个房子里比赛的话，最后一个下完的非邱峻莫属不可。

因此，假如急性子的对手在遇到邱峻时，还真是会被他活活气死。也正是因为这样，年纪轻轻的邱峻在江湖中得到了一个不雅的外号——磨王。

作为亚洲快棋比赛冠军的周鹤洋则喜欢下快棋。在一次比赛中，他遇上了"磨王"邱峻，屡次被弄得心浮气躁。在连输了两局之后，周鹤洋的师父聂卫平被邱峻给激怒了，他出面奚落他，认为邱峻在第三局比赛中形势大幅落后还不认输，违反了棋士的操守。

站在唯美的角度看来，聂卫平的话也有道理。可是，围棋毕竟属于竞技体育，只要没有违反游戏规则，怎样赢棋都不算过分。胜者为王是颠扑不破的真理。

一个企业的领导者有一句经典的话：胜者为王。做公司最关键的是做强而不是做大，要看你这个公司能活多久，而不是一时有多火。

在经济市场中，竞争者有时是不正规的、小规模的、不可靠的，可是与此同时，也可能是低成本的、灵活的、格外周到的，甚至是立志要做一番长久事业的。无论最后胜出的是谁，他们的参与构成了真实的竞争。竞争会降低成本，会提高质量，会使服务多元化，会使全社会得到自己的利益。

在战场上遵循着"胜者为王，败者为寇"这一原则，站在这个立场看战场充满着血腥与肆意的杀戮，战场上游戏的规则是没有束缚的。存在着竞争就存在成败，就存在着利益分配的冲突，因此有人说"商场如战场"，充斥着弱肉强食、你死我活的自由竞争。

用战场来描述商场并不是真正意义上的等同，而是形容竞争的激烈，商场需要一套行之有效的规则体系来束缚，所以，就不能像战场那样突破道德与规则防线进行不理智的"暴力"竞争。尤其是在相对不成熟的市场条件下，许多人应该做的是规范自己在市场中的行为，以整体行业健康发展的角度作为基础，再进行竞争。

市场经济的一个最明显的特点就是竞争。在工业经济时代，资本和资源是企业竞争的主要对象，谁拥有更多资本、更多资源，谁才可以在市场竞争当中立于不败之地。由于资源是非常稀缺的，所以只会被一方独占或者使用，因此，工业经济时代的竞争类型是战争型竞争，在商场上的竞争不是你死就是我亡，最后造成的结果通常是以两败俱伤而作为终结。在经济时代的市场游戏规则经常是弱肉强食、优胜劣汰,对于那些中小型企业来说,只能在市场的缝隙中去谋取生存与发展。市场经济是一种优胜劣汰机制,只有那些适应市场经济要求,具备雄厚的经济实力并且具有顽强的生命力的企业,才能在市场经济的大潮中立稳脚跟。

即使人们都说无商不奸,但是坏人也是论档次的,"阴谋家"这一词虽然听起来是贬义词,可也表现了对其智力的钦佩。在商场上谈论的就是商,不能拿出儒家的道德标准来进行判断,也就像非洲大草原上的动物,把其称作弱肉强食才是真正的道理。这里所说"奸商"只是戏称而已,对于在商场上成功的人,肯定是极富谋略的大阴谋家。每当一个商场形成了浓厚的投机气氛时,也就是成者王侯败者寇的局面。胜者为王,败者则淘汰出局,这是正常自然生存法则。

在看"动物世界"节目的时候,不知道你有没有对自己进行发问,这些动物们你吃我、我吃你,这里还存在着公平吗?一般的讲是没有人这样问过自己。生意场上就是这样。商场是什么?商场就是一群"黄盖"加一群"周瑜"。在这里并没有所谓的公平,只有"周瑜"能不能找到"黄盖",只有胜败之分。

成功与失败正是取决于这些因素:第一、就是你能否找到"黄盖"。这就要靠智慧与勤奋,但是这样的商人即便使买卖做成功了,也只是属于二流。对于秀才们通常就属于这一级。一流的商人不仅要具备同样的勤奋与智慧,同时还要能够有一点悟性。有了这一悟性,即使找不到"黄盖",随便在身边找个人,也能把他变成"黄盖"。令GE(通用电气)退休的CEO(首席执行官)杰克·韦尔奇所津津乐道的一项交易,就是用一个没有前景的业务从另一家公司换回了一个赚钱的业务,而且对方为此还倒贴了一大笔现金。如果秀才想要效仿这些,那么首先要做的就是给自己进行松绑。做生意也就是为了赚钱,你赚的钱越多,就说明你离胜利越近一步,同时也就不存在公平不公平的问题。

做生意的最明确的目的也就是赚钱,所以,商人们所做的一切行为都是以赚钱为中心的。这也就需要秀才们懂得用脑袋去做事。用心做事不能只是听凭着感觉,不要喜欢什么就去做。用脑袋做事则是跟着逻辑走,就是不去做赔本的生意,这样才更容易获得胜利。

狼道智慧之十三：
勇者无畏，执着追求

执着追求者并非全是勇敢者，但勇敢者必是执着追求者。勇敢，强者之精魂。披坚执锐，横刀立马的沙场，属勇者；科学的桂冠当属于敢冒风险、勇于竞争的攀登者；爱的甜蜜，同样只属于勇敢追求的人。

执着追求是一种精神，更是一种意志的考验。古今中外有成就者，无一例外都曾无悔地追求。诗人杜甫受诸葛亮的影响，想成为一个做帝王师的士人。曾为此而不倦地追求，虽然最后仍不得志，但他从来没有放弃过，依旧执着地追求他自己的理想，最终成为一代诗圣。

杜甫随父亲来到长安。杜甫当时充满热望，他在科举考试不中后登泰山，写下过"会当凌绝顶，一览众山小"这样充满自信的诗句，对自己青年时代的追求和理想充满了信心。

杜甫向唐玄宗献赋，还求一些官宦引荐，没有得到什么结果。为此，他在著名的《奉赠韦左丞丈二十二韵》诗中回忆了这一段痛苦的经历。不过也正因为有这样的磨难，不曾放弃正己修身治国平天下理想的杜甫开始观察社会，并且逐渐接近了人民，从而写出了千古不朽的诗篇。随着唐王朝的衰弱，时刻危思报主的杜甫想到了自己的责任，发出了呼声。他写了《兵车行》《丽人行》，抨击给人民带来巨大痛苦的边疆战争，揭露统治者的腐朽奢侈。他又写了《前出塞》谈哥舒翰开拓边疆的情况，写了《后出塞》指出安禄山对中央的威胁。只是杜甫的地位是低微的，生活是贫困的，他的理想与正义的声音统治者根本觉察不到。杜甫感到"德尊一代常坎坷，名垂万古知何用？"

公元755年10月，44岁的杜甫得到了右卫率府兵曹参军的官职。他没有马上赴任，而是先去奉先探望妻子儿女。这时的唐玄宗、杨贵妃正在骊山华清宫避寒，杜甫途经骊山下，仿佛听到了宫中的丝竹乐响。然而，自己的家呢？老妻寄异县，十口隔风雪；谁能久不顾，庶往共饥渴。入门闻号啕，幼子饥已卒。吾宁舍一哀，里巷亦呜咽。所愧为人父，无食致夭折。两相对照，他终于以抗争的笔写出："朱门酒肉臭，路有冻死骨"。这十个字是中国古代诗歌发展的高峰，是中国文化中的纯金。

生活是很有趣的，如果你想接受最好的，只要你能执着地追求，那么你就经常会得到最好的。我们再来看一个生活方面的小故事：

有一个人经常出差，经常买不到对号入座的车票。可是无论长途短途，无论车上多挤，他总能找到座位。

他的办法其实很简单，就是耐心地一节车厢一节车厢地找过去。这个办法听上去似乎并不高明，但却很管用。每次，他都做好了从第一节车厢走到最后一节车厢的准备，可是每次他都用不着走到最后就会发现空位。他说，这是因为像他这样锲而不舍地找座位的乘客实在不多。经常是在他落座的车厢里尚余若干座位，而在其他车厢的过道和车厢接头处，居然人满为患。他说，大多数乘客轻易就被一两节车厢拥挤的表面现象迷惑了，不大细想在数十次停靠之中，从火车十几个车门上上下下的流动中蕴藏着不少提供座位的机遇；即使想到了，他们也没有那一份寻找的耐心。眼前一方小小立足之地很容易让大多数人满足，为了一两个座位背负着行囊挤来挤去有些人也觉得不值。他们还担心万一找不到座位，回头连个好好站着的地方也没有了。与生活中一些安于现状不思进取害怕失败的人，永远只能滞留在没有成功的起点上一样，这些不愿主动找座位的乘客大多只能在上车时最初的落脚之处一直站到下车。

自信、执着、勤于实践，会让你握有一张人生之旅永远的坐票，也会让你在奋斗的路上畅通无阻。其实在生活中，很多地方是需要勇气执着追求的。美好的爱情，没有执着的追求，不会开花结果；开创的事业，没有执着的追求，不会出现辉煌；造福人类的科技，没有执着的追求，不会硕果累累。

生活中需要我们执着追求。

狼道智慧之十四：

保持热忱，激情生活

拥有狼的不懈的追求，热忱是非常重要的。

我们先来看一幅名人的座右铭：

有信仰就年轻，疑惑就年老；

有自信就年轻，畏惧就年老；

有希望就年轻，绝望就年老；

岁月使你皮肤起皱，但是失去了热忱，就损伤了灵魂。

爱默生说："有史以来，没有任何一件伟大的事业不是因为热忱而成功的。"这是迈向成功的路标。培养并发挥热忱的特性，我们就可以给我们所做的每件事情，加上火花和趣味。一个热忱的人，无论是在耕作，或是经营大公司，都会认为自己的工作是一项神圣的天职，并怀着浓厚的兴趣。对自己的工作热忱的人，不论工作有多少困难，或需要多少的努力，始终会用不急不躁的态度去进行。只要抱着这种态度，就一定会成功，一定能够达到目标。

热忱是行动的主要推动力。伟大的领袖就是那些知道怎样鼓舞他的追随者发挥热忱的人。我们来看看关于拿破仑的一段文字：

拿破仑离开巴黎，就职后得到的是三万八千名士气沮丧、饥饿、贫困、缺少武器弹药的流浪汉，被人戏称为乞丐部队。其实这根本就是政客们玩的把戏，为了把拿破仑从巴黎调开而安排的职务。

1796年4月10日，真正考验拿破仑的时刻来临了。

拿破仑展开攻击前，在阿尔兵格对士兵发表演说，鼓动士兵进攻，并许诺攻击成功后任由士兵拿取战利品，所有的金银财宝都是部队的军饷。这振奋了全体士兵的士气。据说，日后晋升为元帅的兰奴等有为青年军官听了这段话后，都认为除了追随拿破仑外，没有其他途径可以达成自己的梦想了。

拿破仑靠许诺让部队搜刮占领区物资的办法,把军队缺乏粮饷的问题解决了。派遣军队就地搜集粮草、衣物等物资解决了当前缺少粮食等迫切问题,为军队注入了新的活力,凭其卓越的领导才能使它变成一支百战百胜的部队。

拿破仑实现了诺言,法军士兵在占领区内肆以任意妄为,各个都填饱了肚子,基本上配齐了火枪,抢掠物资并没有削弱这支部队的战斗力,反而因此为拿破仑在士兵中建立了威信,拿破仑能更好地指挥这支贪婪的部队。

拿破仑的鼓动演说,使他的"乞丐部队"所向披靡。他所倚靠的就是最大限度地发挥他部下的热忱,热忱是可以使人释放出巨大的能量的。

热忱并不是一个空洞的名词,它是一种重要的力量,你可以予以利用,使自己获得好处。没有了它,你就像一个已经没有电的电池。热忱是股伟大的力量,你可以利用它来补充你身体的精力,并发展出一种坚强的个性。发展热忱的过程十分简单。首先,从事你最喜欢的工作,或提供你最喜欢的服务。如果你因情况特殊,目前无法从事你最喜欢的工作,那么,你也可以选择另一项十分有效的方法,那就是,把将来从事你最喜欢的这项工作,当作是你的目标。缺乏资金以及其他许多种你无法当即予以克服的环境因素,可能迫使你从事你不喜欢的工作,但没有人能够阻止你在自己的脑海中决定你一生中明确的目标,也没有任何人能够阻止你将这个目标变成事实,更没有任何人能够阻止你把热忱注入到你的计划之中。

一位公司的中层领导下班回到家里,发现他儿子正又哭又叫地猛踢客厅的墙壁。儿子第二天就要开始上幼儿园了,他不愿意去,就这样子以示抗议。按照他平时的作风,他会把孩子赶回自己的卧室去,让孩子一个人在里面,然后训斥儿子一通,并且告诉孩子他最好还是听话去上幼儿园。由于已了了解了这种做法并不能使孩子欢欢喜喜地去幼儿园,他决定运用刚学到的知识:热忱是一种重要的力量。他坐下来想,如果我是儿子的话,我怎么样才会乐意去上幼儿园?他和太太列出所有儿子在幼儿园里可能会做的趣事，例如画画、唱歌、交新朋友……然后他们就开始行动，他对这次行动做了生动的描绘："我们都在饭厅桌子上画起画来，太太和我自己，都觉得很有趣。没有多久，儿子就来偷看我们究竟在做什么事，接着就表示他也要画。'不行，你得先上幼儿园去学怎样画。'我以我所能鼓起的全部热忱，以他能够听懂的话，说出他在幼儿园中可能会得到的乐趣。第二天早晨，我一起床就下楼，却发现儿子坐在客厅的椅子上睡着了。'你怎么睡在这里呢？'我问。'我等着去上幼儿园，我不要迟到。'我们全家的热忱已经鼓起了儿子内心里对上幼儿园的渴望，而这一点是讨论或威胁、责骂都不可能做到的。"

一个人成功的因素有很多，而居于这些首位的就是热忱。没有足够的热忱，不论你有什么样的能力，都是不能充分发挥的。热忱是出自内心的兴奋，然后散布充满到整个的为人。热忱就是一种炙热的、精神的特质，深存在一个人的内心。

每一个成功的人士，都有一种疯狂工作的热情，这种热情就是他内心热忱的巨大迸发。这种热情也是你成功和成就的源泉。你的意志力、追求成功的热情越强，成功的概率也就会越大。热情很多时候也是一种状态，一种潜在的意识，而往往潜意识要比显意识的力量大得多。如果能发挥出你的潜在意识，即使你是一个普通人，你也能创造奇迹。卡通大王沃特·迪斯尼也凭借那股疯狂的工作热情而因为一只米老鼠成为举世闻名的巨富。

《米老鼠》及《三只小猪》的创始人沃特·迪斯尼，在1918年以前仍然是一个无名小卒。现在却是全美最有名的人物之一。最新版的《英国名人录》中，沃特·迪斯尼的名字与世界第一流的人物并列出现，并且占用了比出名政治家更大的版面与篇幅。

当初，沃特·迪斯尼的生活还很贫困。而今，东起锡兰岛的茶园，西至阿拉斯加的渔村，他是广被世人所喜爱的人物。一个早年一文不名，现在却是举世闻名的大资本家，所赚的钱全都投注于自己的事业中。迪斯尼曾说："与其储蓄几百万美元，倒不如做些好电影来得有趣。"迪斯尼原本是住在密苏里州的坎萨斯城，并且希望成为一名画家。一天，他到坎萨斯城明星报社找工作，让总编辑看他的自画像。总编辑一看他的作品就说不行。说他毫无画画的天分，他只好垂头丧气地回家了。

后来，他好不容易才找到工作，那是在教会中绘图，薪资很低微。因为一直借不到办公室，他便使用父亲汽车厂的工作室。当然，那时的辛勤是可想而知的，也正是由于在充满汽油及润滑油气味的车厂工作，才引发了日后价值百万美元的构想。事情的经过是这样的，一只小白鼠在汽车厂的土地上窜来窜去。迪斯尼停下正在作画的手，抓起面包屑喂小白鼠。日复一日，小白鼠变得很亲人，它甚至会爬到画板上去。不久，他迁往好莱坞开始制作《奥斯沃特与兔子》的卡通影片，但却全部失败了。他再一次失去了他的工作，又成为一文不名的人了。

某日，他在公寓里正思索有什么好点子时，忽然想起了在坎萨斯城的汽车厂中，画板上爬来爬去的小白鼠。因此，沃特·迪斯尼立刻着手描绘小白鼠——这就是米老鼠诞生的经过。坎萨斯城的那只小白鼠恐怕早已死去了，他就是全世界最有名的电影巨星米老鼠的祖先，今天，电影界收到影迷信件最多的明星就是米老鼠。播放米老鼠电影的国家，较之其他任何电影明星都多。此后，沃特·迪斯尼每周必去动物园研究动物们的动作及叫声。米老鼠影片中，mickey声音的角色，及许多动物的叫声，多是由他自己担任配音。卡通影片的制作必须有许多原画，并由自己一张一张地画，台词如果不写，画面的完成也得由自己担任，因此，这些工作全部要靠大批的助手帮忙。迪斯尼本人则全心投入电影的构思之中，只要有新的构想，就与剧本部的助手们共同商议。

有一天，他提出了一个构想，欲将儿童时期母亲所念过的童话故事，改编成彩色电影，那就是三只小猪与野狼的故事。助手们都摇头不赞成，后来只好取消。但是在迪斯尼心中却一直无法忘怀，屡次提出这构想，都一再地被否决掉。终于，因为他有着一种无与伦比的工作热情，并且不断地推出，该片受到全国人民的热烈喜爱。这实在是空前的大成功。从乔治亚州的棉花田到俄勒冈州的苹果园，它的主题曲立刻风靡全国——大野狼呀，谁怕他，谁怕他？据迪斯尼自己说，该片在电影院总共上映了7次之多。在卡通影片的历史上，这是史无前例的创举。如今，世界各地的人大概都看过米老鼠吧！

所有成功的秘诀都在于热忱地工作——这是沃特·迪斯尼的信念。他说只是赚钱并无乐趣，工作是他生活的乐趣及冒险。比起游乐，工作令他发现更多的乐趣。

一个人真的充满热忱，你就可以从他的眼神里，从他勤快的步伐里看出来，还可以从他全身的活力中看得出来。热忱可以改变一个人对他人、对工作的态度。热忱可以使一个人更加喜爱人生。热忱是假装不来的，两个奋斗的人，最终一个成功了，而另一个失败了。最大的原因是一个人具有了真正的热忱，而另外一个人则是假装的。不但如此，热忱还可以使一个人走出浑浑噩噩，奋发做事。旅馆大王希尔顿就是因为善用热忱而成为几乎与英国女王齐名的人物。

肯纳特·尼柯尔森·希尔顿在得克萨斯州的丝斯哥首次经营一家名叫莫布雷的旅馆时只有31岁。1887年出生于新墨西哥州的圣安东尼的他，曾经做过各式各样的工作，比如工友、办事员、做生意、矿山投机者与种植业等，也曾经参与政治和银行有关系的工作，最后他回到新墨西哥州他的故乡，是因父亲事业失败所致。起先他希望振作起来在石油兴盛的德州大干一场。于是他变卖家产共得5000美元，很谨慎小心地带在身边只身前往德州，最初他想做的银行业，实际上是金币买卖。因为5000美元，在当时足可买下一家银行，但他却买下一座叫莫布雷的小旅馆，从此迈出了经营旅馆业的第一步。

希尔顿成功的秘诀是：首先，他热衷于旅馆业；其次，他对旅馆业就等于经营企业一样有相当明确的观念。当然，尽量吸收顾客住宿以赚取利润也使他全力以赴地工作。而且把旅馆业当作一种不动产业，倒闭的旅馆，他会以极低廉的价钱买下来，把建筑物加以豪华的装修，然后等经营好转，一有机会他再以买价的数倍价钱卖出去，以扩大储蓄、壮大资金。他经常在关键的时刻背负债务，因而才能逐渐地一次次买下他的实力所无法负担的旅馆，从银行或个人资本家那里借出大量资金，并且把股东都拉进来。希尔顿着实使许多金主大感困扰。然而，对于这一点来说，他确实是位天才。

年轻时候的希尔顿就对恐慌毫不在乎，另一方面他又具有幽默的气质。但当利害攸关之际，希尔顿却会摇身一变像个魔鬼一般，平常的可爱或幽默都收敛起来，绝不像花花公子或迷于嗜好的人，他会冷静地思考工作，并总结工作中的得失。

在1969年，希尔顿连锁旅馆在美国国内有33家，海外有42家，共计75家。另外在美国国内有8家小型旅馆，一家希尔顿信用卡公司，还有5家希尔顿预约中心。所有这些关系企业，都在名叫肯纳特·希尔顿特殊公司管辖之下，该公司设在芝加哥。与此并列的事业执行机构，便是一般人所周知的希尔顿旅馆业公司与希尔顿旅馆业国际公司，前者设在纽约的世界女神旅馆内，是国内旅馆中心的公司；后者则是海外事业中心。这个时候希尔顿旅馆的资本将近4亿美元，旅馆房间总数约45万间，每夜有4万人住宿，员工也将近4万人，是世界最大的连锁旅馆业。

到底为什么希尔顿能如此拓展国内外的旅馆生意呢？希尔顿说道，我非坚持自己的梦想不可。然后为了实现这种梦想，他简直不顾一切地拼命努力。

我们来欣赏几段阿尔伯特·哈伯德写的关于热忱的良言：

我欣赏满腔热情工作的人。热忱可以借由分享来复制，而不影响原有的程度，它是一项分给别人之后反而会增加的资产。你付出得越多，得到的也会越多。生命中最巨大的奖励并不是来自财富的积累，而是来自热忱带来的精神上的满足。

热忱是工作的灵魂，甚至就是生活本身。年轻人如果不能从每天的工作中找到乐趣，仅仅是因为要生存才不得不从事工作，仅仅是为了生存才不得不完成职责，而这样的人，注定是要失败的。

热忱是战胜所有困难的强大力量，它能使你保持清醒，让你全身所有的神经都处于兴奋状态，去进行你内心渴望的事；它不能容忍任何有碍于实现既定目标的干扰。

热忱，是所有伟大成就的取得过程中最具有活力的因素。它融入了每一项发明、每一幅书画、每一尊雕塑、每一首伟大的诗、每一部让世人惊叹的小说或文章当中。

成功与其说是取决于人的才能，不如说取决于人的热忱。

就像美一样，源源不断的热忱，能够使你永葆青春，让你的心中永远充满阳光。记得有两位伟人如此警告说："请用你的所有，换取对这个世界的理解。"我要这样说："请用你的所有，换取满腔的热情。"

有热忱，你就会变得很强大。

狼道智慧之十五：
不求全面，只求专精

从狼教给我们的智慧中，作为职场中人还可以读出"专注"的外延，那就是在工作中我们应该专注于某一项关键的能力，用心地打造好立足职场中的"杀手锏"，这样才能使自己不至于像一个"杂家"一样什么都略懂一点，但什么都不甚精通，避免出现被淘汰的尴尬。

下面，有一位朋友在深圳闯荡的一段经历就给了我们许多启发。这位朋友曾这样说：在家乡印刷厂，我在辅机上已做了近5年，技术一流，辅机上其他人员无一能比。但厂里老师傅大有人在，升上主机的可能性一则极小，二则就是没有，辅机上其余年龄和工龄都长过我的人肯定排在我的前面。听到不止一个去过深圳的人说，深圳是个年轻的城市，在那里人才真的可以不拘一格。于是我雄心勃勃地打起了行囊。

深圳的印刷业在全国都有名，不仅先进，而且听说以前甚至流行过一句顺口溜叫"要想发，搞印刷"。我的确很快就应聘成功，为了给随后的尽快提升打基础，我仍从辅机干起，并很快成为骨干，厂里的许多重要活似乎只有安排我做，老板才会放心。

我就这样坚持了11个月，临近1年时，趁公司制定次年的工作计划之机，我去找到老板，向他表明了我想上主机学习的愿望。他问为什么，我说我在辅机上再干下去已没有什么潜力与前途，并且也不可能几年如一日地一直干辅机不思进取呀，另外我盼望公司能给我学习的机会，否则还不是和内地一样，我不是白来深圳了吗？

老板是位60岁的坏脾气、黑脸膛的老头，那天他出乎意料地很有耐心地听完我的话，他说他做老板11年，这11年来，公司招收新职员时，他们关心的问题大多是薪资、福利，只有少数人问过公司会怎样培养他们成为一个能长足进步的技术人员。他说在这少数人中，我属更特别的一个。他说你能有上进心固然应该，但为什么不能换个思路来考虑这个问题呢？比如潜心做好现在的工作，拥有一项关键能力，成为这个方面不可多得且不可或缺的人物。他说公司随后还要扩大生产，添加辅机，如果我能真正成为这方面的权威，不仅在这个公司，就是将来出去在这个行业也将是独领风骚的，也会得到相应的地位与报酬。他说在当今的社会，年轻人所缺乏的不是工作经验，而是真正的技术。

我到深圳本是为了离开辅机，结果却是决定了在辅机上做下去。写信将此事告诉了父母，母亲说那不是和在内地没区别嘛，我说有，这区别就是深圳有人会有力度地告诉你为什么应该还在辅机上干。

迄今为止我都视这位老板为我的恩师，尽管他没有教过我一点技术，但仅凭"拥有一项关键能力，成为这个方面不可多得且不可或缺的人物"这一句话，就会恩泽我一生，因为它带给我的是一种不会过时的思维方式和认真投入的行事态度。

拥有一项关键能力，成为某个方面不可多得且不可或缺的人物非常重要，更为重要的是拥有一种不会过时的思维方式和认真投入的行事态度，那将成为我们每个人一生的财富。

45岁的王强移居去了美国。大凡去美国的人，都想早一点拿到绿卡。他到美国后3个月，就去移民局申请绿卡。一位比他早到美国的朋友好心地提醒他："你要有耐心等，我申请都快1年了，还没有批下来。"

他笑笑说："不需要那么久，3个月就可以了。"

朋友用疑惑的目光看着他，以为他在开玩笑。

3个月后。他去移民局，果然获得批准，填表盖章，很快，邮差就给他送去了绿卡。

他的朋友知道后，十分不解："你的年龄比我大，申请比我晚，钱没有我多，凭什么比我先拿绿卡？"他微微一笑，说："因为钱。"

"你来美国带了多少钱?"

"10万美元。"

"可是我带了100万美元,为什么不给我批反而给你批呢?"

"我的10万美元,在我到美国的3个月内,一部分用于消费,一部分用于投资,一直在使用和流动。这个,在我交给移民局的税单上已经显示出来了。而你的100万美元,一直放在银行里,没有消费变化,所以他们不批准你的申请。"

美国是一个十分注重效率和功利的国家,你要对美国的社会经济发展有益,美国才会接纳你。在美国拿绿卡,只有两种人可以:一种是来美国投资或消费;还有一种人,就是有技术专长。

与王强一起申请绿卡的还有一位中国中年妇女。这位妇女,从她被晒成古铜色的皮肤看,可以断定她是一位户外工作者。出于好奇,王强上前和她搭话,一问才知,她来自中国北方农村,因为女儿在美国,才申请来美,她只读完小学,连汉语表达得都不太好。

可就是这样一位英语只会说"你好""再见"的中国农村妇女,也在申请绿卡。她的申报理由是有"技术专长"。移民官看了她的申请表,问她:"你会什么?"她回答说:"我会剪纸画。"说着,她从包里拿出一把剪刀,轻巧地在一张彩色亮纸上飞舞,不到三分钟,就剪出一些栩栩如生的各种动物图案。

美国移民官瞪大眼睛,像看变戏法似的看着这些美丽的剪纸画,竖起拇指,连声赞叹。这时,她从包里拿出一张报纸,说:"这是中国《农民日报》刊登的我的剪纸画。"。

美国移民官一边看,一边连连点头,说:"OK!"

她就这么OK了。旁边和她一起申请而被拒绝的人又羡慕又嫉妒。

这就是美国。你可以不会管理,你可以不懂金融,你可以不会电脑,甚至,你可以不会英语。但是,你不能什么都不会!你必须得会一样,你要竭尽全力把它做到最好。这样,你就会永远OK了!

你只要拥有一项关键的能力,也就是我们平常说的有一样拿得出手,在职场生涯中,你就不会轻易被否认。由此,职场中的朋友们应该在夯实自己的"关键能力"上跟狼一样,多一点儿专注!

狼道智慧之十六：
聚精会神，专注目标

曾经有这样一个寓言故事：在茫茫的大草原上，一只年老的狼带上他的三个儿子去草原上捕捉野兔。一切准备得当，这时老狼向三个儿子提出了一个问题："你们看到了什么呢？"

老大回答道："我看到在草原上奔跑的野兔，还有一望无际的草原。"

父亲摇摇头说："不对。"

老二回答的是："我看到了爸爸、大哥、弟弟、野兔，还有茫茫无际的草原。"

老狼又摇摇头说："不对。"

而老三的回答只有一句话："我只看到了野兔。"

这时老狼才说："你答对了。"

职场中，许多人做的事情很多，今天搞销售，明天又从事管理，后天又去搞产品开发等，结果没有一样做好。这些人之所以没有什么成就，原因之一是缺乏专注的精神去奋斗。也就是说，对准人生的一个着力点去努力，对自己的成功是大有裨益的。

在一次公开的空手道表演赛中，黑带高手以七段的实力，用手劈开十余块叠在一起的实心木板，赢得观众热烈的喝彩声。

表演结束后，一位好奇的小男孩到后台找这位空手道高手，请教他是如何做到的。黑带高手将十余块木板叠了起来，亲切地看着男孩，问他："如果你想劈开这叠木板，你的着力点会放在木板的哪里？"

小男孩指着木板的中心部分："这里，我想一定要打在中心点。"

空手道高手笑道："也对，木板架高时的中心点，的确是最脆弱的部分。不过，如果你将着力点放在最上面这块木板的中心，当你的掌缘击中那一点，将遭受同等力道的反击，且将令你的手掌因反弹而疼痛不已。"

小男孩不解地问:"那究竟该把着力点放在木板的哪个部分?"

空手道高手指着最下面那块木板的下方:"这里,把你所有的注意力及着力点,放在整叠木板的下方某一点。当你的注意力只看到木板的下方时,由上而下砍劈的手掌就能轻易地通过每一块木板,而达到你心里所想定的那一点。"

说着,空手道高手右手一扬,又劈开了那叠木板。空手道高手的一席话,确实是对于实现梦想、实现目标的最佳启示。

一般人之所以不成功,正是因为他们永远将注意力放在木板的最上方。于是眼中见到的,只有困难、挫折、不可能等,种种的阻碍横在他们的意识中。事实上,并非他不能成功,而是他将注意力定在自己所不想要的东西上。

成功者与一般人的差别在于,他将眼光放在整叠木板的下方那一点。成功者只看到他想要的目标,并不在乎自己是否具备足够的能力去达成。当他真正想要达到那个目标时,便会让自己通过学习而获得足够的能力,然后通过所有的障碍,正如手掌通过木板一般,成功地达到坚定不移的目标所在。

停止再将意念的能量消耗在你忧虑的事情上。用心地、认真地去凝聚注意力在你真正想要的目标之上,然后,用力一击。马上行动,通过你不断的努力,就能达成你的目标。

狼道智慧之十七:
辨明主次,实现目标

狼具有了追求的心态和热忱,接下来就是怎么样追求了。

狼的作风,狼性的追求就是完成他自己的"目标"。杰克·伦敦在《热爱生命》中描绘出了一个人终于靠自己的坚强挽回了自己的生命的故事，但当你为主人公的命运而担忧的时候，你一定会佩服那几匹狼的坚忍，为了实现它们的目标，它们锲而不舍地追了下去，不屈不挠，虽然是失败者，但它们充分"展示"了它们狼性的作风，并没有低头认输。

当我们接到问题，我们心里打定注意，无论遇到什么困难，我们的目标就是解决问题。我们在解决问题的时候，是要讲方法和策略的。当你想方设法去解决一个困难而复杂的问题时，如果同时盯着许多需求，就容易丧失目标。当你感到完全被它包围时，就应该后退一步，琢磨琢磨你正在努力完成的内容。问问自己，现在干的事情与目标吻合得如何？它是否能够引导团队向目标进军？如果不是，那就是浪费。其实这个问题是很重要的。我们来看一个故事，说的就是这个道理。

魏文王问名医扁鹊说："你们家兄弟三人，都精于医术，到底哪一位最好呢？"

扁鹊答说："长兄最好，中兄次之，我最差。"

魏文王再问："那么为什么你最出名呢？"

扁鹊答说："我长兄治病，是治病于病情发作之前。由于一般人不知道他事先能铲除病因，所以他的名气无法传出去，只有我们家的人才知道。我中兄治病，是治病于病情初起之时。一般人以为他只能治轻微的小病，所以他的名气只及于本乡里。而我扁鹊治病，是治病于病情严重之时。一般人都看到我在经脉上穿针管来放血、在皮肤上敷药等大手术，所以以为我的医术高明，名气因此响遍全国。"

魏文王说："你说得好极了。"

事后控制不如事中控制，事中控制不如事前控制，可惜大多数的事业经营者均未能体会到这一点，等到错误的决策造成了重大的损失才寻求弥补，有时是亡羊补牢，为时已晚。我们在解决问题时是不应该犯这种错误的。

要不时地抬起头来想一想，你做的事情是不是和你要解决的问题一致。即完成你的终极目标是最为重要的。那么什么是终极目标呢？举个简单的例子，你想买东西，然后你去商店里买完回了家，就算终极目标完成了。

确定了你的终极目标，就是要你清楚你自己的目的。然后高瞻远瞩，对你的目标发展有个预见和认识的深度，让自己每走一步都清楚自己的位置，而不会有所偏离。完成你的目标，高瞻远瞩是很重要的，目光短浅的人，是不可能到达他的终极目标的。

曾经有两个企业都想在某郊区投资地产，并各派了专人前去调查那里的情况。结果A企业的人在考察之后，向公司报告说：那里人口稀少，房产业发展机会渺茫，房子修好了也没有人来住。而B企业的人则在考察之后，向公司报告说，该地虽然人口稀少，但那里环境幽雅，人们厌倦了城市的喧嚣，定会喜欢在那里安置生活。果然不出B企业的所料，随着城市包围农村，城里人越来越向往农村生活，尤其是一些农家乐，办得更是如火如荼。所以B企业的投资是明智的。

A企业的人员鼠目寸光，只看见眼前事物的表象，没有达到他们的"终极目标"。而B企业的人却高瞻远瞩，从表象里预见到未来。B企业的远见卓识远远高于前者。如果一个企业的领导像A企业的人一样近视，那么他的动作很可能都是短期行为，而如B企业那样见识过人，眼光放长远一点，就能使企业获得长远的利益。我们个人也是一样，成功永远属于那些有远见的人。真正有所成就的人，必须学会思考，而不要墨守成规。

其实这个终极价值并非隐藏在你的内心深处，而是在你无法想象的高处，至少是在比你平日所认识的"理想"更高的层次里。能够成为你自己本身的导师与典范的，唯有发自你的天性。唯有自己认识到了，你才能倾注全力去关注它，去实现它。因此，在每日忙忙碌碌的生活中，我们一定要随时怀有这个终极目标，随时关注着人生这个大画面，随时丰富自己的人生价值观。这样，我们才能获得很高的效能，获得自己想要的效果。在确定和完成目标时还要注意效率与效能的关系。

我们来引用管理大师彼得·德鲁克的一句话："效率是'以正确的方式做事'，而效能则是'做正确的事'。"

人们关注的重点往往都在于前者：效率和正确做事。但实际上，第一重要的却是效能而非效率，是做正确的事而非正确做事。正如彼得·德鲁克所说："对企业而言，不可缺少的是效能，而非效率。"即我们要做正确的事。

正确地做事强调的是效率，其结果是让我们更快地朝目标迈进；做正确的事强调的则是效能，其结果是确保我们的工作是在坚实地朝着自己的目标迈进。换句话说，效率重视的是做一件工作的最好方法，效能则重视时间的最佳利用——这包括做或是不做某一项工作。卓越工作方法的最大秘诀就是，每一个人在开始工作前必须先确保自己是在做正确的事。正确地做事与做正确的事有着本质的区别。正确地做事是以做正确的事为前提的，如果没有这样的前提，正确地做事将变得毫无意义。首先要做正确的事，然后才存在正确地做事。

中国对外经济贸易合作部部长龙永图在中国入世谈判时曾选过一位秘书。当龙永图选该人当秘书时，全场哗然，因为这个人根本不适合当秘书。在众人眼中，秘书都是勤勤恳恳、少言少语的，讲话很少，做事谨慎，对领导体贴入微。但是龙永图选的秘书，处事完全不一样。他是一个大大咧咧的人，从来不会照顾人。每次龙永图和他出国，都是龙永图走到他房间里说，请你起来，到点儿了。对于日程安排，他有时甚至不如龙永图清楚，原本9点的活动，他却说9:30，经过核查，十次有九次他是错的。但为什么龙永图会选他当秘书呢？因为龙永图是在其谈判最困难的时候选他当秘书的。当时由于谈判的压力大，龙永图的脾气也很大，有时候和外国人拍桌子，回来以后一句话也不说。每次龙永图回到房间后，其他人都不愿自讨没趣到他房间里来。唯有那位秘书，每次不敲门就大大咧咧走进来，坐到龙永图的房间就跷起腿，说他今天听到了什么了，还说龙永图某句话讲得不一定对，等等，而且他从来不叫龙永图为龙部长，都是老龙，或者是永图。他还经常出一些馊主意，被龙永图骂得一塌糊涂，但他最大的优点就是禁骂。无论龙永图怎么骂，他5分钟以后又回来了：哎呀，永图，你刚才那个说法不太对。

这位秘书是个学者型的人物，他对很多事情不敏感，人家对他的批评他也不敏感，但是他是世贸专家，他对世贸问题简直像着迷一样，所以在龙永图脾气非常暴躁的情况下，在龙永图当时难以听到不同声音的情况下,有那位禁骂的秘书对龙永图就显得格外重要了。

其实龙永图是在做了正确的事,而没有按常规"正确地做事",但取得了非常好的效果,是非常值得我们学习和思考的。

任何时候,做正确的事都要远比正确地做事重要。对企业的生存和发展而言,做正确的事是由企业战略来解决的,正确地做事则是执行问题。如果做的是正确的事,即使执行中有一些偏差,其结果可能不会致命;但如果做的是错误的事情,即使执行得完美无缺,其结果对于企业来说也肯定是灾难。

狼道智慧之十八:
选定目标,紧盯不放

这里是非洲的马拉河,河谷两岸青草嫩肥,草丛中一群羚羊正在那儿美美地吃草。一头狼隐藏在远处,竖起耳朵四面旋转。它觉察到了羚羊群的存在,然后悄悄地,轻手轻脚地,慢慢地接近羊群。越来越近了,突然羚羊有所察觉,开始四散逃跑。狼像百米运动员那样瞬时爆发,像箭一般地冲向羚羊群。它的眼睛盯着一只未成年的羚羊,一直向它追去。羚羊是跑得飞快的,狼更快。在追与逃的过程中,狼超过了一头又一头站在旁边观望的羚羊,但它没有掉头改追这些更近的猎物,而是一个劲地直朝着那头未成年的羚羊疯狂地追。那只羚羊已经跑累了,狼也累了,终于,在累与累的较量中,狼的前爪搭上了羚羊的屁股,羚羊绊倒了,狼牙直朝羚羊的脖颈咬了下去,它捕获了今天的食物。

可以说，一切肉食动物都知道在出击之前要隐藏自己，而在选择追击目标时，总是选那些未成年的，或老弱的，或落了单的猎物。在追击过程中，它为什么不改追其他显得更近的羊呢？因为它已经很累了，而其他的羊一旦起跑，也有百米冲刺的爆发力，一瞬间就会把已经跑了百米的狼甩在后边，拉开距离。如果丢下那只跑累了的羊，改追一头不累的羊，以自己之累去追不累，最后一定是一只也追不着。

动物世界的这种普遍现象，也许是一种代代相传的本能，但它能启发人类效仿，在职场工作中，也要借鉴这种智慧。

一家美国大公司在招聘员工时，通常很注重考察应聘者的专心致志的工作作风。通常在最后一关时，都由总裁亲自考核。

现任经理要职的哈里斯在回忆当时应聘时的情景时说："那是我一生中最重要的一个转折点，一个人如果没有专注工作的精神，那么他就无法抓住成功的机会。"

那天面试时，公司总裁找出一篇文章对哈里斯说："请你把这篇文章一字不漏地读一遍，最好能一刻不停地读完。"说完，总裁就走出了办公室。

哈里斯想：不就读一遍文章吗？这太简单了。他深吸一口气，开始认真地读起来。过了一会儿，一位漂亮的金发女郎款款而来，"先生，休息一会儿吧，请用茶。"她把茶杯放在桌几上，冲着哈里斯微笑着。哈里斯好像没有听见也没有看见似的，还在不停地读。

又过了一会儿，一只可爱的小猫伏在了他的脚边，用舌头舔他的脚踝，但他只是本能地移动了一下他的脚，丝毫没有影响他的阅读，他似乎也不知道有只小猫在他脚下。

那位漂亮的金发女郎又飘然而至，要他帮她抱起小猫。哈里斯还在大声地读，根本没有理会金发女郎的话。

终于读完了，哈里斯松了一口气。这时总裁走进来问："你注意到那位美丽的小姐和她的小猫了吗？""没有，先生。"

总裁又说道："那位小姐可是我的秘书，她请求了你几次，你都没有理她。"

哈里斯很认真地说："你要我一刻不停地读完那篇文章，我只想如何集中精力去读好它，这是考试，关系到我的前途，我不能不更专注一些。别的什么事我就不太清楚了。"

总裁听了，满意地点了点头，笑道："小伙子，你表现不错，你被录取了！在你之前，已经有50个人参加考试，可没有1个人及格。"他接着说："在纽约，像你这样有专业技能的人很多，但像你这样专注工作的人太少了！你会很有前途的。"

果然，哈里斯进入公司后。靠自己的业务能力和对工作的专注和热情，很快就被总裁提拔为经理。

黄帅民是东莞速达科技有限公司董事长兼总经理，一个年仅30岁的亿万富翁。翻开他成功的简历，人们不难发现，目前中国许多成功企业家所拥有的经历，在他身上也能发现：白手起家，从打工仔到跑营销再到自己做老板、办实业。

他初到广东打工时，就懂得踏踏实实地做事的重要性。在工厂里，他心无旁骛，只知道低头做好自己的工作。一次，工厂的老板来巡视，黄帅民没有像其他工人那样抬头观看，而是一心一意专注于自己的工作。正是他的这种埋头苦干、专注的态度为他赢得了机遇。不久，他就得到赏识，获得了提拔。也就从那时起，他开始与外面有了沟通，能力也得到了持续的提高，从场务管理做到业务主管，知识和经验越来越丰富，此后逐步走向成功。

专注力是狼身上的一大特质，也是一个员工纵横职场的良好品格。一个人如果不能专注于自己的工作，是很难把工作做好的。在当今时代，没有哪家企业，哪个老板会喜欢做事三心二意、三天打鱼两天晒网的员工。从这种意义上说，工作专心致志的人，就是能把握成功机遇的人，只有一心一意做事的人，才能受到老板的器重与提拔。

狼道智慧之十九：
提升实力，设定目标

像狼一样地追求生命的真谛，设定目标是非常重要的。设定目标要记住一句话：在实现目标的过程中，你自身的提高比实现目标更加重要。

成功的管理是以目标之实现为导向，我们在设定目标的时候，要来确定一下几个准则：

一、目标必须属于你自己

自己的目标一定要由自己来设定。你本身将成为实现目标的原动力。

二、目标必须切合实际

所谓切合实际，即指具有达成的可能。但是，目标必须切合实际这句话并不意味目标应是低下的或是容易达成的。事实上，一种不是轻易能够达成的目标对目标的追求者才具有真正的挑战性。这即是说，目标本身必须具有相当的难度，以及具有被达成的可能。因此，在你制定目标时，必须令它成为你所愿意追求的与你所能够追求的对象。

三、目标必须具体而且可以衡量

含糊笼统的目标极难充当行动的指南。

四、目标必须具有时限

任何一种目标都必须指明达成的期限。原因有二：

1. 若不订明目标达成期限，则人们很容易采行拖延的态度，而使目标之实现遥遥无期；

2. 订明目标的达成期限，有助于适合的行动纲领之拟定。

五、目标之间必须相互协调

同时追求多种目标时,我们必须事先化解存在于各个目标之间的冲突或矛盾,以免所获得的各种成果因相互抵消而徒劳无功。

我们再来看设定目标的几个步骤:

1. 确定你的起跑线;
2. 把你的目标清楚地表述出来;
3. 把整体目标分解成几个易记的目标;
4. 限定你目标实现的时间;
5. 评估你目标实现的情况;
6. 把你自己祝贺一下。

在我们逐步分析上面的步骤之前,先让我们来看一个故事:

有一名18岁的高中学生,她在高中的时候去看了一部电影,那部电影描述的是法国埃菲尔铁塔。她对这部电影印象非常深刻,她就给自己许下了一个承诺,等她毕业的时候她一定要去巴黎参观一下巴黎铁塔。结果高中毕业后就忙着考大学。她的梦想是在高中就酝酿而成的,大学四年她就一直对自己期许,等她大学毕业以后她要去一趟。大学四年很快就过去了,但是她的梦想并没有实现。当大学毕业以后,她就急于想找一份安定的工作,当她找到工作的时候,她又说等她工作稳定的时候她一定要去巴黎。而在她工作稳定的时候她又开始恋爱了。谈了恋爱她又跟自己做了一个许诺,等她结婚她一定要去一趟巴黎。结果结婚以后就是家里的柴米油盐酱醋茶,接着她怀孕了。她又想等她生了小孩她再去巴黎玩。但是生了小孩以后,她目标也转移了,开始忙着照顾先生,处理家里的事情,还要去照顾小孩。

当时她又给自己做了一个许诺,等孩子长大了,她一定要去巴黎玩。这个梦就从高中到大学时代到她工作到她结婚,到她生了孩子,一直到孩子也长大了。后来,她的孩子结婚了,也生了小孩。有一天这位女人已经老态龙钟了,说了一句话,嗨,我这一辈子最渴望的就是有一天去巴黎玩。而这个时候她已经躺在病床上了。

从这个故事里可以体会到一件事情，每个人在每时都会由于外界的一些环境或者信息的影响而产生很多很多的梦想，这就是你初定的目标。但它是完全不成熟的，还需要你的加工改造，以及付诸行动。

对于你的人生来说，有一个多年的计划，这个多年的计划，如果焦点能够越来越集中的话，它就可以成为你人生的目标。你的人生目标应该要细分到不同的领域，有你健康的目标、家庭的目标、工作的目标、人际关系发展的目标、理财的目标、你成长的目标，甚至有休闲以及心灵成长的目标。你就是因为有梦想，才能把梦想变成多年的计划。

把这些计划设定为目标，实际上就是以未来为取向的思考。要达成这些目标当然是有一定条件的，这些条件就是我们要达到目标的步骤。

确定我们的起跑线：即我们准备要干什么？首先对这个目标你是不是非常想达到，这是一个关键的因素，如果没有强烈的欲望，这个目标是很难实现的。你多年的欲望，如何让它美梦成真，关键在于你对这个目标是不是拥有一种强烈的欲望。拥有强烈的欲望是成功的一半，没有目标就没有前进的方向；没有起跑线就无从规划自己的航程。

把你的目标清楚地表述出来。表述你的目标要以你的梦想和你个人的信念作为基础。你对自己的目标是不是有坚定的信念，你的信心的程度是怎么样，如果没有，对你目标的实现可能还有一段差距。把你多年的计划，浓缩再浓缩，白纸黑字明确具体地写下来。这样你就能集中精力，发挥出高效率。

把整体目标分解成几个易记的目标。把一个目标分成了几个目标，看似复杂了，其实这是一个最为有效的以退为进的方法。其实我们每个人也许都用过这个方法，只是你不曾发觉而已。

1984年，在东京国际马拉松邀请赛中，名不见经传的日本选手山田本一出人意料地夺得了世界冠军，当记者问他凭什么取得如此惊人的成绩时，他说了这么一句话："凭智慧战胜对手。"当时许多人都认为他在故弄玄虚。马拉松是体力和耐力的运动，说用智慧取胜，确实有点勉强。两年后，意大利国际马拉松邀请赛在意大利北部城市米兰举行，山田本一代表日本参加比赛又获得了冠军。记者问他成功的经验时，性情木讷、不善言谈的山田本一仍是上次那句让人摸不着头脑的话："用智慧战胜对手。"10年后，这个谜终于被解开了。山田本一在他的自传中这么说："每次比赛之前，我都要乘车把比赛的线路仔细地看一遍，并把沿途比较醒目的标志画下来，比如第一个标志是银行，第二个标志是一棵大树，第三个标志是一座红房子，这样一直画到赛程的终点。比赛开始后，我就以百米的速度奋力地向第一个目标冲去，等到达第一个目标后又以同样的速度向第二个目标冲去。四十多公里的赛程，就被我分解成这么几个小目标轻松地跑完了。起初，我并不懂这样做的道理，我把我的目标定在四十几公里处的终点线上，结果我跑到十几公里时就疲惫不堪了，我被前面那段遥远的路给吓倒了。"

学会把目标分解开来，化整为零，变成一个个容易实现的小目标，然后将其各个击破，是一个实现终极目标的有效方法。

限定你目标实现的时间。如果你的目标实现没有限定时间，那等于你没有什么目标。只有具体、明确并有时限的目标才具有行动指导和激励的价值。

你要在特定的时限内完成特定的任务，你就会集中精力，开动脑筋，调动自己和他人的积极性以及潜力，为实现目标而奋斗。如果没有明确的具体目标的时限，任何人都难免精神涣散、松松垮垮，这样就谈不上成功和卓越。

目标的实现不光要有时间的限制，还要求你有所行动，没有行动的目标同样也是等于没有什么目标。

有一个人一直想到中国旅游，于是定了一个旅行计划，他花了几个月阅读能找到的各种材料——中国的艺术、历史、哲学、文化。他研究了中国各省地图，订了飞机票，并制定了详细的日程表，他标出要去观光的每一个地点，每个小时去哪里都定好了。这人有个朋友知道他翘首以待这次旅游，在他预定回国的日子之后几天，这个朋友到他家做客，问他："中国怎么样？"这人回答："我想，中国是不错的，可我没去。"这位朋友大感不解："什么！你花了那么多时间做准备，出什么事啦？"

我是喜欢定旅行计划，但我不愿去飞机场，受不了，所以就待在家没去。

苦思冥想，谋划如何有所成就，是不能代替身体力行去实践的，没有行动的人只是在做白日梦。

评估你目标实现的情况。定期评估你目标的进展，是非常重要的。随着你计划的进展，你一定会在其中发现很多的问题。这些问题往往是决定性的，这就要求你有所改进，有所行动，目标的实现过程其实也是你不断进步的过程。只要你不断的进步，在正确的行动轨道上进行着，你离成功也就不会太远了。

为你自己祝贺一下。你在小有成功的时候庆祝你自己，也就是在激励你自己。

狼道智慧之二十：
细化目标，积极实现

你自己的木材要自己砍，你自己的水要你自己来挑，你生命中的主要目标由你自己来塑造，把目标变为现实是你自己的事情。

化目标为现实，拿破仑·希尔在《成功定律》一书中给出了下面的步骤：

一、你要在心里，确定希望拥有的具体数字

空泛地说"我需要很多很多钱"，那是没有用的，你必须确定你追求的成功的具体评价标准，例如，挣多少多少钱，当多大的官，取得什么科学成果等。

同样是做房地产生意，汤姆计划向银行贷款 120 万美元，而约翰则向银行贷款 119.19 万美元。最后银行贷款给约翰，而拒绝了汤姆的贷款请求。因为银行主任认为约翰的预算具体化且考虑很周到，说明约翰办事仔细认真，成功的希望较大。

由此可见，要设定一个具体的可行的目标。

二、坚强的决心可以创造奇迹

决心取得成功的人都知道。进步是一点一滴不断地努力得来的；房屋是由一砖一瓦堆砌成的；足球比赛的最后胜利是由一次一次的得分累积而成的；商店的繁荣也是靠着一个一个的顾客创造的。所以每个重大的成就都是一系列的小成就累积而成的。

有一个著名的作家兼战地记者，他曾在1957年4月号的《读者文摘》上撰文表示，他所收到的最好忠告是"继续走完下一里路"，下面是其文章中的一段：

第二次世界大战期间，我跟几个人不得不从一架破损的运输机上跳伞逃生，结果迫降在缅印交界处的树林里。当时唯一能做的就是拖着沉重的步伐往印度走，全程长达140英里，必须在8月的酷热和季风所带来的暴雨侵袭下，翻山越岭长途跋涉。

才走了一个小时，我一只长筒靴的鞋钉扎了另一只脚，傍晚时双脚都起泡出血，范围像硬币那般大小。我能一瘸一拐地走完140英里吗？别人的情况也差不多，甚至更糟糕。他们能不能走呢？我们以为完蛋了，但是又不能不走。为了在晚上找个地方休息，我们别无选择，只好硬着头皮走完下一英里路。

当我推掉其他工作，开始写一本30万字的书时，内心一直安定不下来，我差点放弃一直引以为荣的教授尊严，也就是说几乎不想干了，最后我强迫自己只去想下一个段落怎么写，而非下一页，当然更不是下一章。整整6个月的时间，除了一段一段不停地写以外，什么事情也没做，结果居然写成了。

几年以前，我接了一件每天写一个广播剧本的差事，到目前为止一共写了2000个。如果当时签一张"写作2000个剧本"合同，一定会被这个庞大的数目所吓倒，甚至把它推掉，好在只是写一个剧本，接着又写一个，就这样日积月累，真的写出这么多了。

"继续走完下一里路"的原则不仅对作者很有用，当然对你也很有用。

按部就班做下去是实现任何目标唯一的聪明做法。最好的戒烟方法就是"一小时又一小时"坚持下去。我有许多朋友用这种方法戒烟，成功的比例比别的方法高。这个方法并不是要求他们下决心永远不抽，只是要他们决心不在下个小时抽烟而已。当这个小时结束时，只需把他的决心改在下一小时就行了，当抽烟的欲望渐渐减轻时，时间就延长到两小时，又延长到一天，最后终于完全戒除，那些一下子就想戒除的人一定会失败，因为心理上的感觉受不了。一小时的忍耐很容易，可是永远不抽那就难了。

想要实现任何目标都必须按部就班做下去才行。对于那些初级管理人员来讲，不管被指派的工作多么不重要，都应该看成是"使自己向前跨一步"的好机会。推销员每促成一笔交易，就为迈向更高的管理职位积累了条件。

教授每一次的演讲，科学家每一次的实验，都是向前跨一步，更上一层楼的好机会。

有时某些人看似一夜成名，但是如果你仔细看看他们过去的历史，就知道他们的成功并不是偶然得来的，他们早已投入无数心血，打好坚固的基础了。那些暴起暴落的人物——来得快，去得也快。他们的成功往往是昙花一现而已。他们并没有深厚的根基与雄厚的实力。

富丽堂皇的建筑物都是由一块块独立的石块砌成的。石块本身并不美观，成功的生活也是如此。

请做到下面的事情：

把你下一个想法（不论看来多么不重要），变成迈向最终目标的一个步骤，并且马上去进行。时时记住下面的问题，用它来评估你做的每一件事。"这件事对我的目标有没有帮助？"如果答案是否定的，就马上不做；如果是肯定的，就要加紧推进。

我们无法一下子成功，只能一步步走向成功，所谓优良的计划，就是自行确定的每个月的配额或清单。

请你想想看，怎样才能提高你的效率。请你利用下面的"30天的改善计划"来自我衡量一下。你可以在标题之下填入你一个月以内必须做到的事情，一个月以后再检查一下进度，并重新建立新的目标。请你经常留意那些小事，以便充实你承担大事的能耐、条件与实力。

三、30 天的改善计划

从现在开始要给自己制定一个 30 天的改善计划，内容写为：

（一）改掉这些习惯

1. 不按时完成各种事情

我规定我要每天 6 点钟起床，可是我每一天都要迟上半个小时，使我的计划无法按时完成。

2. 消极性的词句

在我非常疲惫的时候，我习惯性地说"我不行了，我不想干了"。

3. 每天看电视超过 60 分钟

和我的妻子一起看电视，我可以一直看上 2 个小时。

4. 无意义的闲聊

我喜欢和朋友大侃一通。

（二）养成这些习惯

1. 每天早上出门以前检查自己的仪表

照照镜子，然后让妻子给我一些建议。

2. 每一天的工作都在前一天晚上就计划好

为第二天的工作做好准备，整理好我的计划和我要的文件。

3. 任何场合尽量赞美别人

即使他并没有什么特别值得赞美的地方，我也要小小赞美他一下。

（三）用这些方法增加我的工作效率

1. 尽量发掘部属的工作潜力

2. 进一步学习公司的业务

如公司的业务有哪些？顾客又是哪些人？

3. 提出三项改善公司业务的建议

（四）用下面的方法来修养个性

1. 每周花两小时阅读本行的专业杂志

2. 阅读一本励志书籍

3. 结交四个新朋友

4. 每天静静思考 30 分钟

当你看到一个处处都高人一等的风云人物时，立刻提醒自己，那么优美的风度并不是天生的，是由许许多多严格的自我控制所造成的，建立新的积极性习惯，同时根除旧的消极习惯，正是这种人的修养过程。

马上就建立第一个"30天的改善计划"吧。

当你讨论"设定目标的做法"时，时常有人说："我真的很明白一心一意追求目标的重要，但是我的杂事太多，经常'扰乱'原有的计划，这该怎么办？"

许多未知的各种因素确实存在，并影响你的执行步骤，例如家人生病、工作撤销，或什么意外事件。

所以我们心里也要冷静，遇到障碍时要采取补救措施。例如你开车遇到"此路不通"或交通堵塞的情况，不可能停着不动，当然也不甘心干脆回家，那多煞风景。道路的暂时关闭只是表示现在无法通行，你可以从另一条路走到同样的目的地。

请观察一下高级将领的做法，每当他们拟出一个战略计划时，都会同时拟出几个备用方案，以备不时之需。那就是说，万一发生意料之外的事情而打消甲案时，就改用乙案，正像飞机原定降落的机场因故关闭，机组人员一定会降落到邻近的机场一样。

循序渐进，没有经过许多曲折而成功的例子实在很少见。当我们"迂回前进"时，并没有改变原来的目标，只是选择另一条道路而已，目的地是不变的。

规定一个固定的日期，一定要在这个日期之前把你要求的钱赚到手——没有时间表，你的船永远不会"泊岸"。

不要拖延。你已经知道，你自己要明确的主要目标要由你自己来塑造，因此，为什么不尽快实行你早已明白的道理呢？

明确的目标是你自己创造出来的，没有人能代替，它也不会自己创造自己。你打算怎样对付它？什么时候？如何做？

拟定一个实现目标的可行计划，马上行动——你要习惯"行动"，不能够再耽于"空想"。

四、即"现在就做"

在你的有生之年,当"现在就做"的提示从你的潜意识闪现到你的意识里,要你做应该做的事情时,立刻采取适当的行动,这是一种能使你成功的良好习惯。

这种良好的习惯是把事情完成得缜密,它影响到日常生活的每一方面。它可以帮你迅速完成应做的但你不喜欢做的事,它能使你在面对不愉快的事情时,不致拖延,也能帮助你做你想做的事,它能帮助你,抓住那些宝贵的,一旦失去便永远追不回的时机。

将以上四点清楚地写下——不可以单靠记忆,一定要白纸黑字写下来。

每天两次,大声朗诵你写下的那计划的内容,一次在晚上就寝之前,另一次在早上起床之后,当你朗诵时,你必须看到、感觉到和深信你已经拥有了成功。

希尔本人就在将目标变为现实这方面为我们作出了好的榜样。

1908年,年轻的希尔在田纳西州一家杂志社工作,同时又在上大学。由于他在工作上的杰出表现,被杂志社派去访问伟大的钢铁制造家安德鲁·卡耐基,卡耐基十分欣赏这位积极向上、精力充沛、有闯劲、有毅力、理智与感情又平衡的年轻人。他对希尔说:"我向你挑战,我要你用20年的时间专门用在研究美国人的成功哲学上,然后提出一个答案。但除了写介绍信为你引荐这些人,我不会对你做出任何经济支持,你能接受吗?"年轻的希尔信任自己的直觉,勇敢地承诺"接受挑战",以致数年后,希尔博士在他的一次演讲中说,试想:"全国最富有的人要我为他工作20年而不给我一丁点儿薪酬。如果是你,你会对这建议说YES抑或NO?如果识'时务'者,面对这样一个'荒谬'的建议,肯定会推辞的,可我没有这样做。"

在卡耐基对希尔的挑战中包括了明确的目的——研究美国人的成功哲学,以及达到目的的时限——20年。长谈之后,在卡耐基的引荐下,希尔遍访了当时美国最富有的五百多位杰出人物,对他们的成功之道进行了长期研究,终于在1928年,他完成并出版了专著《成功定律》一书。从

1908年发愿，到1928年如愿以偿，正好是20年。《成功定律》这本书震动了全世界，曾激发了千千万万人发财或成名。7年后，希尔做了罗斯福总统的顾问，与此同时，他又开始撰写《思考致富》这本书，于1937年出版。随后，他又将《成功定律》与《思考致富》这两本书加以总结，得出这领域著名的十七个成功定律，明确的目标正是这十七个成功定律之一。而将目标变为现实的步骤是希尔亲身经历所得。

化目标为现实，一定要看到你的进步，因为在你实现你的目标时，肯定会经历一个过程，看清你的进步，对你是激励，也会增强你对完成下面的每一步目标的信心。

拿破仑·希尔还给我们举了个真实的例子，说明一个人若看不到自己的进步就会有怎样的结果。

1952年7月4日清晨，加利福尼亚海岸笼罩在浓雾中。在海岸以西21英里的卡塔林纳岛上，一个34岁的女人涉水下到太平洋中，开始向加州海岸游过去。要是成功了，她就是第一个游过这个海峡的妇女，这名妇女叫费罗伦丝·查德威克。在此之前她是从英法两边海岸游过英吉利海峡的第一个妇女。

那天早晨雾很大，她连护送她的船都几乎看不到。时间一个钟头一个钟头过去，千千万万人在电视上看着。有几次，鲨鱼靠近了她。被人开枪吓跑，她仍然在游。在以往这类渡海游泳中她的最大问题不是疲劳，而是冰冷刺骨的水温。

15个钟头之后，她又累又冻得发麻。她知道自己不能再游了，就叫人拉她上船。她的母亲和教练在另一条船上。他们都告诉她海岸很近了，叫她不要放弃。但她朝加州海岸望去，除了浓雾什么也看不到。几十分钟之后——从她出发算起15个钟头零55分钟之后，人们把她拉上船。又过了几个钟头，她渐渐觉得暖和多了，这时却开始感到失败的打击，她不假思索地对记者说："说实在的，我不是为自己找借口，如果当时我看见陆地也许我能坚持下来。"人们拉她上船的地点，离加州海岸只有半英里！后来她说，令她半途而废的不是疲劳，也不是寒冷，而是因为她在浓雾中看不到目标。查德威克小姐一生中就只有这一次没有坚持到底。2个月之后她成功地游过同一个海峡。她不但是第一位游过卡塔林纳海峡的女性，而且比男子的纪录还快了大约两个钟头。

查德威克虽然是个游泳好手，但也需要看见目标，才能鼓足干劲完成她有能力完成的任务。当你规划自己的成功时千万别低估了制定可测目标的重要性。

狼道智慧之二十一：
永争第一，力争上游

狼在奔跑时，狂傲的长啸回荡在旷野上，倾泻着它的野性与傲慢，狼的精神就是永争第一的心态。

那么，在人身上所体现出来的这种精神称之为进取心，它能够使我们不断地向既定的目标进发。它不允许我们懈怠，它让我们感到永不满足，当我们每达到一个高度，它就呼唤我们向更高层次的境界去努力。

永争第一，是一种积极的人生态度，激发你一往无前的勇气和争创一流的精神。在这个世界上，想拿第一的人不少，真正能够拿到第一的却总是不多。许多人之所以不能拿第一，就是因为他们把第一仅仅当成一种人生理想，而没有采取具体行动。那些最终争到第一的人之所以成功，是因为他们不但有理想，更重要的是，他们把理想变成了行动。

一位教授在课堂上，经常会向同学们漫不经心地提问这样一些问题。

比如有一次，这位教授问道："世界第一高峰是哪座山？"如此小儿科的问题大家当然不屑一答，仅用最低的分贝附和道：珠穆朗玛峰。哪知道教授紧接着追问："世界第二高峰呢？"这下，大家可傻了，有人争辩道："书上好像没有讲过！"教授不置一词，再问："那么，第一个进入太空的人是谁？"不料，此次没有人敢回答了。不是忘记了，而是因为大家都知道教授的下一个问题,痛苦的是不知道第二个人是谁。因此,教授又自鸣得意地提了几组类似于这样的问题。这位教授的行为使同学们感到十分奇怪,第一个问题的答案几乎没有人不知道,而第二个问题的答案却差不多没有一个人知道。

这令这位教授十分的高兴,就如同成功地完成了一项艰巨的任务一样。下面的同学们都感到莫名其妙,不知教授在玩弄什么花招儿。幸运的是教授转过了身,黑板上飞快出现了一行字:屈居第二与默默无闻毫无区别!最后同学们终于明白,原来教授是在鼓励他的学生要永争第一呀!

狼道智慧之二十二:

勇往直前,全力以赴

不论干什么事情都要永争第一,其实我们每个人都在努力地争先,可最终却没有达到很好的效果,下面的这位玛格丽特的故事也许能给我们许多思考。

20世纪初,在英国的一个不出名的小镇里,有一个名叫玛格丽特的小姑娘,她从小的时候就受到严格的家庭教育。父亲经常向她灌输这样的观点:"无论做什么事情都要永争第一,永远不要落后于人,做事情一定要做在别人的前面。即使是坐公共汽车,你也要永远坐在前排。"父亲从来不允许她说诸如"我不行"或者"太难了"之类的话。

对如此年幼的孩子来说,家人的要求可能过高了,然而如此的教育却在以后的年代里被证明是十分宝贵的。原因就是在她很小的时候就受到父亲的"残酷"教育,才培养了玛格丽特积极向上的决心和信心。在以后的学习、生活或工作中,她一直都牢记着父亲的教导,总是抱着勇往直前的精神和必胜的信念，尽自己最大努力去做好每一件事情，真正地做到了事事争第一，以自己的实际行动实现着"永远坐前排"的教导。

在玛格丽特上大学的时候，学校要求学五年的拉丁文课程。她凭着自己顽强的毅力和拼搏精神，硬是在一年内就把需要用五年时间学的课程全部学完了。更令世人难以置信的是，她的考试成绩竟然名列前茅。其实，玛格丽特不仅在学业上出类拔萃，她在体育、音乐以及学校的其他活动方面也都一直走在前列，是学生中凤毛麟角的佼佼者之一。当年她所在的学校的校长评价她说："她无疑是我们建校以来最优秀的学生，她总是雄心勃勃，每件事情都做得很出色。"正因为如此，44年以后，英国政坛才出现了一颗耀眼的明星，她就是保守党领袖，并于1979年成为英国第一位女首相，她在政坛雄踞了长达11年的时间，被世界政坛誉为"铁娘子"的玛格丽特·撒切尔夫人。

"永远都要坐前排"可谓是人生的一种积极进取的态度，它能够激发你一往无前的勇气和争创一流的精神。一位大师级的人物曾说过：无论做什么事情，你的态度决定你的高度。

狼道智慧之二十三：

完美追求，创造第一

沃尔玛公司是从20世纪60年代初的一家小店到90年代成长为世界十大公司之一，到如今此公司"力争完美"的雄心依然青春常在。沃尔玛始终强调不断创新与向前超越，永远提供超出顾客期望的服务，"把我们的事情做到最好。"沃尔玛在其内部管理方面,员工都需要遵循"日落原则",也就是对顾客当天所提出的问题必须在当天予以答复、解决。我们可以从沃尔玛发展过程当中的一些片断中感觉一下沃尔玛"追求卓越"的企业理念。

沃尔玛公司的创始人山姆在第一家"5~10美元商店"开业之后,其自身的销售额逐年上升。然而他对现状并不满足,他始终尝试着直接向制造商进货,如此下来就可以轻松地节省25%的进货费用。

"沃顿家庭中心"为沃尔玛的第一家大型杂货店,其营业面积从开业之初时的1200平方米扩大到现在的2000平方米,在年营业额超过了200万美元的时候,沃尔玛又将经营方向转向了一个全新的形式——折扣商店。

一直到20世纪80年代的时候,沃尔玛自己的配送中心已经达到了16个,其总体面积约达160万平方米,整个公司销售的8万种商品,85%的商品由这些配送中心供应。到了1983年,沃尔玛又斥巨资7亿美元,与美国休斯公司合作发射了一颗商业卫星,建立了计算机及卫星交互式通信系统,实现了全球联网,为其高效的配送系统提供保证。也正是凭借这套全新的保证系统,沃尔玛总部可在1小时内对全球四千多家分店每种商品的库存量、上架量和销售量全部进行一遍盘点。

狼道智慧之二十四:

激情野性,追求卓越

狼的眼睛是你所能想象到的最震撼人心的东西,其中包含着地球上所有的野性。在这个理想主义已经逝去、英雄的背影已经模糊的时代,动物身上所显现出的野性光芒,令你不得不掩卷沉思、肃然起敬。

有一句话:穷人之所以穷,很多时候不是因为没有梦想,而是没有去把梦想变成现实。

法国有个贫穷的年轻人,经过10年的艰苦奋斗,终于成为传媒大亨,跻身于法国50名大富翁之列。1998年他去世,将自己的遗嘱刊登在当地报纸上,说:我也曾是穷人,知道"穷人最缺少的是什么"的人,将得到100万法郎的奖赏。几乎有两万人争先恐后地寄来了自己的答案。答案五花八门,大部分的人认为,穷人最缺少的是金钱。另一部
分人认为,穷人最缺少的是机会、技能……在这位富翁逝世周年纪念日,他的律师和代理人在公证部门的监督下,打开了银行内的私人保险箱,公开了他致富的秘诀,他认为:穷人最缺少的是成为富人的野心。

这个谜底震动了世界,几乎所有的富人都予以认可,说出了自己成为富人的关键所在。这里说的"野心",准确地说,应该是我们常讲的"雄心壮志"。我们难以设想,一个心志不高的人,一个没有远大目标的人,连一张蓝图都没有的人,还能够创造出什么奇迹。

通常对富人之所以能致富,较负面的想法是认为他们运气好或从事不正当的行业;较正面的想法是认为他们更努力或克勤克俭。但令人万万没有想到的真正原因在于他们的理财习惯不同。投资致富的先决条件是将资产投资于高回报的投资标的上。

一些新贵、富翁在谈论此话题的时候,均毫不掩饰地承认:野心是永恒的"治穷"特效药,是所有奇迹萌发的根本点,穷人之所以穷,大多数都是因为他们有一种无可救药的弱点,也就是缺少致富的野心。不可否认,对于大多数成功的富人而言,致富的愿望是非常强烈的,同时他们通常也以财富的多少作为自己成功的标志。

多少年以来,"野心"始终是一个贬义词。然而,既然不想当将军的士兵不是一个好士兵,那么没有野心的员工也绝对不可能是一个好员工,同时也绝对不可能做出什么大的成绩。

从员工升任到老板,你可以完全做到。只要你内心里有当老板的愿望,没有什么事是不可能的。很多时候,人之所以不成功就是因为不相信自己能成功,许多奇迹需要我们相信才会存在。因此你要成为老板,首先要是一个野心家。吴士宏曾说过:"人没有野心,就不可能成功。只有艰苦的付出，才能得到丰硕的回报。"野心这个词听起来有点逆耳，然而它确实是一个成功者所应该具备的一个最重要的品质。可能我们可以用雄心壮志这样的词，然而从员工到老板这样的道路，在出发前大多数人都会认为这是野心勃勃，那就让他们这样认为好了，当你成功的那一天，他们肯定会说你当初是雄心壮志。你所需要的只是进取，进取是什么？可以明确地说，那就是主动去做你所应该要做的事情，仅次于主动去做应该做的事情，就是当有人告诉你怎样做时，就要立即去做。更次一级的，只在

被人从后面踢时，才会去做应该做的事，这种人大半辈子都在辛苦工作，却又抱怨运气不佳。经常有年轻人问卡耐基，是否认为他们可以取得成功，是否认为他们具有与众不同的价值。卡耐基回答道："你当然可以成功。我觉得你完全有成功者的潜力，但不知道你是否一定能成功。这完全取决于你自己。如果你有了去争取成功的进取心态，那么，也就没有什么可以阻挡你；如果你没有这样的力量与愿望，那么，即便是再好的教育、再有利的外界因素都不足以把你推向成功。"如果你有足够的决心并付诸于行动，那么你就一定会成功。你如果有出人头地的想法，那么，只有从弱者往上爬，越过别的成功者，你才能成为更大的成功者！因此，只要你愿意去做，那么对于从员工到老板并非不可能的事情。

狼道智慧之二十五：
主动出击，无畏无惧

在狼的生存世界中，为了生存领地，狼会勇敢地发起进攻，即使这只动物比它强大得多，也毫不畏惧直至把对手咬死。对于狼而言，在这个世界上是没有一个地方能够让它们感到恐惧与害怕的，它们不会将任何事物

视作理所当然，相反的，狼倾向于亲身的体验与研究。所以，这就是它能战胜一切事物的原因。

波兰天文学家哥白尼，创立了"日心说"，否定了"地心说"，可以称得上是天文学上的一次重要而伟大的革命，沉重地打击了西欧各国的封建统治阶段。

哥白尼诞生于波兰托伦城。在他10岁之时父亲去世，他便跟随着舅父进行生活。他的舅父是一位学识渊博的主教，哥白尼深受其影响，从此也便爱上了天文学和数学。早在上学的时候，就被天上的星星月亮吸引住了。他经常在晚上坐在窗前，乐趣无穷地凝望繁星闪烁的天空。有一天，他哥哥不解地

问："弟弟，你为什么老是对着天空发呆？是不是在向天主祈祷？"

"不，哥哥，我是在观察天象，想探寻天上的奥秘。"哥白尼解释道。

"什么，你要管天上的事情？天上的事有神学家操心，我们怎能去干预！"

"为了让人们望着天空不感到害怕，我要一辈子研究它！我还要叫星星和人交朋友，让它给海船校正航线，给水手指引航向。"

"你要不听我的劝告，这一辈子你可有罪受了！"哥哥以训斥的口气大声说道。

"我主意已经打定，什么都不会感到害怕的！"哥白尼斩钉截铁地说。

沃德卡是哥白尼少年时期最敬重的一位老师。一天，哥白尼去沃德卡家做客，老师不在。他顺手从书架上抽出一本书，打开一看，老师在折了角的地方写了一条批注："圣诞节晚上，火星和土星排成一种特殊的角度，预示着匈牙利的皇上卡尔温有很大的灾难。"

正在这时，沃德卡推门走了进来。他看见哥白尼在家里看书，便高兴地说："孩子，又看什么书了？"

哥白尼毕恭毕敬地把书递过去，老师边接书边关切地问道："孩子，你能看得懂吗？"

哥白尼认真地回答道:"老师,我看不懂。火星也好,土星也好,都是天上的星星,它们与卡尔温毫无关系,如何能够预示到他的祸福呢?"

"怎么不能呢?"沃德卡老师对他反问道,"命星决定一切!"

哥白尼仍旧当仁不让,大声反驳道:"如果是这样的话,那么我们人还有没有意志?如果有,人的意志和天上的星星又有什么关系?"

面对哥白尼尖刻地反驳,沃德卡并没有为此而生气,他心里清楚地明白,信不信天命是关系到天文学命运的一个十分重大的问题。而对于这个问题,他对传统的偏见有过怀疑,然而却还是说不出其中的道理。他踌躇再三,深情地对哥白尼说:"孩子,天命决定一切,这是几千年以来的一条老规矩,我不过是拾前人的牙慧罢了。至于你提出的问题,确实很有意思。但我没有能力回答你,如果你对此有毅力学习的话,那么就在以后的日子里潜心地去研究吧!"

老师的希望在没过多久以后就变成了现实。几十年后,哥白尼创立了"太阳中心说"的伟大理论,由此便宣告了"天命论"的彻底破产。

对于哥白尼的成功,是与他自身有着无畏的精神密不可分的,正是源于大胆而勇往直前的精神努力,最终取得成功。

在如此漫漫的人生路上,能够一帆风顺固然可喜,未能如愿以偿也大可不必伤心。失败并不代表失去一切,相反,失去的东西将会以另一种形式补偿给你。

古时的楚汉相争,在大小几百次的战役当中,刘邦曾经屡次地被打败,危难之时,他还上演过一骑独遁的好戏。幸运的是刘邦并没有因为这一次次的失败而心灰意冷,他吸取了以前的教训,屡败屡战,越战越勇,到最后终于扭转了乾坤,建立起了汉王朝的千秋霸业。

越王勾践,如此堂堂的君王竟然沦落成为对手的马夫。这是何等的耻辱啊!但是勾践没有选择自戕以谢天下,能屈能伸的他选择了忍辱负重,卧薪尝胆。正由于此种决心支撑着勾践奋发,"三千越甲可吞吴",使他从一个失败者再一次成为雄霸一方的王者。

失败并不令人感到可怕,它给我们带来的是一次心灵上大的震动。如此更好,它可以让我们重新审视自己,当我们静下心来时,我们将会发现自己有很多这样或者那样的欠缺,因此,我们一定要好好地调整好自身的状态，梳理自己的心情，吸取上次失败的教训，从而继续努力做得更好，只有这样做，成功也就只是一步之遥了。

曾经看到一位没有登上山顶的年轻运动员在山脚高呼："这次你打败了我，可是我不会放弃的。下次我来的时候一定会征服你，因为你不能够像我这样日益强壮！"姑且不说这位仁兄成功与否，单是他的这种气魄就值得我们赞赏。是这样的，在失败面前保持乐观的心情，也正是我们继续前进的动力。

我们经常会在不该打退堂鼓的时候拼命打退堂鼓，为了恐惧失败而不敢尝试成功。以20世纪80年代由白手起家到拥有资产亿万的张杰作为例子：他一心一意想发财，可是在当时，他还只不过是一个连房租都很难交齐的穷小子。刚开始他卖水果，不过，当他听说有很多当地村民到香港种菜，每天都会捎回一些味精、无花果等时髦的商品，在深圳很好卖，利润也不错时，于是他就大胆地把水果换成了各种时髦的港货。没过多久，他发现卖服装比收购港货还赚钱的时候，他再次大胆地转卖服装。虽然需要许多资金，然而他还是决定去尝试一次，他的事业就是这样一步步地创造出来的。

实际上，从卖水果到摆服装地摊，一直到今天开办建材超市，他的生意是越做越大。在十多年的时间中，他虽然经历了无数次的艰难险阻，可是他到最后毕竟成功了。

一个中国伟人曾说，胜利的希望与有利情况的恢复，往往需要你大胆地坚持一下。

做人，要做到大胆地放手去拼搏。通常情况下，当我们在有了好主意之后，不敢马上去实践，担心自己万一会失败，在抓住商机时，生怕遇到危险，等等。这种心理上的顾虑，造成了我们事业上的缩手缩脚，停滞不前，结果常常会因此而失去了大好机会，事事都让别人牵着鼻子走。出现这样一种现象在很大程度上常常都是我们疑虑太多造成的，怕承担风险，怕自己会失败，对自己没信心。如果能冲出这个误区，大胆地去行动，就自然能够体会到成功并不是想象的那么难。只有行动起来才知道自己做的对不对，所以做事情不要缩手缩脚，在这个过程中更不要过多估计旁人对你的想法与看法，只要你认为是可行的，就一定要对自己负责，就要大胆地去做，千万不要缩手缩脚、瞻前顾后。

正如智者所云：精诚所至，金石为开。只要努力了，几分耕耘就会有几分收获，拿出自己的一点耐心与不达目的誓不罢休的勇气来，相信你定能取得成功的。

大胆地去做你想做的事情，人生成功的机会自然就会很多。古今中外，很多伟人之所以伟大，就是因为他们与别人共处逆境的时候，没有缩手缩脚，而是决心实现自己的目标。他们在有了想法的时候，就会大胆地去实践，因为他们相信，世上没有绝望的处境，只有对处境绝望的人。

大多数成功人士在追求自己目标的过程当中，都会不遗余力地、不计较价值地去做一些需要做到的事情。看准方向时，就要大胆去做，不要迟疑。

对于一个商人来说如果前怕狼、后怕虎，那么就会错过很多机会，因为机会总是稍纵即逝的，即使是一波转折行情，也会因为思想转不过弯，手脚慢了半拍、一拍，而使自己失去了成功的机会，从这一点来看，首先在心理上已经输给了别人，何谈利润最大化呢？有了想法不敢大胆去做，会失去很多机会，因此有了点子、有了方案，千万不要忘了付诸于行动。实践是检验真理的唯一标准。正所谓心想事成就是要大胆去想，认真地去做，只有这样，才能取得成功。如果你连想都不敢去想、不愿去想，那么到何时才能有所成就呢？

有了想法就去行动，所谓"山重水复疑无路，柳暗花明又一村"。总之，你要把心灵的频率调好，以聆听辨别出积极、消极话语间的差异，从而把后者驱逐出自己的心灵之外。这样就会使很多难题得以解决，总是生于积极进取的心态中。积极一点！无畏一点！你面对的难题很容易就可以解决的。即使不能够彻底解决，但起码还能加以处理，使之不至于再次恶化下去。你可以有效地处理问题，甚至是从其中汲取人生智慧。不过，你必须积极地掌握你的思想和生命，换句话讲，就是你首先一定要充满自信地自我主宰。

而要充满自信地自我主宰，就要付出大胆的行动，尤其对于商人所要面临的市场竞争，就更是一个十分现实的场所，对于其可怕的程度，绝对不亚于浴血搏杀的战场。每一秒钟商海里的奔腾不息，那是因为有人已经作古倒下。有道是"一将功成万骨枯",商场的竞争固然是你死我活,但企业内部更是危机四伏。企业外部的竞争对手当然不能忽视,可是企业内部的"自己人"也不一定全都是可靠的。

在商战当中,生意人稍有一点不注意,就很有可能会在商场上"粉身碎骨"。因此,置身于商海之中的商人们,都不得不在商场和办公室内步步为营。没有自信便不可能有成功!便不可能大胆地去行动,只有首先对自己充满十足的自信心,这样才有可能身披战衣,勇敢而无所畏惧地驰骋于战场。自信,就是商人成功的入场券!

没有自信,便不可能大胆地去做想做的事情,又何来成功可言?自信作为成功的第一要诀,如果你用肯定的态度去对待,在过一段时间之后它就有可能会变成一种实实在在的行动。

然而有时因为不自信或其他人对你的意见及能力产生怀疑时,最好的办法就是不管别人怎么说,自己尽可能地、大胆地去尝试。尝试越多,便对自己的局限了解得越清楚,自己的选择就会更加贴近实际。自己能够做什么,不能够做什么逐渐分晓,自信心也会随之增加,可以说自信和大胆是相辅相成的,只有大胆地去尝试才能更自信,首先要有自信,因为有了自信才有可能大胆地去尝试。

在这个地球上,每个人都是完全独立的个体,是唯一的、不可替代的。例如看守大门的门卫不会有老板的压力,老板也没有门卫的清闲。要时刻记着在伟大之中有平凡,在平凡之中有着伟大。无论一个人的事业如何地如日中天,名声如何地远播全球,财富再如何之多,都绝对不能取代任何一个最平凡的普通人。原因就是他俩都是独立的个体,一生下来就有着不可替代的独特价值。

用这种心态看待问题,就可以知道自己是唯一,也是值得尊贵的,从而不会萌生自卑的心理。而获得自我的肯定,大胆做事的心态也可以由此而建立起来。

其实,任何人都或多或少地总会有一点与生俱来的大胆行事的作风。人在成长过程中会不断发掘出自己的特长,通过不同的尝试和创造,去了解自己的才华和能力,再透过能力与才华的认同,建立起自己大胆行事的作风。一个完全不敢大胆行事的人,恐怕连看日光、照镜子这样一些简单的事情也不敢去做，因为没有一点胆识的人会害怕全世界，会害怕面对任何事。

自信十足的人能够跨越失败，重新走向成功。因此，在商场上，我们可以看到这样一个有趣的现象：一些生意人可以屡战屡败，屡败屡战，最后终于取得了成功；而另外一些人却是跌倒后便一蹶不振，胆识更是荡然无存，破罐子破摔，从此再也爬不起来，自然也不能取得成功。

如果一个人自信不足，不但没有反败为胜的翻身可能，而且还失去了重新进行新尝试的机会。因为，对自己的工作能力和任何事都没有起码的信心，不敢大胆去尝试，又如何会有人愿意把机会交给他呢？没有自信，没有胆量去做，犹如画地为牢，把自己困在牢中一样。

自古以来的成功就在于大胆地进行尝试，自觉不自觉地"唯我独尊"，就可以建立个人大胆果断的行事作风。

不置可否，大胆去做绝对不是盲目固执己见，而是建立于自己具有深刻的洞察力的基础之上。这里所讲到的洞察力主要是指生意人能够从别人看不到的地方发现赚钱的商机，从别人想不到的地方想出发财的高招。在此基础上大胆地去做，才是成功商人真正需要的"入场券"。

所以，许多事情只要充满自信，无所畏惧地大胆去做，克服一个个所谓的"障碍"，你会发现，成功并不是你想象的那么难。在人生中最珍贵的不是你学会了某件事，或攻克了某个难关，而是敢于迎接挑战的勇气和大胆尝试的信心。

狼道智慧之二十六：
紧抓机会，努力拼搏

对于一个有远大抱负的人来说，拼搏与奋斗是为人所不可缺少的两个方面，奋斗是更长期的一种精神，拼搏则特指一种短期的"突击"。拼搏是奋斗的重要组成部分，奋斗是拼搏的动力源泉。如果把人生比作一场马拉松赛，那么跑完全程可称为奋斗，终点冲刺则称为拼搏。

对于一个人的一生，有许多需要我们奋力拼搏的"终点冲刺"。为了上重点中学，我们必须拼中考，为了上重点大学，我们又必须拼高考，直到走向工作岗位，等待我们的还有举不胜举的需要拼搏的"大会战""小会战"。对于每个人来说，几乎都是一路拼搏过来的，直至到达终点为止。

对于一个有志的人来讲，拼搏精神对自己的人生是至关重要的。每一个课题对于你来说都是一次重要的攻关，从选题、调研到最终的突破，如果没有一种拼搏的准备——体力上得准备连续挑灯夜战，精神上得需要无数次地碰壁重来——你将会在繁重的劳动或意外失败的沉重打击之下不战而败。

拼搏意味着取得成功，不拼搏意味着平庸。千万不要以为生活的这种两难命题是对人的捉弄，许多成功都是通过一番拼搏而得来的，人也因拼搏而充实。

拼搏并不等于蛮干。理智、机敏、用最小的代价换取最大程度的收益，这些同样是拼搏中不可忽视的要素。

关于拼搏还有两个十分重要的原则：一是扬长避短，二是不要见异思迁。

如同任何一些事物一样，拼搏的最大忌讳就是蛮干。完全不分青红皂白地拼命消耗自身的体力，这是一种必败的战略原则。就如同打仗那样，攻坚战难以奏效的时候，我们何不来点游击战术，"迂回"一下，往往能取得意想不到的成功。经常存在这样的情况，对于一个问题久思不得其解的时候，从死胡同中走出来，放一段时间之后，从另一个角度再看这个问题，答案竟然就在眼皮底下。

由此可以看出，拼搏仍然需要理智、需要机敏，需要以最小的代价换取最大收获的精明。研究行星位置与地球天气的关系，有人认为必须记录一个天体大周期长达240年的天象，这需要近四代人默默无闻的牺牲。我国民间科学家栾世庆则巧妙地"迂回"了一下，观察几十年，再利用天文学公式不就计算出来了吗？结果，他的成果没有等到孙子们手里就已出现，在他手里就实现了超长期预报准确率高达70%的奇迹。

所以对于拼搏也需要遵守一些既定的原则，原则之一：扬长避短。常言道：尺有所短，寸有所长，如果非要以己之短与别人近身肉搏，那么最终的失败就是必然的了。让陈景润去跑百米，或让刘易斯去搞科研，其荒唐愚蠢是不言自明的。张某的长处是科研能力强，其自身的短处则是基础知识薄弱。他要考研究生，正违背了扬长避短的原则，他的出路也只能有一条：利用自己所擅长的，多搞一些科研，社会承认了就免试当了博士。

原则之二：不要见异思迁。有个同学，文笔很好，能写出几首好诗，曾在有名的文学刊物上发表过，是小有名气的校园诗人。他感到学校的功课对他是一种沉重的负担，于是就退了学。可回家之后，由于没有了校园生活的激情，他再也写不出什么好诗来。他很后悔，想复学，但校纪无情，他只好终日游荡，最终一事无成。这就是见异思迁者的典型悲剧。

见异思迁的一大特点：对于新领域不加分析地一见钟情，不思后果地盲目转移。追溯其根源，他们没有理智地分析自己，没有知己，也没有知彼。在没有完全占有信息的情况下草率地做出结论，结果生活也草率地抛弃了他们。如果那位校园诗人在决策之前作一番冷静的分析——分析自己：诗的灵感来自哪里；分析他要选择的事物；专业诗创作成功的可能性有多大；分析后果：如果失败，将一无所有——他的决策或许会更科学一些，起码不会发生悲剧。

然而，并不是每一种转移都是失策，就正如在战争中有时也需要战略转移一样，我们有时候也必须调整自己的科研方向。王某跟他的导师学的是离散数学，后来他曾在模糊数学领域内搞了很长时间，当前则从事软科学研究。在10年当中，三易阵地，这是不是见异思迁呢？不是。不管是模糊数学也好，还是决策科学也好，他的基础都来自于离散数学，不论他是教学还是科研，都没有抛弃离散数学。它是一种决策科学，是以此为基础向别的领域的一种延展。

看起来，要为科研和成才归纳一个放之四海而皆准的原则似乎是不太可能的。但有两点：拼搏易活不易死，拼搏易沉不易浮。以此作为准则，科海泛舟，你的力气应该不会白花。

愿我们每个人都能以此奋发，在拼搏中取胜。只要敢于拼搏，善于拼搏，成功的大门就必定会永远向我们敞开的。

狼道智慧之二十七：

生生不息，自强自立

古往今来，自强不息的精神就一直深深熔铸在中华民族的灵魂之中。然而狼这种动物就是有这种自强不息、自食其力的生存方式，它们不管在什么情况下都能靠自己的能力，顽强地生存下来。由此，才使它在草原上纵横了几千年，以自己桀骜不驯的品格，不屈不挠地搏斗着、生存着、繁衍着，把可歌可泣的事迹留给了苍天，留给了茫茫的草原。

"天行健，君子以自强不息。"《周易》当中的这句话蕴含着全新的真理。天体运行，周而复始，永不停息。古人自始至终以天道作为榜样，激励着自己自强不息。从古至今，多少学子为追求真理，为了实现自身的远大理想而悬梁刺股，苦苦探求着；多少英雄豪杰为抵御外侮，保卫国家而不惜抛头颅，洒热血；多少仁人志士为百姓谋利益，为人民谋幸福而孜孜追求，奋斗不已……他们为什么要这样？他们受到的正是中华民族自强不息精神的激励。也正是这种精神，才使伟大的中华民族生生不息，巍然屹立，才使灿烂的中华文明一直延续到今天。

《诗经》中说："自求多福。"孔子始终赞赏"刚毅自强"，而他自己就是一个真正的"发愤忘食，乐以忘忧"的圣人；孟子曾从反面强调"自弃者，不可与有为也"，一个人即便是天纵奇才，如果自暴自弃的话，也终不能成就一番成功的事业。自强，就是人生的动力。

自强是历史上无数仁人志士的一个共同特点。唐人李咸有诗："眼前多少难甘事，自古男儿当自强。"正是因为有了自强，才有了孟子平治天下，舍我其谁的豪迈；才有了司马迁"含诟忍辱，发奋著书"的坚忍；才有了曹操"老骥伏枥，志在千里"的雄心；才有了岳飞的"从头收拾旧山河"的爱国激情……在他们追求真理的漫漫长途之中，在人生的曲折坎坷之中，在保卫国家免遭外敌入侵的危难时刻，仁人志士用自己的真实行为努力地实践着自强不息的誓言，书写着人生中大大的"人"字。

对于古时的人们是这样，今人也都是如此。20岁不幸身染重病下肢瘫痪的史铁生，痛苦思索，探寻出路，经过长时间的努力，从一个初中毕业生终于成了一名著名的作家；体操赛场上不幸受伤以致瘫痪的小桑兰，她勇敢地面对自身的不幸，一直微笑着接受人生当中所遭受的一次次痛苦。如此的事例是非常多的，他们的奋斗，无一不是靠自强不息的精神的激励。自强不息，照亮了他们人生的前途。

自强，不仅指的是在逆境当中的奋斗；自强，同时也是一个人时刻的人生需求。"百尺竿头，更进一步"，朱熹的话告诉我们，在顺境中，人也不应该停下脚步。一个人无论事业上取得怎样的成就，都应该保持积极向上的精神。自强不息，不仅仅是超越别人，更应该超越自己。文坛泰斗巴金在20世纪30年代已成了著名作家，到了20世纪80年代仍然笔耕不辍，终于完成"一部说真话的大书"《随想录》；"亚洲飞人"刘翔夺得110米栏奥运冠军，成为世人瞩目的英雄，却将下一个目标锁定在打破世界纪录上；"水稻之父"袁隆平获得国际国内无数荣誉，然而他一直在水稻研究方面孜孜不倦地追求……无数成功者的新目标、新追求昭示我们：成绩只能证明过去，绝不能躺在已经取得的成绩上沾沾自喜，不思进取。

只有自强，才有进步。个人如此，国家何尝不是这样？中国是怎样从积贫积弱的"东亚病夫"迅速成长为令世界瞩目的东方巨人的？靠的不就是我们中华民族自强不息的精神！如果我们要追求进步，要不断发展，就应该把自强不息当作我们的座右铭，时刻牢记，奋斗不息。

自强不息是中华民族崇高的民族精神，它激励着一代又一代的中华儿女不断地拼搏奋斗。自从开天辟地到今天，我们勤劳而又勇敢的祖先，披荆斩棘，铺路搭桥，谱写出了一曲曲悲壮动听的颂歌。黄帝教民养蚕，率民战胜旱灾；大禹为了治水，十三年走遍九个大洲，疏通九个湖，开凿九座山,"三过家门而不入",率领百姓终于制服了水患。自从商周以来,涌现出了许多奋发有为、励志图强、自强不息的思想家、政治家、科学家、教育家及无数能工巧匠。正是这种自强不息的精神,使中华民族以造纸、指南针、火药和印刷术四大发明,为世界文明的进步作出了极大的贡献。也正是依靠着这样一种自强不息的精神,激励了历代众多的杰出人物,不断地开拓进取,奋斗永不停息,为国家、民族兴旺发展贡献出自己的聪明才智。

有这样一个故事:在开学第一天,大哲学家苏格拉底对自己的学生们说道:"今天,我们只做一件最简单也是最容易做的事儿:每个人把胳膊尽量都往前甩,然后再尽量往后甩。"说着,苏格拉底示范了一遍,"从今天开始,每天做300下,大家能做到吗?"学生们都笑了,如此简单的事情,还会有谁做不到呢?

过了一个月之后,苏格拉底问他的学生们:"每天甩手300下,哪些同学坚持了?"有90%的同学骄傲地举起了手。就这样又过了一个月,苏格拉底再一次这样问,这一回,坚持下来的同学只剩下了约有八成的学生。

过了一年之后,苏格拉底再一次问大家:"请大家告诉我,最简单的甩手运动,还有哪几位同学坚持了?"这时候,整个教室里只有一个人举起了手。这个学生就是后来成为古希腊的一位大哲学家——柏拉图。

每天把手甩300下难吗?对于任何一个人来说都可以轻松地做到。每天读10页书或是练一篇字难吗?同样任何人也能做到。可有的人却成为了作家或书法家,而多数人则默默无闻,这是什么原因呢?有的人把简单的事坚持下来,就成为了成功的资本,有的人则缺少足够的耐性,半途而废,自然也就前功尽弃。成功并不在于做多么艰深复杂的事,只要坚持下去,就能取得成功。坚持,自强不息,这是一个并不神秘的秘诀。

在平时的工作中,有些人在一开始的时候还热血沸腾,干劲十足,然而在过了一段时间之后,面对问题、阻力就会感到信心不足,然后停滞、退缩。爱迪生发明灯泡之所以能成功,就在于他面对失败一直坚持了。

一个人、一个企业要想做成功,就必须要有对任何磨难都说"不"的勇气,自强不息,把你的意志力、你的坚持进行到底!因此,成功在于自身的自强不息！

　　成功的秘诀在于自强不息。陈安之说：成功就是简单的事情重复地做。想一想十分的简单，然而并不是每个人都能情愿地去做的，成功的秘诀就是自强不息，坚持到底，充满激情地坚持做简单的事情，就可以作出平庸者所不敢想象的大事情。

　　每个社会中的人都渴望能够成功。成功所需具备的条件千千万，各有不同，但有一项是必不可缺的，就是坚定的信念、坚持的意志。

　　失败是生活中经常遇到的事情，重要的是失败后不气馁，坚持继续努力，自强不息，以便争取到下一次的机会，使得失败变为成功。著名漫画家华德·迪斯尼在创业初期，好几家出版商都拒刊他的漫画，一致说他没有天分，而他后来却办了迪斯尼乐园。在我们看来，他的成功是巨大的，活泼可爱的米老鼠卡通形象风靡全球，迪斯尼乐园是人人向往的游乐天地。但如果他在承受屡屡失败时，动摇了意志，就没有我们今天的这么多笑声。美国作家萨洛扬说得好："优秀人才成功的原因，是他们能从失败中获得智能。"珍惜失败中获得的智能，再试，三试，坚持到底，终有把失败变为成功的一天。

　　对待一件事，尤其对于艰难的事情，更需要抱着"坚持到底就是胜利"的信念，不得半途而废。曾有一位同学清楚地记得他的一次成功经历：在他第一次800米跑测试之前，他跑过的最长距离是400米，就凭着心里不断重复"坚持就是胜利"累得几乎失去知觉的他，在跑完后400米，成绩位居全班第二。这一次成功所带给他的实在是太多了，从此之后树立起了信心，长跑也成为了他运动的一门强项，从这之后他就爱上了体育，并且他的体育成绩还能够在班里数一数二。没人想象得到小学之时跑步是倒数的，然而坚持却使他最终成功了。

　　实践已经明确地证明，每个成功者都具有一股比一般人更强的恒心与毅力，面对失败有更强的勇气站起来。对于要想成功的你来讲，一定要记住"成功在于自强不息的坚持"。

狼道智慧之二十八：
增强实力，战无不胜

一位拳击高手参加锦标赛，自以为稳操胜券，一定可以夺得冠军，却不料在最后决赛中遇到一位实力相当的对手，使他难以招架。这位拳击高手意识到，自己竟然找不出对方的破绽，而对方的攻击却往往能够突破自己防守中的漏洞。比赛的结果可想而知了，拳击高手失去了冠军宝座，惨败在了对方的手下。

他悔恨不已地下台找到他的教练，并请求教练帮他找出对方招式的破绽。

教练并没有回答，而是笑了笑在地上画了一道线，要他在不擦掉这条线的同时，想办法把这条线变得更短。

拳击高手苦思不得其解，怎么做才能像教练所说的，使地上的线变得更短？最后他无可奈何地放弃了思考，去向教练请教。

教练在开始的那条线的旁边画了一道比原先更长的一条线，两者相比较之下，第一条线看起来变得短了许多。

这时教练开口说道："夺得冠军的重点，不在如何攻击对方的弱点。正如地上的长短线一样，只要你自己变得更强，对方正如原先的那条线一般，也就在无形中变得较弱。"

这就是一个优胜劣汰的人生，同时在商场中也存在着弱肉强食的现象。

一个经济市场一定会存在着竞争。在经济趋于全球化的条件下，企业之间的竞争不仅仅是在国内进行，它也扩及世界。竞争是无情的，"胜者为王，败者为寇"。即便在市场经济运转正常的情况下，有些企业家由于缺乏竞争意识，而从残酷的竞争中败下阵来，这是很常见的。在变幻莫测的商场中，一个企业的一次成功，不代表着就永远成功。在企业界里，成与败、生与死，都是竞争的必然结果，也是一种不可抗拒的规律。世界500强企业每年都在发生着改变，有些企业钻进来了，有些企业从中消失了。企业家同样是这样，有些企业家沉没了下去，又有一些企业家浮了上来。在我们的现实生活中，企业家要想在竞争中成为胜者，就必须树立起自己正确的竞争意识，培养企业的核心竞争力，合理地运用竞争策略。企业的核心力量关系着企业盛衰荣枯、生死存亡的大局。

适者生存，胜者为王。这是社会永远的游戏规则。你道德高尚，别人不会崇拜你；你功成名就，别人就会欣赏你。盖茨说："世界不会在乎你的自尊，在你考虑自己的感受之前，你先要有所成就。"说得多么透彻，多么经典！不成功，你就没有资格考虑自己的感受！落后，就要挨打！

第三章

积极进取　坚守信念

狼是一种极具攻击性的动物,即便在最不利的情况下,狼也在做着进攻的计划,并一丝不苟地依据现实处境作出调整,对敌人发起猛烈的进攻,直到击倒敌人或者被敌人击倒。

狼道智慧之二十九：
激流勇进，逆境崛起

狼作为动物界中的肉食者，在这个弱肉强食的残酷环境中，为了能延续自己的生命，在种种恶劣的逆境下，凭着坚韧不拔、百折不挠的意志，始终不放弃自己的目标，即使在自己的生命一度遭受重创的最后一刻，也不会轻易认输。它们会勇敢地从失败的逆境中崛起。

有危才有机，机会是极为稀少的东西，人们因机会而发迹、富有，看看那些穷人就知道，他们不是无能的蠢材，他们也不是不努力，他们是苦于没有机会。要知道，我们生活在弱肉强食的丛林之中，在这里你不吃人就是被别人吃掉，逃避风险几乎就是保证破产；而一旦你利用了机会，就是在剥夺别人的机会，保证着自己。

失败与危机是走上更高位置的开始。很多成功者都是踩着失败的螺旋阶梯一步步地上升来的，是在一次又一次的失败中崛起的。做一个聪明的"失败者"，就是要知道从失败当中学习一些东西，从失败的经验中取得成功的因子，用自己不曾想到的手段去开创新的事业。因此说：只要不变成习惯，失败就永远是件好事。

人在任何时候都要保持活力，永远坚强、坚毅，不管遭遇到怎样的失败与挫折，这是唯一能做的事。自己能够理解做什么才会让自己感到快乐，什么东西值得自己为之效命。根本的期望，就像清洁工手中的扫把，将扫尽成功之路的垃圾。只要你不把它丢掉，成功就必然会到来。

一旦你宣布精神破产，那么你终将会输掉自己拥有的一切。自己需要清楚的是：人的事业就如同浪潮，如果你踩到了浪头，功名随之而来；而一旦错失良机，则终其一生都将受困于浅滩与悲哀。失败是一种学习与总结经验的经历，你可以让它变成墓碑，也可以让它变成踏脚石。

　　人在一生中没有挑战就没有成功，不要因为一次的失败就停下脚步，战胜自己，你就是最大的胜利者。

　　人生就如同一条曲折而坎坷的道路。因为它是曲折的，因此能使人感到无奈；因为它是坎坷不平的，所以能使人遇到挫折而跌倒。

　　其实，要想走好这条人生路，就要像小孩初学走路那样，跌倒了不怕跌，也不要怕痛，跌倒了就爬起来，继续向前走。如果一个人在这人生路上遇挫跌倒了，还没有爬起来，就已经怕了下一次跌倒的痛，这个人做大事就终将难以成功的。

　　在爱迪生发明灯泡的时候，他失败了一次又一次，在当他用到一千多种材料做灯丝的时候，助手对他说："你已经失败了一千多次了，成功已经变得渺茫，还是放弃吧！"然而坚信成功的爱迪生却说："到现在我的收获还不错，起码我发现有一千多种材料不能做灯丝。"最后，他经过六千多次的实验终于获得了成功。

　　我们可以试想一下，如果爱迪生在助手劝他停止实验的时候放弃了，我们现在会怎么样呢？可能我们还要点只有豆粒般大小的油灯在夜里照明。其实爱迪生的每次试验失败都可以看作是挫折。如此算来，爱迪生发明电灯也就是遇上了六千多次的挫折，这是一个多么惊人的数目啊！

　　如果我们遇到了挫折能够像爱迪生那样不屈服，那么成功的大门早晚都将会在我们的面前打开。这又如拿破仑所说："在我们最困难的时候，就是离成功不远了。"

　　安徒生，一个令大家熟悉的名字，在他的一生当中创作出了不少令世人喜爱的童话故事。然而在他的第一个童话问世时，有人知道他生在贫苦家庭，就说他的作品"错别字连篇，不懂方法，不懂修辞"。然而安徒生没有气馁，他从挫折中奋起，潜心写作，最后终于写出一部部脍炙人口的童话。

　　挫折是可爱的，原因是挫折的来临更像是机遇的来临。在《孟子》这本书中讲到："天将降大任于斯人也，必先苦其心志，劳其筋骨，饿其体肤，空乏其身，行拂乱其所为，所以动心忍性，曾益其所不能。"

因此，当我们处在"欲渡黄河冰塞川，将登太行雪满山"的时候，就必须像爱迪生、安徒生他们那样，从挫折的废墟当中奋起，继续向前走，正如张海迪说的"命运要我一百次倒下，我也要一百零一次爬起来继续向前走"，这是新世纪的猛士。

失败是什么？假如把成功比作太阳的话，那么失败就是朝霞，人们常说"失败是成功之母"，因此每个人都要敢于面对失败。

失败能够锻炼出一个人的意志力，能够让一个软弱的人变得更为坚强，著名发明家爱迪生研制电灯，他使用的材料足足有几千种，每一次试验都失败了，但爱迪生从不灰心，总是把失败转变成动力，最后爱迪生发明了电灯。

失败一点也不可怕，可怕的是不敢面对失败或者在失败面前找各种各样的理由，而不去找方法。

失败是什么？失败是通往成功的桥梁，只有经历了失败之后才能让人生变得更为完善。在人生的赛场上一直不败的人未必是真正勇敢坚强的人，真正勇敢坚强的是一次次从失败中站起来的人，只有这样的人才算得上是真正的强者。

狼道智慧之三十：
笑对困境，强者人生

伏契克曾经说过一句意味深长的话："一个真正的强者，是在一切逆境中微笑的人。"这个人就是生活的强者。

曾经我们面对无比繁重的学业，有过一次次的彷徨，也有过消极哀叹，会觉得学习、生活怎么这样艰难。

然而，当一本散发着油墨清香的书摊在自己面前的时候，五个闪光的大字：生命的支柱。我悠然掩卷，那酣畅的笔墨已经把一个栩栩如生的形象深深地刻在我的脑海里。张海迪，这个从废墟中奋起的残疾姑娘，不正是一个强者吗？

生活对张海迪是冷酷的，她从小瘫痪，然而却有一股力量激励她奋斗，从而开拓出了一条新的道路。她也曾经悲观过，甚至去自杀，然而她挺过来了，做了一个真正的强者。

再想想自己所遇到的困难，又算得了什么？

确实是这样的，在人生的道路上极少数人的一生是一帆风顺的，大部分都要经过这样或者那样的挫折。有的人在逆境中奋起，乐观面对，作出了成绩；有的人没有勇气正视人生，悲观面对，沉沦了下去。然而生活这个严肃的老人绝不会去可怜懦夫，与此相反，它只欢迎生活的强者，微笑着面对生活的强者。

人生的道路总是坎坷而艰难的。在如今竞争激烈的社会当中，人生所遭遇到的各种各样的不幸是必然的，毕竟有许多美好的东西在不远处召唤我们。

秦末战争中，项羽破釜沉舟；楚汉战争中，韩信背水列阵皆是其例子。

就是需要我们自己抱有一种强烈的必胜欲，有了这种欲望，才能遇到困难不低头，碰到失败不灰心，百折不挠，愈挫愈勇，排除万难，去争取最大胜利。

需要说明的是，这里所说的野心，是在道德、良知、法律等许可的范围内，而不是漠视道德，践踏良知，以身试法。

海迪等楷模已在前方指路，惠特曼的诗篇一次次地在召唤着我们，施特劳斯的圆舞曲正为我们青春的脚步伴奏。让我们用微笑拥抱生活，做一个生活的强者，踏上那无垠而又宽广的人生之路。

因此，当我们再次遭遇失败时，请不要一味埋怨，一直沉湎于失败，在那里孤影自怜、孤芳自赏不仅解决不了问题，而且会无限膨胀我们的自卑心，使我们笼罩于自己的影子里，感受不到光明。其实，只要你肯抬头,头顶便是一片晴天,我们应该具备的就是这种愈挫愈勇的精神。因为,我们一旦具备了这种精神,我们便是勇者无敌,所向披靡了。

狼道智慧之三十一:
信心十足,成功百倍

中国有句成语叫做"谋事在人,成事在天",一般的了解,也就是一事的成败虽在人的谋划,但最终还是取决于成事的条件,甚至是人力难及的命定之数。这句成语,多少透露出中国人对于事之成败不无悲观色彩的宿命理解。

有一天,胡雪岩与好友古应春聊天,谈到"谋事在人,成事在天"这句成语时,他想都不想,脱口就把这句成语彻底改了,他对古应春说:"要我说,应该是'立志在我,成事在人'。"古应春听后,当场抚掌笑道:"好你个胡大财神,不信天,也不信命,就信自己。真是令人感佩!"

应该说,也正是这一改,更使得我们看到胡雪岩身上具有的作为一个"一等一"的成功商人的一个可贵的基本素质——自信。

胡雪岩确实有一种超乎常人的大自信。比如他在创办阜康钱庄的时候,从外部环境来说,当时由于太平天国起义,国家正处于战乱之中,而且太平天国活动的主要区域也正是长江中下游地区的东南一带,而在那个时候国内的金融业主要还是山西"票号"的天下,在东南地区后起的宁绍帮、镇江帮经营的钱庄业,不论业务经营范围,还是在商界上的影响,都远逊于山西票号。

从自身条件来看,胡雪岩在这个时候除了在钱庄学徒的经验之外,实际上是一无所有。然而他踏入商界之初第一件为自己考虑的事情就是创办自己的钱庄——即使此时还是两手空空，也要热热闹闹先把招牌打出去。此时的胡雪岩所凭据的也就是他的那份大自信。他相信就凭自己钱庄学徒的经验，凭自己对于世事人情的了解，凭自己独到的眼光与过人的手腕，当然也凭借已入官场可做靠山的王有龄的帮助，他就足能够支撑起一个第一流的、能够与山西票号分庭抗礼的钱庄。也就是凭着这一股自信，他的阜康钱庄说办就办起来了。

再比如他的生意在面临全面倒闭的最危险关键时刻，他也绝对不会做坑害客户隐匿私产的事情。他始终相信自己虽然败却不倒，用他的话说，是要能够输得起，"我是一双空手起来的，到头来仍旧一双空手，不输啥！不仅不输，吃过、用过、阔过，都是赚头儿。只要我不死，我照样一双空手再翻过来。"这就更称得上是一种能成大事者的自信！

要想做出一番大成就的人就必须要有一种大自信。要有立志在我、谋事在我、事在人为，因而成事也在我的自信，有大自信才会有大志向，才可能有大成功。这是一方面，与此相联系的，除立志、自信之外，还需要有认准方向就不避艰难、锲而不舍地干下去的决心与坚韧的毅力。换句话讲，也就是通常所说的做事要有恒心，要有韧性。任何事要么不做，看准了，决定做而且开始做了，就一定要坚持不懈地做下去，一定要做出个样子来。这也是一个渴望有一番大成就的成功人士所必备的一种素质。

狼道智慧之三十二：
亲力亲为，创造辉煌

成功，指的是一个人在某一事业上有了一番成就和作为，尽管过程历经沧桑，然而最后的结局总是美好的。

成功的方式是多种多样的，成功的途径也许许多多，只要你能够经得起磨难，承受得起打击，就自然能够感受到在这成功后的妙不可言。

在每个人的生命里程当中，总会有大好的时机降临，而一个人能否抓住机会，能否成功，全看他平时是否积极积累了雄厚的力量。不论想成就什么事业，在体力、知识、品格等方面的积累都是不可缺少的，都需要我们自己脚踏实地地去做，做好充分的准备，这样才能够应付得起外来事变的发生。

竞争可谓是市场经济最普遍的一种现象，同时也是市场经济最具魅力的特征。在职场上打拼的每个人都处于市场经济的竞争之中，都时时刻刻承受着由竞争而带来的生存与发展的压力。可是，那些胸怀大志者并没有将自己局限于无休

止的竞争之中，而总是善于从同伴那里汲取智慧，善于同各种有专长的同路者真诚合作，从而最大程度地发挥出自身的聪明才智，加速自己成功的步伐。

"千里之行，始于足下；人生万端，始于自认"，如果说人生是从自我认识开始的可能不确切，然而成功的人生却能够始于自我认识则确凿无疑。

人生不得意的事，实在是太多了，然而同样确定无疑的是，在有些时候，并非是环境出现了问题，而是我们自身出了问题，因为我们没有选择好正确的人生奋斗方向。成功就如同高山上一朵艳丽的花，如果我们一心想把花摘到，就要有不达目的不罢休的决心。不要被困难吓倒，不要半途而废，事情常常都是如此，在当我们将要放弃的时候，成功已近在咫尺，如果再坚持一下，成功的香槟酒就会为我们打开。

人生就像是一场永不停止的挑战，无论成功与否，都总是一个临时的站台，我们必须也只能乘着时间这列快车，穿过一个又一个站台，向新的目的地前进。过去的成功与失败都不重要，重要的是在这个过程中，面对自己，审视自己，认识自己，从中汲取经验，从而完善自己。

对于每个人来讲，要清楚地认识我们自己，要知道生命是自己的，职

业是自己选择的，人生道路是自己走出来的。每个人都有不同的天分，只要按自己最擅长、最喜欢的部分去延伸，就必定能够塑造出一个璀璨的自己。

信念是一种指导原则与信仰，它让我们明白了人生的意义与方向；信念还是一种人生奋斗的动力，是我们能够依赖与支取的力量源泉，且取之不尽；信念也是指南针，指示我们要到达的目标。我们若是想有一番成就，最有效的办法便是建立并坚守自己的信念。当我们强烈相信自己是个有能力掌握自己人生的人时，那么这个信念就可以帮助我们度过人生当中遇到的一切艰难险阻。信念犹如一团熊熊烈火，它能发出极大的力量，使我们开创美好的未来。熊熊燃烧的烈火需要我们不断地加薪添柴，不然它就会熄灭。信念也一样，需要我们不断地强化、坚持，否则就会削弱，甚至在我们的头脑中消失。

在人生的很多时候，能否获得胜利，在其当中不仅取决于我们的个人实力，更取决于我们自身的坚持精神。人的一生实在短暂，但现实的诱惑比比皆是，如果我们被这些诱惑所羁绊，那么就什么目标也不会实现，如果我们能够坚持不懈地奔向目标，那么就没有什么做不到的事情了。

《圣经》上面讲有"没有播种就没有收获"的道理。科学家们则谈因果关系，其意相同。一个人所得到的报偿取决于他所作出的贡献，而人赖以生存最重要的是信誉和责任感。美国著名的青少年法官——乔·索伦蒂诺，自幼生长在大城市，优厚的物资生活条件，再加上不注意自我改造，使他成了青少年犯罪集团的头目，在教养院里度过了他的少年时代。然而他并没有因此而放弃，他在二十岁回到了夜校，通过努力考入了加利福尼亚大学，并以优异成绩毕业，后来又到哈佛法律学院进行深造。试想，如果索伦蒂诺当时没有鼓起改变自己命运的勇气，那么至今的一事无成是必然的结果。

认识自己的才能，事在人为，去努力追求自己的目标。

如今，有很多人高考落榜，对生活感到悲观失望，失去了追求的目标，由此而带来一系列的副作用，自己的才能被贬值，丧失了成才的阶梯。清人蒲松龄三次落榜而不气馁，硬是用"有志者事竟成，破釜沉舟，百二秦关终属楚；苦心人，天不负，卧薪尝胆，三千越甲可吞吴"的名言激励自己,最终完成了《聊斋志异》这部长篇巨著。

　　世上的一切事情,只要我们树立了坚定的理想或成功的目标,努力地向上攀登,想出各种办法来实现自己的愿望,就一定能够取得一番成就,让我们坚信:事在人为。

狼道智慧之三十三:
志当存高远

　　狼在遇事时,总是前思后想,从来不会轻易地下结论,它们总是把眼光放得很远,因为它们知道长远的利益才是最重要的。这就是狼的生存,其也可以称为心态的生存,引申到人类的生活,可以称为志向高远。人类就应像狼一样从小就拥有高远的志向。

　　"志"是人的心意所向,《诗·关雎·序》称:"在心为志"。作为人生追求的目标,"志"有着举足轻重的地位。人要成事就要立志。要成大事,所确立的志向也就需要高远。做人就要立志,要成为一个有作为的人,志向尤其要高远。

　　王子塾问,士做何事？孟子回答:"尚志。"其含义就是士要把立志放在第一位。

　　古人历来重视立志,认为先定好志向,自己的一生才能有奋斗的方向,这是做人的根本。人生就如大海中行船,人不立志,就像船没有舵一样,一生在世事的大海中漂浮,不会有任何成就。反过来说,人如果有了高远而坚定的志向,那么他自然就有了明确的目标,从而也会有坚强的意志和克服一切困难的决心和力量。因此"有志者事竟成",又说"未有无志而能成者也"。因此古人把立志看为做人的第一步。孔子说他自己修养成人的过程:"吾十有五而志于学,三十而立,四十而不惑,五十而知天命,六十而耳顺,七十而从心所欲不逾矩。"就是从立志开始,以后三十的立,四十的不惑,五十的知天命,六十的耳顺,七十的从心所欲不逾矩,都是由志而来的;一旦没有了十五的立志,后来的一切也就无从谈起。

要想真正地成就一番事业,就必须树立起自己真正的理想。古人云"志当存高远",此话一点也不假;正如喷泉的高度不会超过它的源头,一个人的成就也绝不会超过他的理想。理想就像夜空中的明星一样,也许我们无论到何时也不能触摸到它,可是我们却能借着它的一点光亮在漆黑的大海里航行,而不迷失方向。

有人问三个正在砌砖的工人,"你们在做什么事?"第一个人听了回答说:"我在砌砖头!"第二个人回答说:"我在赚工资!"第三个人笑着回答说:"我在建筑世界上最有特色、最美丽、实用的房子。"后来,第三个人成为了世界上最有名的建筑师。

为什么会是第三个人成为了世界上最有名的建筑师呢?为什么不是第二个人与第一个人呢?这个问题值得我们深思!让我们来看一看,第一个人,他没有远大的志向,只把志向放得微不足道;而第二个人,满脑子里都是些庸俗的想法;然而第三个人却拥有远大的志向,所以,他成功了,这使我们想起了一句名言:"志当存高远!"

志向高远,也就是要树立起人生远大的理想与目标。说起理想与目标,使我们首先会想到自己将来要成为一个科学家、医生、政治家、企业家,等等。中国传统文化讲立志,首先不是讲的这个,这些都是职业的或者说事业的理想和目标,而中国传统文化讲立志,首先是讲树立人生的理想和目标,也就是所谓的建立道德人格的理想和目标。孔子说:"志于道。"这个道,是为人之道。不论你是从事什么职业,是科学家、医生、政治家、企业家,还是将军、艺术家或其他职业,我们每个人首先都必须要懂得为人之道。首先必须是一个道德高尚,有健全人格的人,其后才能称得上是一个好的科学家、医生、政治家、企业家、将军、艺术家或其他。

　　理想的确立与实现需要立高远的志向。立志包括志向和志气。志向反映人生观和奋斗目标，志气反映人的决心、毅力，也决定着人的行为方式和态度。没有志向和志气，理想的设立会变得目光短浅或摇摆不定，追求理想的过程也难以持续。而树立的理想目标一旦出了问题，不仅会影响到志向水平，而且还常常使得自己意志消沉，"英雄气短"。所以，理想与立志两者是相辅相成的统一体，不能将二者割裂或对立。

　　立志首先要立大志，应该解决理想信念与人生目标问题。正所谓"人各有志"并不等于每个人都能够正确解决自身的立志问题。一旦立志者的人生观和价值观出了问题，即便是志气再大也是无用的。那些与人民为敌的立志者，立志追求醉生梦死、损人利己的，无疑将被社会发展所淘汰，甚至钉在历史的耻辱柱上。所谓立大志，不仅指的是志向完好无损，同时还指的是"志当存高远"。

　　"少壮不努力，老大徒伤悲"这句俗话已为古今的事例所证明。如今的社会正处于飞速发展的关键时期，需要理想、信念和立志的人，有了远大理想和宏图大志，人生就有了目标，前进就有了动力，发展就有了基础。也就是说，生命的航船必定是从理想起锚，以立志扬帆。

　　立志要高远。诸葛亮"志当存高远"这句话一再告诫子弟，有了高远之志才能成就大事；"志小则易足，易足则无由进。"（张载）目标细小，容易达到，在达到了以后就再也没有前进目标，那么此时也就无法前进。常见一些大学生，考进大学后觉得动力不足，原因就是缺乏远大志向。未上大学时，目标只是考上大学。这一目标一旦实现，便失去了进一步前进的目标，也就没有什么理由再次前进了。所谓志存高远，就是不仅要求个人完善、发展，更要立志有益于社会，为社会进步作贡献。文天祥云"人生自古谁无死，留取丹心照汗青"；范仲淹云"先天下之忧而忧，后天下之乐而乐"，这些先贤的志在天下，志在千秋，他们的志向全都体现了中华文化的精神。

　　在如今社会的企业管理当中，也需要管理者立下长远的志向与目标，如此才能够使企业得以顺利地向前发展。

　　企业如同个人，要想在如今强手如林的市场当中站稳脚跟，就必须树立起奋斗的方向与目标；要在对手的觊觎下做大、做强，就更需要树立高远的目标。大企业要紧盯行业第一的位置，发展中的企业就要比肩于比自己远为强大的对手，永远要找比自己强大的对手，大概就是这个道理。商场的严酷比战场更有过之而无不及。一时间的相对停滞也就意味着绝对的大步倒退。因此，企业目标的定制与好坏同企业的命运息息相关。树标杆就是要为企业找准发展的方向，学标杆找差距的对象更要不拘一格。千万不要惧怕或者耻于向对手学习，知耻而后勇，知不足方能奋进。因此，市场中最好的老师就是比自己强大的竞争者。从他们的身上使我们更容易找出差距，从而查出不足之处以便对症下药，促进企业获得健康而长远的发展。

　　对于企业自身的发展不能单单着眼于对手，因为企业自身才是发展的根本。办大事的人要齐家、治国、平天下。做大事，不怕强敌在前，就怕祸起萧墙。要平天下，首先就要治理好自家。先贤告诉我们，勤俭方能持家。一分一厘看起来微小，君不闻：一分钱难倒英雄汉？而对于一个企业，一个立志高远的企业，一分钱的节约，对企业自身就有着潜移默化的影响。这是因为对于一个企业来讲，即使单位计量较小，但是总体的基数庞大，所以统计的结果也就自然让人瞠目结舌。对于一个企业，一分钱的节省，就意味着在此赚取了一分钱的利润。况且勤俭不仅是治理企业的手段，更是体现了一个企业的总体精神风貌。我们的企业以德信为名，更以德信闻名，而勤俭就蕴含在"德"中。勤俭是我们的传统，更是企业未来得以长足进步的制胜法宝。

　　因此，企业要想获得长远的发展，首先就要树立起远大的目标。而企业发展的根本，即在于自律求得自身的提高。总之，企业的发展前景，其根本就在于自己目光的远大。

狼道智慧之三十四：
成功之道，在乎主动

我们经常会见到一种这样的说法：成功的人与不成功的人最大区别就是成功的人做事都积极主动，而那些不成功的人做事则大多都是消极被动。

主动是一种积极的人生态度，代表着自身的一种创造力，主动地思考、积极地行动，都会让人们在接触事物的过程当中扩大自己主观的认知视野，所谓举一反三、触类旁通、顺藤摸瓜其实际上都是主动思维的另类诠释与最好的证明。主动的人能接触到更多的信息与资源，这对处事的灵活性、多样性、成功性都有帮助；同时主动的思维会带来积极的行动，行为上的主动会引起良好的外界反馈，这样才能够进一步刺激到自己的大脑神经细胞，从而产生出一种更积极的思维，对于这样一种良性循环，能够让人们在处理好事情的同时，最大限度地发挥自身的能动性，以便创造出更大的价值，由此体会到一种安全感、价值感、幸福感。

主动是种精神，反映在人的思维、行动以及整体的气质面貌上，它可以宽广人的思维，更大限度地促进人的潜能开发。不像消极的人，什么都是被动接受进行的，那种被外物牵着鼻子走的生活方式会消灭人的意志，抑制人才能的发挥，生活也会跟着变得越来越糟。

把问题留给自己主动的思维，很多情况下，别人知道的该告诉你的他会告诉你，不知道的不能告诉的，你问了也没有用；自己的事，自己有责任去展开摸索与发现，这就像是人立了目标，但并不知道该怎样去实现这个目标，可是他相信目标一定会实现，因为他始终朝着这个方向积极主动地努力着、接近着，直到实现这个目标。

有的人天生就十分的积极主动，这可以称得上是一种生命的幸运，这种人就更应该珍惜这种天赋，更大限度地去努力发挥出蕴藏于自己内心的潜能，争取更大的成功和价值实现。有的人则因为性格或习惯使然或经历过挫折而消极被动，他们爱抱怨客观抑或抱怨自己。那些爱抱怨客观的人永远也得不到成功与安宁，走到哪里他们都爱抱怨，即使有一天到了他们所希望的最好的那种环境条件下，他们仍然会抱怨，因为抱怨已成为他们的一种习惯，它来自于被动消极受牵制后产生的怨气。有的人对于做到主动很困惑，在主动与人交往的过程中，他知道人们常说的要别人如何对自己，自己就要首先如何对别人，可他会说我对别人那么好，可别人不对我好，要说那是因为你做得不够好，对于在社会中生活的人来讲是个群居动物，需要感情方面的交流，人们自然就会对友善融洽的交流有积极的反馈；对人对事都一样，要想得到好的回报，首先要完善自己，要知道只有你是正确的，你的世界才是正确的。那些抱怨自己的人更应该想想：你怎么样对别人，你其实就怎么样对自己。即使你不这样认为或没有发觉这个道理，但其实烦恼就由此而生；不要抱怨，主动工作，主动爱别人，也爱自己。

上天对于生活中的每个人都是十分公平的，你缺少什么，生活就给你考验与机会，让你补什么，只要你积极主动地思考或行动，你就总能够会在磕磕碰碰当中找到一条真正的完善自我、通向成功之路。

狼道智慧之三十五：
赤诚忠心，进取不息

著名钢铁大王卡耐基曾经说过，有两种人绝不会成大器，一种是除非别人要他做，否则他是绝不主动做事的人；另一种人是即使别人要他做，也做不好事情的人。

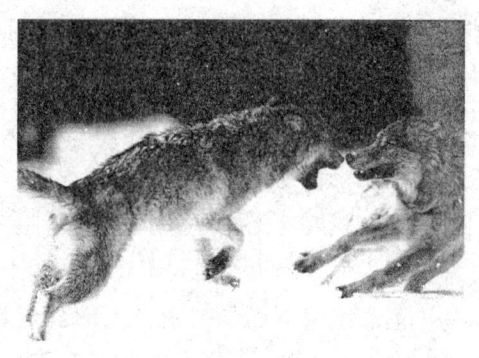

静下心来深入地分析一下这个世界上成功人士的经验与失败人士的教训，卡耐基之言真可谓是至理名言。大多数成功人士做任何事情总是"主动"的，否则的话，做什么事情都是"被动"的人，一生是很难有一番成就的。

为什么这样说呢？这是因为做事积极主动的人就意味着他自身做事情十分有责任心，因为只有有了责任心才能把事情做好。因此做事积极主动的人，每做一件事情都是以一种积极乐观的心态去面对。因为有了责任心，他就会将一件事情（或任务）考虑得比较周全、系统、完善，包括其中的每一个小细节，容易出现的问题点，需要的人力、物力等因素。这样一来，因为想得周全，对各种可能出现的问题会有所预防，这样遇到之后就可以顺利地解决掉，从而使得工作顺利地开展下去。就算是在工作中还会出现新的问题，他也会想尽办法主动去排除困难的。而被动的人在工作中总是被人家催着做事的，因为心态是被动的，所以做事无原则、无方法，总是在应付着做事，就不用说考虑周全了，结果事情就算是勉强做了，却没有起到做这件事情应有的作用。这样的人如果做了领导者，则是这个单位的不幸，如果是执行者，那更是这个组织的"蛀虫"！因为做事或遇事被动的人，不仅不会推动自己工作的进一步发展，同时还会影响、带坏其他人做事的进度！做一件事情，我们需要的是百分之百地主动执行者，那些被人家逼着、催着做出来的事，是根本不会有什么积极效果的！对于此类人也是难以有所成就的。

对于我们任何一个人来讲，在平时的生活和工作之中都会遇到困难，主动做事的人，无论大事小事，他们会想尽一切办法去执行，包括改变自己的方法、不断地学习成功人士的经验等，而且会持之以恒地坚持下去。被动做事的人，他们首先选择的是放弃，就算是不放弃，他们也会去逃避困难，不会主动去解决。每个组织都需要那些敢于面对困难、主动迎难而上的人。纵然有高素质的人才，而不敢于克服困难、主动解决，这类人是无论如何也不会被组织重用的！有些人虽然没有高深的学历、丰富的经验，但有一颗主动积极的心、一颗赤诚的上进心。那么只要有了这个心态，在事业上就一定会获得更大的进步与发展。

狼道智慧之三十六：
积极行动，超越自我

比尔·盖茨说："一个好员工，应该是一个积极主动去做事，积极主动去提高自身技能的人。这样的员工，不必依靠管理手段去触发他的主观能动性。"

然而在如今社会的众多企业当中，很多员工经常要等老板盼咐做什么事、如何去做之后，才开始去做。对于这样的员工没有半点主观能动性，不仅做不好事，而且也难以获得老板的认可。

在这个经济飞速发展的新时代，往日的那种"听命行事"、等待"老板吩咐"去做事的人，不符合"最优秀员工"模式，已经一去不复返了。如今，企业需要的、老板要找的，就是那种"不必老板交代""积极主动做事的新型员工"。

在微软企业，任何一个具有专业技术水平能力、有竞争力的员工，都必须要充分发挥自己的最大主动性。因为微软需要那种采取直接的、重要的行动为公司获得更大收益与取得市场成功的优秀员工。

做事情积极主动的员工，不论是扫地的，还是做一个高级程序员，任何事情都会做得漂漂亮亮。这样的人不仅能把事情做好，他还经常对上司说："我还有一个想法能够把我们的工作做得更好。"积极主动、喜欢找事做的员工，这样去做不论是什么样的事情都容易成功。

充分地发挥出自身的主动性，对于这一点，微软中国研发中心的桌面应用部经理毛永刚深有体会。1997年，他在刚进入微软时负责做word。当时他只有一个大概的资料，没有人告诉他该如何做，应该用什么样的工具。与美国总部交流沟通，得到的答复是一切都要靠自己去做。在没有任何硬性规定测试程序与步骤的情况下，他根据自己对这类产品的理解与思索，考虑到产品的设计和用户的使用习惯等各种因素，发现了许多新型的问题。到最后他发挥了自己最大的主动性，很快设计出了最令人满意的产品。

积极主动是最能够体现优秀员工还是普通员工差异的地方，一个积极主动的员工，才是一个能把任何事都做得圆圆满满的员工，才是老板所值得倚重的员工。

在现代职场当中，有两种人永远也无法取得成功，一种人是只做老板交代的事情，另一种人是做不好老板交代的事情。这两种人都是老板首先要炒"鱿鱼"的人，或者是在卑微的工作岗位上耗尽终生的精力，而无所成就的人。

Google中国区总裁李开复说："不要再只是被动地等待别人告诉你应该做什么，而是应该主动地去了解自己要做什么，并且规划它们，其后全身心地努力地去完成它。想一想在如今世界上最成功的那些人，有几个是唯唯诺诺、等人吩咐的人？对待工作，你需要以一个母亲对孩子般那样的责任心和爱心全力投入，一步步地努力。如能做到这样，便没有什么目标是不能达到的。"

曾经有一位成功学家聘用一名年轻女孩当助手，替他拆阅、分类信件，薪水与相关工作的人相同。有一天，这位成功学家口述了一句格言，要求她用打字机记录下来："请记住：你唯一的限制就是你自己脑海中所设立的那个限制。"

她将打好的文件交给老板，并且有所感悟地说："你的格言令我深受启发，对我的人生大有价值。"

对于这件事并没有引起成功学家的注意，然而，却在女孩心中永远地打上了深深的烙印。从那天起，她开始在晚饭后回到办公室继续工作，不计报酬地干一些并非自己分内的工作——譬如替老板给读者回信。

她认真研究成功学家的语言风格，以至于这些回信和自己老板写得一样好，有时甚至更好。她一直坚持这样做，并不在意老板是否注意到了自己的努力。终于有一天，成功学家的秘书因故辞职，在挑选合适人选时，老板自然而然地提升了这个女孩。

在没有得到这个职位之前已经身在其位了，这正是女孩获得提升最重要的原因。当下班的铃声响起之后，她依然坚守在自己的岗位上，在不计任何报酬的情况下，依然刻苦训练，最终使得自身有资格接受更高一级的职位。

故事并没有结束。这位年轻女孩能力如此优秀，引起了更多人的关注，其他公司纷纷提供更好的职位邀她加盟。为了挽留她，成功学家一次又一次地提高她的薪水，与最初当一名普通速记员相比已经高出了四倍。

主动去做老板没有交代的事情，而且还能够把这些事做得很好，你就当然能提升自己在老板心目中的位置，就会被调升到更高的职位，获得更大的成功。

现在市场的竞争，实际上就是人才的竞争，大浪淘沙，自己不努力到最后也就只有被摒弃掉，任何企业、任何老板都希望用积极主动的员工。任何老板都需要那些主动寻找任务、主动完成任务、主动创造财富的员工。所谓的主动，指的是随时准备把握机会，展现超乎他们要求的工作表现，以及拥有"为了完成任务，必要时不惜打破成规"的智慧和判断力。

他们的区别在于：那些工作时主动性差的员工，墨守成规、避免犯错，凡事只求忠诚公司规则，老板没让做的事，绝不会插手；而工作时主动性强的员工，则勇于负责，有独立思考的能力，必要时会发挥创意，以完成任务。

在市场经济大浪当中，公司的大目标与员工的小目标同样都是创造财富。只要符合了这个大目标，员工们就不应该局限于自己的任务，而需要在不破坏公司各种秩序的前提下，主动地完成额外的任务，出色地为公司创造额外的财富。甚至要先于你的主管和老板，提出并实施一些有益于公司发展的项目与业务。

对于每一位身在职场想取得一番成就的员工，都要保持积极主动的心态。

要想在现代企业中取得成功，就必须努力培养自己的主动意识，在工作中要勇于承担责任，主动为自己设定工作目标，并不断改进方式和方法。

在竞争异常激烈的时代，被动就会挨打，主动就可以占据优势地位。我们的事业、我们的人生不是上天安排的，是我们主动去争取的。如果你主动的行动起来，你不但锻炼了自己，同时也为自己争取这样的职位积蓄了力量，但如果什么事情都需要别人来告诉你时，你已经很落后了，这样的职位也挤满了那些主动行动着的人。

积极主动的目的是为了给自己增加进步的机会，增加锻炼自己的机会，增加实现自己价值的机会。社会、企业只能给你提供道具，而舞台需要自己搭建，演出需要自己排练，演出什么精彩的节目，有怎么样的收视率其最终的决定权还是在于你自己。

在工作中积极主动、时时刻刻地与公司制定的长期计划保持相一致，以自己的实际行动和良好的业绩来敦促自己，这样才能够成为一个成功的人，才能成为一个老板所赏识的人。

在平时的工作当中一定要养成积极主动的习惯，积极主动地去做一些老板没有交代的事，以实际行动把任何事都做得圆圆满满。

狼道智慧之三十七：
志向高洁，精英意识

在狼族中，有高层狼和底层狼两种，后者通常是公狼，而且是族群中个头较小的家伙。这个可怜的小不点儿会受到狼族群中其他成员的虐待与排挤，特别是在吃东西的时候，它往往排到最后一个。但是，这个不起眼的小不点儿自身却有极

其神奇的力量：当它们熬过难关并存活下来，这些狼自然而然地也就变成了十分有韧性的动物。

经过一段时间，这些狼在残酷的环境下经过冒险，并证明自己的真实生存能力之后，就会离开狼族，"成为孤独之狼"。

这些"孤独之狼"最后不是参与其他族群，就是找到伴侣，开始经营属于它们自己的族群。这就是狼的气节。

由此得知，狼是不甘平庸的，它们生存就有它们生存的价值、目标，它们按照它们的价值、目标去寻找生命的真谛——要做就做更好。狼族坚毅的气节特质，对群体的共同福祉而言不能不是正向的：如果它们加入一个新的族群，它们就在新的族群中注入新血，并且可以减少近亲交配的几率。如果它们成为自己群族的领袖，这个族群将有一个能够坚韧对抗强敌，并获得胜利的领袖。在狼的生命中，它们拥有不可比拟的坚毅性格，可以让它们在生存时对抗所有的强敌。

说到此处，我们不能不提到一个人，这个人就是项羽。

项羽名籍，下相人，出身于楚国的贵族。公元前209年，与叔父项梁

杀死秦会稽郡守，响应起义，得精兵八千，渡江北上作战。后项梁战死，秦军因困围巨鹿，宋义、项羽率军救援。公元前207年，项羽杀死畏敌止步不前的主将宋义，破釜沉舟，渡过漳水，经过激战，终于大破秦军。项羽被推为诸侯上将军，从此，项羽成为反秦斗争中叱咤风云的英雄和领袖。项羽屡败秦军主将章邯，最后章邯向项羽投降，项羽坑杀将卒20万人，消灭了秦军主力。攻入咸阳后，处死秦王子婴，焚烧宫室，分割关下，自立为西楚霸王，定都彭城。

项羽的分封引起了一些握有重兵的将领的不满，其中以汉王刘邦为主。项羽与诸王的争霸，主要是楚汉争霸。楚汉战争初期，项羽屡次打败刘邦，还曾俘虏刘邦的父亲和妻子。项羽虽然神勇无比，但有勇无谋，缺乏远见，刚愎自用，不听良言，以致许多有才能的人如陈平、韩信等人都离楚归汉，甚至连他唯一的谋臣范增也被逼走。而陈平、韩信等人受刘邦重用，尤其是韩信，率兵攻城略地，占领了项羽的后方。项羽在争霸战争中逐渐处于劣势。公元前203年，项羽与刘邦相持不下，双方以鸿沟为界，项羽引兵东归，刘邦却乘势发动进攻。第二年，刘邦会同各军，包围项羽，项羽连战失利，退至垓下，遭受十面埋伏，在四面楚歌声中溃逃重围；最后单枪匹马到达乌江。有人划船接他过江，项羽想到当年率八千江东子弟渡江起义，如今仅剩他一人，自感无颜以见江东父老，于是拒绝过江，自刎而死。

楚霸王项羽"力拔山兮气盖世"，"生当作人杰"，可"时不利兮骓不逝"，乌江自刎，虽未"取而代之"，但"死亦为鬼雄"。项羽一生虽然短暂，但综观其一生，神勇无比，也是人中之杰。要不然宋朝著名女词人李清照怎么会用"生当作人杰，死亦为鬼雄"的诗句来赞颂项羽的气节。

人生是有限的，是茫茫宇宙之一粟、一刹那，渺小得不能再渺小。对于每个人来说，却是全部，神圣、伟大、庄严、珍贵得无以复加；救人一命，胜造七级浮屠。臧克家诗云："有的人活着，他已经死了；有的人死了，但他还活着。""死而不亡者寿"。"生的伟大，死的光荣"是一种，"人生自古谁无死，留取丹心照汗青"是一种。早死一天好一天也是一种。

人之不朽有三：立德，孔子、孟子；立言，"天下兴亡，匹夫有责""先天下之忧而忧，后天下之乐而乐"；立功，林则徐、郑成功。

陈涉为人佣耕之时，曾大发"鸿鹄之志"。及大泽揭竿而起，乃慷慨陈词："壮士不死则已，死即举大名耳，王侯将相宁有种乎！"一席话表达了不甘寒贱而追求大目标的壮志豪情，终于以一介布衣而被尊为"陈胜王"，建立了"张楚"政权。

推翻暴秦，当记陈涉首功。项羽年少之时，见到出游途中的秦始皇，即对项梁说："这个人可以被取而代之。"此等豪情，气冲牛斗。而项梁却被项羽的话吓坏了，其成就不及项羽也就合乎情理了。刘邦到咸阳出差，为秦始皇的威严所吸引，突然激发了沉睡于胸中的远大志向："嗟乎，大丈夫当如是也！"从此一改酒色之徒的懒散无赖本性，发愤图强，成就了帝王伟业。人们常说，不想当元帅的士兵就不是个好士兵。这句话的意思，并不是说士兵非当元帅不可。而是说士兵非有高远的志向不可。中国有句俗话，叫做"取法乎上，仅得其中；取法乎中，仅得其下"。一个士兵，如果仅仅想当一个好士兵，那么肯定连好士兵也当不成。纵观人类历史，凡终成大事者，大事之成无不始于大志之立。没有生当为人杰的豪气，没有舍我其谁的霸气，就只能像一只小小的鹦雀，一生飞行在蓬蒿之间。

古代词人李清照有句名言"生当作人杰，死亦为鬼雄"。生与死是人生的起点与终点，生即是活，死即是亡。

人活着就一定要做人杰，即便是死了之后做了鬼也要做鬼中之英雄。这是一句多么有气魄，有血性的诗句啊！这句话是无数个打算要干一番轰轰烈烈的大事业而不愿默默无闻的人的座右铭。

狼道智慧之三十八：
顺祥敌意，狼道千变

在远古时代，人类发现其他动物都有同伴为伍，唯独自己是孤零零的，于是向造物主问道："为什么只有我这么孤单呢？"

造物主回答："因为我只赋予了你们智慧，你们是我所创造的最优秀的动物。"

人类感到疑惑，接着问道："难道就没有其他优秀的动物像人一样拥有智慧吗？"

想了许久，造物主才说："我想优秀的狼是唯一能与你一同行走、说话和嬉戏的生物吧！"于是，造物主把狼赐给了人类，并对它们说："你们彼此成为兄弟，应该相互扶持，前往世界各地。"

由于人类和狼之间的冲突不断，彼此都不能接受对方作为自己的朋友，于是他们又回到了造物主跟前。造物主迫于无奈，只好宣布："从今天开始，你们将各走各的路，我将永远不再干涉你们的事情。"

于是，人类和狼便各自启程。

造物主虽然知道狼是一种很优秀的动物，但连他也没想到：使狼成为世界上与人类并存并成为最成功、最持久的哺乳类动物之一的主要因素，竟然是狼族应付变化的能力。

狼时刻都保持着高度的警惕心，非常注意观察自己周围的环境变化，注意任何一个在视线范围内出现的对手和猎物，不放过任何一次可进攻的机会。狼敏锐的嗅觉，使其善于捕捉机会。它从不因富地而留置，因贫地而弃置，在各种恶劣环境和条件下，总是能捕捉到食物，表现出极强的生命力和适应性。

狼凭借嗅觉和视觉,并依循足迹等线索寻找猎物,然后尽可能悄悄地接近猎物。

狼若发觉对方所处的形势较有利,便会立刻放弃眼前的猎物,转而寻找其他目标。当狼相中的猎物逃跑时,狼会随后紧追,然而若无法立刻追获,便会很快打消念头。

应该说,狼比人类更深切地知道,世界上唯一不变的是"变"的道理。懦弱者为此惶恐,善变者为此欢欣。因为就在这变的瞬间,世界已然是它们的了。

人类社会也是如此,在商业活动中,形势的变化也相当复杂。要想做到积极应变,除了要顺应时代的潮流之外,还应当根据对手情况的变化而变化,也就是说"敌变我变"。

"敌变我变"是人们适应形势发展,不断调整自己思想与行为的基本策略。所谓"敌"不一定就是敌人,而是泛指对手、环境等,比如对于个人所存在的环境,对于生意人的行情,对于企业、厂家的同行,等等。因为大家都在求生存、求发展,都在想新招、出新点子。因此,时移则势易,势易则情变,情变则法不同,顺理成章。

诸葛亮"七擒七纵"孟获,可以说是古今兵家敌变我变,克敌制胜最成功的范例。

一擒孟获,诸葛亮本是乘胜之师,但他却让王平打前站,故意装作不是对手,引孟获进入伏击圈,然后大军裹挟。最后又用大将赵云与魏延在峡谷中前后堵截,使孟获插翅难逃,束手就擒。

二擒孟获采用的则是套用反间计的借刀杀人之计。孟获被捉一次,变得谨慎,退到泸水以南,以泸水为屏障,准备持久坚守。诸葛亮派马岱出战,激发对方对上次被俘放归将领的感恩之心,使得孟获与他们发生冲突。堡垒从内部攻破,孟获手下的将领毫不客气地将孟获绑赴蜀营。

二次被擒，仍被放回。这一回诸葛亮故意让孟获了解蜀军的粮草、军情。孟获回去之后气急败坏，急于报仇雪恨，又自以为对蜀军情况成竹在胸，便以送礼谢恩名义前来劫营，可诸葛亮早已摸透孟获的心思。孟获又一次自投罗网——三次被擒。

第四次是把好斗的孟获引入陷阱。

第五次，诸葛亮采取统战之计，让孟获原来的盟友擒住孟获。

七擒孟获，每次用的方法与计谋都不相同，这才是"敌变我变"的高超境界。针对孟获心理与战术的变化，诸葛亮对症下药，使孟获完全在他的掌握之中。

法国皇帝拿破仑，也是精通"敌变我变"的伟大人物。1813年底，他在莱比锡战役中失败，反法联军以23万之众的优势兵力向巴黎压来。当时拿破仑身边的部队仅8万多人，他主动寻找战机，连连获胜。但联军的来势太猛，小胜利不足以阻止联军对巴黎的合围之势。1814年2月1日，拿破仑又一次战败，形势危急。经过两个夜晚的思索，拿破仑决定向敌人让步求和，这是2月8日的事。

9日早晨一起床，拿破仑敏锐地发现乘胜进军的联军在部署上犯了错误，就是联军为了行军和供应军需的方便，实行梯次进军，分三路逼近巴黎。拿破仑果敢地改变主意，准备再战。

拿破仑利用敌人分兵的弱点，果断下令，一部分兵力利用有利地势，阻遏敌军中的两路，自己则亲率主力，猛扑敌军最强的一路。2月10日上午，全歼一个俄国师。2月11日，击溃一个军。2月12日，基本歼灭联军两个军。三天之内三战三捷。到2月22日，12天内，连打8仗，歼敌10万人。

在这里，拿破仑的胜利关键在于他不守一术，以变应变，不失时机地出击，转败为胜。考察拿破仑在欧洲叱咤风云的历史，可以知道他还不只是一位只知打仗的武夫，同时他在外交上极其精明，在政治上富于睿智。正是他在这些地方多路出击，又能随机应变，所以他有可靠的基础，建立起他的欧洲帝国。

能变通者才能生存，"物竞天择，适者生存"的准则，不仅适用于战场，同样也适用于职场。

职场如战场，淘汰本无情，如果一个人在中途倒下，则显示其生存的能力不够强。遗憾的是，在各个工作场所中，我们可以看到仍然有不少的"恐龙式人物"存在。说到"恐龙式人物"，我们不由得想到1亿年前的恐龙，那时地球上到处是体积硕大的恐龙。后来，地球环境发生变化，恐龙在很短的时间内灭绝。迄今，科学家还不能确定究竟是发生了什么样的变化，但唯一能确定的是，就是恐龙因为无法适应这种变化，而遭到灭绝的下场。职场中"恐龙式人物"的特征大致如下：顽固保守、立定不前、缺乏弹性。

在工作上，"恐龙族"最大的障碍就是无法适应环境。在他们周围有许多学习新技术、深造的机会，但是他们往往视而不见，根本无心寻求新的突破。

工作与生活永远是变化无穷的，我们每天都可能面临改变，新的产品和新服务不断上市，新技术不断被引进，新的任务被交付……这些改变，也许微小，也许剧烈。但每一次的改变，都需要我们调整心情重新适应。

面对改变，意味着对某些旧习惯和老状态的挑战，如果你紧守着过去的行为与思考模式，并且相信"我就是这个样子"，那么，尝试新事物就会威胁到你的安全感。

"恐龙族"不喜欢改变，他们安于现状，没有野心，没有创新精神，没有工作热忱，满足于目前的状态，不设法改进自己，不想去做更好的工作。

"恐龙族"不肯承认改变的事实。他们不愿为自己制造机会，而情愿受所谓运气、命运的摆布。因为不相信自己能掌握命运，所以会选择错误，不是在平坦的道路上蹒跚前进，就是一辈子坐错位置。

"恐龙族"犯的最大的毛病，就是无法像狼一样视变化为正常现象。他们没有适应变化的能力，包括步调、观念、做事的弹性和效率等，他们更不会探索自身的潜能，遇到变故发生，宁可坐以待毙。

不懂得适应变化，让"恐龙族"在职场中处处受阻，路子也越来越窄，最终导致能力的消退，步入灰暗的人生境地。

狼道智慧之三十九：

吸纳知识，日新月异

"要在欧亚大草原上找到狼的粪便并不容易。由于长久以来，牧民们对狼进行追杀，狼群已经具有高度的警惕性。它们从不随处排泄，只有在它们认为最安全的地方，才可能发现狼的粪便，然而这种地方一定十分隐蔽，很难被人发现。我从开始对狼粪产生兴趣到后来亲自找到新鲜的狼粪，经过了很长一段时间。经过牧民的指点，我独自一人走向草原最深处。据说，那里是狼活动最频繁的地方，当时我根本就忘记了危险。

"终于，在一个山坡后面，我找到了几段新鲜的和干枯的狼粪。狼粪一般呈灰白色，形状和狗的粪便差不多。我曾经多次观察过狼进食的情景，至今对那些情景记忆犹新。狼在吃猎物时，充分表现了它们强大的生存本能和对食物的珍惜。它们吃光了动物身体的全部，只有那些咬不动的骨头才被它们抛弃，而那些抛弃的骨头上面没有一点肉，连苍蝇都很少光顾。

"我把狼粪用容器装了回去。在实验室里，我惊奇地发现，狼粪里面最主要的成分居然是各种动物的毛纤维和一些牙齿，除此之外就是一些像石灰粉似的动物骨钙。狼把猎物身上所有的东西都消化了，除了一些实在没有营养的物质。据我所知，其他动物都不具有像狼一样强大的消化吸收能力。"

以上是著名的狼学专家古姆·吉德温教授在著述《狼踪》中写下的一段文字。他曾经在欧亚大草原上生活多年，多次近距离地对狼进行观察和研究。他的这一发现让世人惊奇。狼在进化过程中所表现出来的坚韧和顽强着实让人感慨万千。面对恶劣的生存环境和条件，狼时刻面临着饥饿的挑战和折磨，它们必须绝对消化捕获的任何可以充饥的食物，才不会在困境的考验中死去。长时间以来的磨炼，让狼具有了一个强大的胃。

从狼身上，我们可以得到这样的启发：在信息爆炸的时代，只有学会吐故纳新、新陈代谢，最大化地吸收有用的知识，并最终转化为实用的能力，我们才能在职场做到"日日新"，才能在激烈的社会竞争中立于不败之地。

随着岁月的流逝，每个人赖以生存的知识、技能也一样会折旧。在风云变幻的职场中，脚步迟缓的人很快就会被甩到后面。如果你是工作数年自认"资深"的员工，也不要倚老卖老，妄自尊大，否则很容易被淘汰出局，那时候即使你是老板眼前的红人，他也会为了公司的利益，逐你出局。

美国职业专家指出，现代职业半衰期越来越短，所以高薪者若不吸收新的知识，无需五年就会变成低薪。

就业竞争加剧是知识折旧的重要原因，据统计，25周岁以下的从业人员，职业更新周期是人均16个月。当10个人中只有1个人拥有电脑初级证书时，他的优势是明显的，而当10个人中已有9个人拥有同一种证书时，那么原来的优势便不复存在。未来社会只有两种人：一种是忙得要死的人，另外一种是找不到工作的人。

所以，不断的吐故纳新才是最佳的工作保障。

职场人士的学习必须以积极主动为主，因为它有别于学校学生的学习：缺少充裕的时间和心无杂念的专注，以及专职的传授人员。要想在当今竞争激烈的商业环境中胜出，就必须学习从工作中吸取经验，探寻智慧的启发以及有助于提升效率的资讯。

年轻的彼得·詹宁斯是美国ABC晚间新闻主播，他虽然连大学都没有毕业，但是却把事业作为他的教育课堂。最初他当了三年主播后，毅然决定辞去人人艳羡的主播职位，决定到新闻第一线去磨炼，干起记者的工作。他在美国国内报道了许多不同路线的新闻，并且成为美国电视网第一个常驻中东的特派员，后来他搬到伦敦，成为欧洲地区的特派员。经过这些历练后，他又重回到ABC主播台的位置。此时，他已由一个初出茅庐的年轻小伙子成长为一名成熟稳健、广受欢迎的记者。

不论是在职业生涯的哪个阶段，学习和吸收新知识的脚步都不能稍有停歇，要把工作视为学习的殿堂。你的知识对于所服务的公司而言可能是很有价值的宝库，所以你要好好自我监督，别让自己的技能落在时代后头。

通过在工作中不断吸收与消化，你可以避免因无知滋生出自满，危及你的职业生涯。另外，很多有规模的公司都有自己的员工培训计划，培训的投资一般由企业作为人力资源开发的成本开支。企业培训的内容与工作紧密相关，所以争取成为企业的培训对象是十分必要的。为此你要了解企业的培训计划，如周期、人员数量、时间的长短，还要了解企业的培训对象有什么条件，是注重资历还是潜力，是关注现在还是关注将来。如果你觉得自己完全符合条件，就应该主动向老板提出申请，表达渴望学习、积极进取的愿望。通常老板对这样的员工是非常欢迎的，因为这对公司的发展是有好处的，同时技能的增长也是你升迁能力的保障，很多公司都是在接受培训的员工名单中提拔管理人才。

当公司不能满足自己的培训要求时，也不要闲下来，可以自己额外出资接受"再教育"。当然首选应是与工作密切相关的科目，其他还可以考虑一些热门的项目或自己感兴趣的科目，这类培训更多意义上被当作一种"补品"，在以后的职场中会增加你的"分量"。

随着知识、技能的折旧越来越快，不通过学习、培训进行更新，适应性将越来越差，而老板又时刻把目光盯向那些掌握新技能、能为公司提高竞争力的人。

新世纪的经济发展已经表明，未来的职场竞争将不再是知识与专业技能的竞争，而是学习能力的竞争。一个人如果善于学习，他的前途会一片光明，而一个良好的企业团队，要求每一个组织成员都是那种迫切要求进步、努力学习新知识的人。

狼道智慧之四十：
浴火重生，生生不息

非洲草原上经常出没狮子、老虎和豹子，它们体格强壮，动作迅猛，食量也很大。对于草原上那些体格较小的肉食动物（比如说狼）来说，这些凶猛的大家伙，无疑是他们肉食竞争中的强势对手。

从体格、速度、力量、格斗武器（爪子和牙齿）上来说，狼都不是这几种猫科动物的对手，但草原上的狼却没有都饿得瘦骨嶙峋的，它们常常会吃"大猫"们吃剩的猎物残余，靠着自身的灵活性还时常能够从"大猫"们嘴边抢走食物，而且通过集体合作还偶尔能围杀猎豹。

作为肉食者的狼，在这个弱肉强食的大环境下，为了延续自己的生命，在种种恶劣的环境下，它们始终都没有放弃自己的目标，即使在自己生命的最后一刻，它们也不会轻易认输。

这就是狼生存的法则：废墟中崛起的精神。在这方面，日本人堪称一个典范。

日本是个崇拜强者的民族。从古至今莫不如此，盛唐时的中国成了日本负笈求教的老师，直到1853年美国的东印度舰队用大炮轰开了它闭关锁国的大门。

美国的炮舰让日本醒悟过来，进行了明治维新，全面向欧美学习，不到十年遂为强国。

作为强国后，日本开始谋求霸权，并向昔日赢了自己的美国挑战。二战中再次失败后，日本又一次表现出那种忘记屈辱、以对手为师的理性务实的精神，再一次将对手先进的精神和文明，化为自己的强悍，迅速从废墟中崛起，并俯首称臣，称美国占领军司令麦克阿瑟为"恩帅"。

二战后，日本的崛起使我们明白失败并不是一件可怕的事情，而最可怕的事情是你从此一蹶不振，永远再也不想站起来，只有愈挫愈勇，才能

打开一个全新的局面。

古时项羽自刎乌江而不肯渡江,是因为愧对江东父老,而项羽殊不知因此而错过了卷土重来的机会,后人常引以为恨事。像项羽这样一死了之,是不足以成大事的。

重要的是从失败中总结经验教训,并以此为鉴。留得青山在,岂怕无柴烧?

汉初的韩信亦得此真传。话说一日,韩信在街上闲逛。一个无赖少年迎面挡住韩信的去路,故意侮辱他说:"韩信,你平时腰里总挂着把宝剑,能干什么用?别看你是高高的个头,其实不过是一个外强中干的懦夫。"围观的人都哈哈大笑,而韩信像是没有听见那无赖的话似的,继续向前走。

那无赖见状,更加得意,当众拦住韩信说:"你如果是条汉子,不怕死,就拿剑来刺我。如果你没有这点勇气,贪生怕死,就从我的裤裆下钻过去。"说着便叉开两腿,作骑马式,立在街上。韩信默默地注视他好一会儿,虽然感到很难堪,最后还是忍气吞声地伏下身子,从那无赖的胯下钻了过去。在场的人哄然大笑,那无赖也显得神气十足。但韩信却像刚才什么事情都未发生似的,起身而去。

与项羽相比,韩信就可称为"大英雄"了,首先,且不论韩信的其他功过,单能忍此胯下之辱就表现了韩信的大智若愚和非凡的气度。少年时这一特殊的经历锻炼了韩信百折不挠、虚怀若谷的性格,而这一性格成了他日后成为杰出将领的潜在条件。

春秋时期,吴王夫差凭着自己国力强大,领兵攻打越国。吴越夫椒之战,结果越国战败,越王勾践于是被抓到吴国。吴王为了羞辱越王,让他在阖闾墓旁的石室里喂养马匹。他小心地侍候着吴王,百依百顺,忍饥挨冻,毫无怨言。整整三年,吴王终于相信他已臣服了,决定放他回国。

越王回国后,为了牢记亡国之痛、石室之辱,不让舒适的生活消磨了意志,他撤下锦绣被,铺上柴草,吃饭时先尝一口悬在床头的苦胆。除此之外，他还经常到民间视察民情，替百姓解决问题，让人民安居乐业，同时加强军队的训练。

经过十年的艰苦奋斗，越国变得国富兵强，于是越王亲自率领军队进攻吴国，历史惊人地重演了，这一次品尝胜利滋味的是越王勾践。他没有接受吴国的投降，夫差自杀，越国吞并了吴国。勾践成为春秋末年政坛上显赫一时的风云人物。

从此之后，勾践"卧薪尝胆"的故事代代相传，也成为从失败的废墟中崛起的典型教材。

这其实说明：世界上没有一帆风顺的事，任何事业的成功，离开了艰难险阻和挫折、失败的孕育，都是不可能的。因为失败可以磨炼一个人的意志，促使他走向成功。

项羽和拿破仑从开始带兵打仗，都是攻无不克、战无不胜的，然而垓下一战、滑铁卢一败，使二人再也爬不起来，这就是缺乏失败的孕育所导致的一朝惨败便彻底失败。只有那些不畏惧失败，愈挫愈勇、屡败屡战之人才能取得最后的成功。

再说刘邦，汉军自出关中以来，遇楚必败，但是刘邦从未因此而一蹶不振，而是在哪里跌倒便在哪里爬起来，失败了再挑战；终于击败项羽于垓下，开创汉家几百年江山。

在三国中，曹操联同鲍信，统军三万五千，向黄巾军发动攻击。黄巾军兵力强大，号称百万，实际兵力亦达五十万。强弱十分悬殊，曹操屡战屡败，但依然屡败屡战。几经艰苦拼战，才把反攻的黄巾军击败。

近代的反法西斯的战争中，世界人民从一开始就遭到严重失败。但是，世界人民却没有屈服于法西斯，而是同法西斯进行了艰苦卓绝的斗争，最终取得了反法西斯战争的彻底胜利。

翻开中国的近代史和现代史，我们看到中国人民为了推翻三座大山，取得中华民族的独立和解放，进行了多少不屈不挠的斗争，又遭受了多少刻骨铭心的失败啊！可是，无数次的失败，更激励中国人民奋勇直前，顽强抗争，终于换来了中华民族的独立和解放。这一切，正是对中华民族百折不挠的民族精神的最好诠释。

无论是想在事业上取得胜利，还是想攀登人生的高峰，没有像狼一样坚韧不拔、百折不挠的意志是不可能摘得胜利的果实。但是，也不是说只要具备了这些条件就一定可以取得成功，还应该具备狼一样生存于逆境的本领。

对于一个有志之人，逆境、困难、艰苦，正是磨炼的好机会，所谓"艰难困苦，玉汝于成"是也。孟子曰："天将降大任于斯人也，必先苦其心志，劳其筋骨，饿其体肤，空乏其身，行拂乱其所为，所以动心忍性，增益其所不能。"历史上一切身处逆境而终有成就的人，无不经过这样的艰苦磨炼。

张海迪的事迹众所周知，张海迪5岁的时候因患脊髓血管瘤造成高位截瘫，但她身残志坚，勤奋学习。在残酷的命运挑战面前，张海迪没有沮丧和沉沦，她以顽强的毅力和恒心与疾病作斗争，经受了严峻的考验，对人生充满了信心。

她虽然没有机会走进校门，却发奋学习，学完了小学、中学全部课程，自学了大学英语、日语、德语和世界语，并攻读了大学和硕士研究生的课程。终于成为战胜病魔而大有益于人民的典型。

张海迪就是这样扼紧命运的咽喉，奋斗在逆境中。

另一位用双手扼住命运咽喉的人是一代音乐大师贝多芬。

贝多芬在1800年4月举行作品音乐会，确立了作曲家的地位。此时，他的听力逐渐衰退。因耳聋的恐惧和失恋，1802年欲自杀。后终于克服危机，振奋精神，继续作曲。

此后10余年经历了思想和生活的激烈动荡（拿破仑称帝，数次失恋等）。至1819年完全失聪，仍以顽强的毅力写下了第三至第八交响曲，第四、第五钢琴协奏曲等作品。

当我们开始干一件事时，往往难免遭到失败。如果害怕失败，那你将一事无成。家长们常说："孩子只要能立就能走，能走就能跑。"每个家长都懂得孩子不摔跤是学不会走和跑的。而当他们看到自己的孩子在跌倒中学会走路时，心情是非常激动的。事实上，所有人都是这样长大的。

生活是如此，工作也是一样。只有在失败中，我们才能真正学到本领。你想长大成人，想夺得第一，就应该记住"在失败中崛起"。

英国小说家、剧作家柯鲁德·史密斯曾经这样说："对于我们来说，最大的荣幸就是每个人都失败过。而且每当我们跌倒时都能爬起来。"

正是因为不断地经受磨难，人才能变得更加坚强。在日本有"八起会"。这是那些因不走运而倒闭的经营者们的集会。他们的领导者曾以"失败是开路的手杖"为题，为"八起会"的成员们做了讲演，这给予当时在座者以极大的鼓舞。

的确，人们从失败的教训中学到的东西，比从成功的经验中学到的还要多。

失败的原因有很多。其中有骄傲自大、过分自满、夸海口、滥用职权等。总之，大体上都是因为一些小事而导致巨大的损失。中国春秋战国的韩非子曾说过："不会被一座山压倒，却可能被一块石头绊倒。"

所以，一个真正的有志者，应该具备以下两种品质：

第一，能够经受失败的打击，并向失败挑战，夺取事业上的胜利和人生的成功。

第二，实现自我的持久战斗，不以物喜，不以己悲。

无论什么样的失败，只要你跌倒后又爬起来，跌倒的教训就会成为有益的经验，帮助你取得未来的成功。在失败的废墟中崛起的不仅只有成功的摩天大厦，还应该有屡败屡战的意志家园。这样才是狼的生存法则的真实体现。

因此，只有在逆境中学会生存，我们的才华才不至于被它消磨，反而会更加耀眼，正像巴尔扎克所说的："挫折就像一块石头，对于弱者来说是绊脚石，对于强者来说是垫脚石。"

狼道智慧之四十一：

不弃不离，天道酬勤

事在人为也是一个重要的狼性心态。所谓机遇只是成功的有利条件，能否成功还是要取决于你的主观努力。

有一个耳熟能详的故事：

海伦·凯勒女士在一岁多的时候，因为生病，从此眼睛看不见，并且又聋又哑了。由于这个原因，海伦的脾气变得非常暴躁，动不动就发脾气摔东西。她家里人看这样下去不是办法，便替她请来一位很有耐心的家庭教师苏丽文小姐。海伦在她的熏陶和教育下，逐渐改变了。她了解每个人都很爱她，所以她不能辜负他们对她的期望。她利用仅有的触觉、味觉和嗅觉来体认四周的环境，努力充实自己，后来更进一步学习写作。几年以后，当她的第一本著作《我的一生》出版时，立即轰动了全美国。海伦·凯勒能够不因残疾而自暴自弃，反而更加努力上进，所以最后才有卓绝的成就。

只要你想做，下定决心努力地去实现你定的目标，你就可能做得到。

怎么样才能通过努力取得成功呢？

第一，有一个明确的行动方向，即努力的目标。

第二，透彻地了解"事在人为"。

确定了行动的目标和要干的事情，就要采取行动，争取成功。《说苑·说丛》中说得好："谋先事则昌，事先谋则亡。"先计划好了再开始行动，就能成功，事业就会兴旺发达；先干了以后再开始计划，就会招致失败。做任何事情都要先有准备，有计划，不能仓促上马，鲁莽从事。计划要建立在对客观情况的深入了解和科学分析之上。打仗要了解敌情、友情、我情，办企业要了解市场需要和同行的情况。在掌握客观情况的基础上才能制定出正确的行动方针和工作计划。了解情况不仅要了解有利情况，还要了解不利情况。

《孙子兵法》说："智者之虑必杂于利害，杂于利而务可信也，杂于害而患可解也。"（《九变》）聪明的人考虑问题一定要顾及利和害两个方面。了解有利的条件，才能提高完成任务的信心；了解不利的因素，才能消除祸患，防患于未然。如果办一件事缺乏信心，应该多想到有利的条件，以坚定信心，提高勇气。当信心已经建立，决定行动的时候，就要冷静地分析不利因素，准备应付可能发生的问题和风险。

制定计划要有理有据，抓住重要的环节，多方面、多角度考虑问题。谋划要集思广益，抓住决断权，行动要果断迅速。"为"要为得有道理，能让人信服。具备了上述几个环节的条件，你就可以"事在人为"地干你的事业，从而不必担心会失败了。

下面的故事如果在你的身上能够找到其中一个原型，那么你就没有做好"事在人为"，你就会面临失败的危险。

第一个故事：

在春秋战国时期，连年战乱不断，习武尚武之风盛行。楚国的年轻人们都随身带着防身兵器，人们也都会两手功夫。

一天，一位青年要渡江会朋友。他腰间所佩的剑很名贵。青年随人流到了船上，坐了下来，便将剑解了下来抱在怀中。在过江路上，风景美不胜收。他细细观赏着周围景色，小心地护着自己的宝剑。船到江中，一个小浪打来，船头一偏，身边的乘客一个趔趄，向他撞了过来。青年一失手就把宝剑掉进了江中。那人一见宝剑落入江中，忙着就要跳江去捞，但被青年一把拉住。只见青年不慌不忙地从袖中掏出一把小刀，在掉剑处的船边刻了一个记号。见那人不解何意，他笑了笑说："我自有妙计！"

船到对岸，他忙着下船，顺着刻印下水捞剑，可怎么也找不到，他皱起了眉头。乘客见此情景，恍然大悟，便大笑了起来。人们纷纷议论说："这人真傻！剑掉江中就沉到江底，又不会同船一起走动。哈哈哈……"

第二个故事

有一个在江边过路的人，看见一个人正领着一个小孩子要把他投入江里，小孩子正在啼哭，那个人问他这是什么缘故。

他说："小孩的父亲善于游泳。"

那小孩子的父亲善于游泳，那他的小孩就会游泳吗？

上面的故事虽然只是一些寓言故事，但在我们的身边，这样的蠢事不处处在发生吗？所以，我们做任何事情都要根据时势的变化，不断修改行动的计划和方案。而不能死守"常规"，一成不变。

在人生道路上，在执行计划的过程中，会遇到突发的事变和严重的困难。这是对一个人的素质的严重考验。有的人镇定从容，处变不惊，可以找到应对的妥善办法，从而克服困难，达到胜利的彼岸。有的人则惊慌失措，悲观失望，无所作为，结果只能是陷入困境而无法自拔。其实在做"事"的时候，怎么"为"是其中的关键。

《左传》记载：孙武去见吴王阖闾，与他谈论带兵打仗之事，说得头头是道。吴王心想，光纸上谈兵管什么用，让我来考考他。便出了个难题，让孙武替他训练姬妃宫女。孙武挑选了一百个宫女，让吴王的两个宠姬担任队长。

孙武将列队训练的要领讲得清清楚楚，但正式喊口令时，这些女人笑作一堆，乱作一团，谁也不听他的。孙武再次讲解了要领，并要两个队长以身作则。但他一喊口令，宫女们还是满不在乎，两个当队长的宠姬更是笑弯了腰。孙武严厉地说道：这里是演武场，不是王宫；你们现在是军人，不是宫女；我的口令就是军令，不是玩笑。你们不按口令操练，两个队长带头不听指挥，这就是公然违反军法，理当斩首！说完，便叫武士将两个宠姬杀了。

场上顿时肃静，宫女们吓得谁也不敢出声，当孙武再喊口令时，她们步调整齐，动作如一，真正成了训练有素的军人。孙武派人请吴王来检阅，吴王正为失去两个宠姬而惋惜，没有心思来看宫女操练，只是派人告诉孙武：先生的带兵之道我已领教，由你指挥的军队一定纪律严明，能打胜仗。孙武没有说什么废话，而是从立信出发，换得了军纪森严、令出必行的效果。

做人难，做个优秀的人才更难。但是只要做事的时候，能够讲究方法策略，能够出奇制胜，你就优秀地做到了"事在人为"。当我们遇到孙武这样的问题，制定一些政策出来，在推行的时候却因为触及了一些人的固有利益而无法施展。这些人或者是比自己职位更高，或者有很多自己开罪不起的背景，他们形成的阻碍会让你进退两难。正所谓慈不掌兵，管理者就应该坚持正确的原则，虽然推行的结果可能是得罪一些高层人士导致自己的职位不保，但如果你的政策推行不下去，那你的前途同样玩完。这就是我们通常所说的机会成本，它所运用的就是经济学最常用的一种理论：博弈论。其实只要你真正是客观公正地执行政策，而不是过多纠缠于自己的私利，你还是会成功的。

作战之计已定便执行，决定发兵便马上行动；将帅不需怀疑计划，士兵也不需乱想心疑。我们再来看一下东晋发生的历史上以少胜多的著名战役——淝水之战。看谢安是怎么出色地完成他的"为"的。

晋太元八年（公元383年），前秦苻坚统兵80余万人，大举南下。强敌压境，东晋处于危急之中。谢安当时任宰相，一身系东晋之安危。他紧张地进行军事部署，令谢石指挥全军，谢玄任前锋，统领8万兵马抵抗秦军。谢安内心全神贯注，观察分析战局的变化，表面上则镇定自若，整天下棋和游山玩水。战斗开始后，晋将刘牢之袭击秦将于洛水，然后各路兵马水陆并进。至淝水，待秦军后移，过淝水决战。苻坚想等到晋军半渡时袭击，于是命令秦军稍退。这时朱序大呼：秦军败矣！秦兵惊恐大奔，无法阻止，以至风声鹤唳，草木皆兵，死者蔽野塞川。

谢安收到秦兵大败的驿书时，正在和客人下棋，客人问驿书讲了什么，谢安平静地说了句："小儿辈遂已破，然后继续和客人下棋。"

东晋为什么能够以少胜多战胜强敌？就是因为谢安大事当头，充分做好了"事在人为"。其实他的内心却是无比激动的，下完棋急忙奔回内室，过门槛的时候，把木屐的齿都碰断了。重臣将帅都应该有这种处变不惊的风度，这样才能稳定人心。淝水之战的胜利，东晋的内部团结和部署指挥得当自然是根本原因，但谢安的镇定自若，"有事常如无事时镇定"。对于安定人心，提高信心，起到了不可估量的作用。

我们普通的人也是这样。遇到意外事变和严重困难时，如果能保持镇定，总可以找出克服困难、进而摆脱困境的方法。这就是要做好"为"的因素。做一件事情，可能常常会失败，但失败并不是重要的，爱迪生说过："失败也是我所要的。"只要你经得起考验，你定会成功。杜牧有一首写项羽的诗：胜败兵家事不期，包羞忍耻是男儿。江东子弟多才俊，卷土重来未可知。杜牧在诗中对项羽有同情，又有寓于惋惜之中的批评。如果项羽能忍受眼下失败的耻辱，返回江东，认真总结失败的教训，依靠江东子弟重整旗鼓，说不定会卷土重来，和刘邦再决雌雄了。项羽之所以彻底失败，是因为他不懂得"事在人为"，犯下了一个致命的错误。

世界上失败得最可怕的当数诺贝尔了，但是他却成为世界上最为伟大的发明家。

在诺贝尔之前，很多人研究和制造过炸药，如中国的黑色火药和意大利人发明的硝化甘油。硝化甘油的爆炸力比黑火药大得多，但它不易控制，容易自行爆炸，也不容易按照人的要求爆炸，制造、存放和运输都很危险，人们不知道该怎样使用它，所以在发明以后的十几年间，人们只用它来治疗心绞痛。

诺贝尔就从硝化甘油的制造和研究入手。起初，他用黑色火药引爆硝化甘油，后来又发明了雷管引爆，取得了使硝化甘油爆炸的有效方法。

初获成功之后，接着就是实验室大爆炸的巨大挫折。诺贝尔只好把实验室移到船上。后来几经波折，他在一个叫温特维根的地方找到一处新厂址，在那里建立了世界上第一个硝化甘油工厂。

在诺贝尔研究的道路上，真是困难重重，多灾多难。他制造的硝化甘油，经常发生爆炸：美国的一列火车给炸成了一堆废铁；德国的一家工厂，全部成了一片废墟；一艘海轮，船沉人亡。

这些惨痛的事故，使世界各国对硝化甘油失去了信心，有些国家下令禁止制造、贮藏和运输硝化甘油。在这种艰难的情况下，诺贝尔没有灰心，不解决硝化甘油的不稳定问题，他决不罢休。经过多次反复试验，他终于发明了用一份硅藻土（一种名叫硅藻的极小的生物壳堆积而成）吸收三份硝化甘油的办法，第一次制成了运输和使用都很安全的工业炸药。诺贝尔再接再厉，又把发明的成果向前推进了一步，用火棉和硝化甘油为原料发明了爆炸力很强的胶状物——炸胶；再把少量樟脑加到硝化甘油和炸胶中，制成了无烟火药。

在通往成功的路上，每一次的失败都是应该有价值的，只要我们能懂得利用、只要我们能够做到事在人为。诺贝尔在试验的过程中，火药爆炸炸死了他的弟弟，炸伤了他的父亲。但他没有退缩，他研究总结了以前的失败原因，终于成功地研制成了现代炸药，为人类社会的文明作出了重要的贡献，也为后人提供了成功的经验。

狼道智慧之四十二：
保持冷静，谨言慎行

学习狼性心态，首先必须理性地克制自己的言行。我们常说，要有所为有所不为，指的就是能够理性的克制自己的言行举动。一个人再怎么伟大，都不可能像动物一样的自由。人类受到的是比动物多得多的束缚，要想成功，必须知道该做什么，而又不该做什么。社会生活中，我们应该常能看到很受尊重的人。但是我们应该知道，一个人受不受他人尊重的关键，不是他有多么自由，而是他是不是有足够的克制力。

自然世界中，狼可以为得到食物而不知疲倦地等待，它们具备了足够的克制力。社会中成功的人，同样也懂得如何克制自己，他们在实践中不断地得到信息：成功需要忍耐！

能克制自己的人，是理性的人，也是一个伟大的人。

我们还有必要记住这副对联：

有志者事竟成，破釜沉舟，百二秦关终属楚；

苦心人天不负，卧薪尝胆，三千越甲可吞吴。

"卧薪尝胆"其实应该成为我们的"座右铭"。在人生的奋斗过程中，时时刻刻都要求我们能够"卧薪尝胆"。

狼道智慧之四十三：

生命不息，挑战不止

一头狼妈妈，生下几只小狼。当小狼能够自己行走的时候，狼妈妈就把儿女赶出安乐窝，让它们自己去觅食。在冰天雪地里，寒风刺骨，又可能遭到凶猛动物的袭击，那种艰难与危险是可以想象的。有的小狼咬紧牙关，抗住严寒与饥饿，勇敢地挺了下来；而有的挺不住，便逃回安乐窝。狼妈妈并没有因为小狼可怜巴巴的样子而宽容，还是铁着心把它们赶出去。狼妈妈知道，如果今天不让它们出去受冻挨饿，不去适应艰险的环境，那么明天，它们就不能自立，就会被冻死、饿死，被狮子、老虎、猎豹吃掉。

生命的延续从狼能够独立行走的第一天开始接受挑战——学会自己觅食。狼妈妈考虑的是它的后代的生存，所以，在它的后代能够自己行走的时候，就把它们赶出"安乐窝"，让它们自己觅食，这对它的后代来说是一种锻炼。也只有经历苦境、险境、逆境的磨炼，狼的生命力才会更加旺盛，意志也就更加坚强。

果戈理在《肖像》中讲述了一个耐人寻味的故事：

年轻的恰尔特柯夫是个有才能的前途远大的画家。他的教授曾告诫他：要珍惜自己的才能，不要随波逐流，不要只知道怎样设法去吸引人们的注意……可是，他经受不住金钱和虚荣的诱惑。为了迎合上流社会仕女们的心理，就违反生活的真实，尽力把肖像画成她们自己希望的样子。于是，他的名声大噪，求画者一个个都称他是稀世奇才。他变得富有和阔绰起来，但他的画笔却冷淡了、迟钝了。正当盛年，他的才华就已经凋谢。

这时，美术学院请他去评判一件新作。这是一幅真正的杰作！作者是他熟悉的朋友。他战栗了！他想起自己也曾有过的才能……他心中充满了恼恨和嫉妒。他决心用自己巨大家财去高价收买艺苑中的精品，然后把它们一一扯成碎片。在一次这样的发作中，他结束了自己的一生。

生命自从赋予我们的那天起，就告诉我们珍惜它，还应该按照自己的意志生存，谱写不朽的篇章。

有一位猎人曾给我讲述这样一个故事：他有一次打猎的时候在一个山洞中遇到一只刚出生的小狼，在确认没有任何危险的情况下，他把这只小狼抱回家，并决定驯服这只小狼。在这只狼长大一些的时候，它开始不安分起来，它常常咬脖子上束缚它的铁链，忍受着疼痛与铁链搏斗，企图摆脱它的束缚回到山林中。血慢慢地从它的脖子中流下来，它依然没有停

止。连续几天，它终于倒下了。它知道生命不是依靠他人的施舍存在的——即使它从未得到其他狼的教导，也绝对是狼与狗、狼与狮虎熊象、狼与大部分人的根本界限。山野中没有一头狼会越出这道界限，向人投降。拒绝服从，是作为一条真正的狼的绝对准则。它具有太多让人感到羞愧和敬仰的精神力量。没有多少人能够像狼那样不屈不挠地按照自己的意志生活，甚至不惜以生命为代价，来抗击几乎不可抗拒的外来力量。

在明朝末年，有一位名叫谈迁的人，在读了很多历史书籍之后，他决心写一部明史。但他家里很穷，买不起书。于是，他就去借，然后一件件地进行整理。天长日久，资料越积越多，经过二十多年的努力，编写出了书稿。不料，一天夜里，小偷闯进了他家，发现没有什么东西可偷，便把他的书稿全部盗走。谈迁发现后，伤心至极，大哭一场。在严重的打击面前，他没有灰心，决心从头再写。他对自己说："我人不是还在吗？我手不是还在吗？那就重新做起吧！"由于他矢志不移，义无反顾，把全部心

思都放在编写上,又经过十多年的刻苦研究,终于写出了一部五百多万字的《国榷》,给后人研究明朝历史留下了丰富的资料。

而从下面的故事中我们将看到:意志力薄弱的人所面临的生命的考验。一个发生在二战期间非常著名的实验。实验者是一名军医,而实验对象则是一个即将被处死的俘虏。

军医将俘虏的双眼蒙住,绑在一张床上。军医在俘虏的手腕静脉处扎入一支注射针头,并导上一根导管,在床侧放一个盆,然后告诉俘虏说:"我们将放你的血,直到你流尽最后一滴血为止!"不一会儿,俘虏就听到液体滴落在盆里的声音,嘀嗒,嘀嗒。一个小时过去了,两个小时过去了……俘虏镇定的心开始慌乱起来。后来神志就不怎么清醒了,并渐渐地失去了知觉。两天后,那个军医再观察俘虏时,发现他已经死了。

其实,军医并没有放俘虏的血,那根导管的另一端是封闭的。那种液体滴在盆里的滴答声,是由一个底部有小孔的容器装水让其滴落在盆中发出的。俘虏的死因乃在于其求生的欲望和意志,已被那误以为是血滴在盆中的一直持续不断的滴答声消磨殆尽。

这就是意志所产生的力量所发挥的效力,它看不到,摸不着,也是不可估量的,你的成败、未来没有它不行,所以,我们要磨砺我们的意志,并把它凝聚起来,让它爆发,助我们一臂之力,使我们勇攀人生、事业的高峰!

1950年12月的一个雪夜,在朝鲜长津湖以南某高地上,一个被手榴弹炸伤的战士慢慢地苏醒过来了。弹片从他的左脸切入,从左眼穿出。昏死中,又被冲上高地的美国兵刺破腹部,肠子流出体外。苏醒后,他唯一的念头是绝对不能当俘虏。他爬到北面的崖沿,跌下去,顺坡滚下去几十米,又昏死过去。再次醒来后,他把头拱进雪里,大口大口地啃雪,肚子不再火烧火燎。单薄的军裤被撕裂至膝盖,力士鞋与脚冻在一起,他就是特残军人——朱彦夫。

彻骨的严寒麻木了伤痛。朱彦夫时昏时醒,他爬到一条河边时,再也爬不动了。不知过了多久,两个侦察兵发现了他。他俩凿冰取水,替朱彦夫洗掉沾到肠子上的脏物,把肠子塞回腹中,做了简单的包扎处理,然后把朱彦夫背到一个可能获救的地方,留下一点炒面和一件军大衣,走了。

一天两夜之后，朝鲜老乡发现了他，把他背回家中，放在热炕上。一冻一化，朱彦夫的手和脚算是废了。十几天之后，朱彦夫被送进长春军医大学医院。在长达93天的昏迷中，朱彦夫接受了47次手术，他的双手双脚都被截掉。他竟奇迹般地活了下来。当他清醒了，瞧见自己短了一大截的身子时，精神几乎崩溃。是啊，他还不到20岁，青春才刚开始，以后的日子还那么长，怎么过？

一天，朱彦夫想以死结束他漫长的生命，于是他从床上滚到地上，想爬到桌子上，再从窗户上翻下去，他累得大汗淋漓，伤口都挣裂了，却没有成功。这个14岁参军，参加过淮海、渡江战役，打过大小上百仗的青年军人痛苦地发现，自己连自杀的能力都没有了。出了医院，又进了荣军院。像他这样的超特残军人，可以在这里踏踏实实地让人伺候一辈子。可是到了1956年，朱彦夫坚决要求回老家。他不要让人伺候的生活，他要自立。一辆独轮车和一本伤残军人证书伴随着他回到了阔别9年的家乡，迎接他的是他唯一的亲人——母亲。

一个目标一旦确定，不在奋斗中死亡就在奋斗中成功。朱彦夫就是这样一个人，他从荣军院回来，就想学习自立。"对当时的我来说，什么是幸福？一顿饭不管用什么方式，只要能吞进肚里就是幸福；上厕所不从座位上掉下来就是幸福。最大的幸福就是生活里的一切都不用人帮，我自己做！"可母亲就是要帮他。最后，朱彦夫只好采取措施了。他骗过老娘，实现了自己关"禁闭"的预谋。伴随他的有10来斤地瓜干、半瓦罐水、勺子、碗。他把勺子和碗分成三等份，搁在床上、桌上、地上，他要练习用三种姿势吃喝。最难的是使勺子，勺子滑，夹不住，床上地下穷折腾。更糟的是，截肢断面一碰就痛。他整天整夜重复一个吃饭动作，还有安假腿，也不是好做的。第一次缠绷带的时候，绑带一连掉下床一百多次。套假腿相对容易，可怎么也锁不上皮带扣。只好用牙把假腿叼到床上，用棉被把假腿固定牢固，然后拿舌尖舔、用嘴吸、用牙咬。20天后，地瓜干没了，水喝光了，他也终于第二次安上了假腿。朱彦夫兴奋地撑着双拐，猛地一使劲，站了起来，可一迈步，铛！摔倒了，昏死过去。大雨时，雨水顺着墙缝、门缝灌进屋，朱彦夫被水泡醒了。他把嘴贴到地上，一顿狂饮。他练习用勺子把地上的泥弄到碗里，吃进嘴里。他知道要自立就坚决不能喊人，饿死也不！要么练成，自己从小屋里走出去，要么就饿死在这里……

当县民政局局长和朱彦夫的母亲发现他时，他们还以为他死了，赶紧把他送进医院。他没有死，这连医生也对他的生命力惊诧不已。

1958年，朱彦夫已能衣食自理，而且结了婚，有了一个可爱的女儿。他每月有42块钱伤残补贴，过日子不愁，可他觉得不能一辈子只会进食和解便，不能与低等动物相似。他要干点什么，就在自己的小村子里。他用自己的伤残补贴买回了上百册书，办了个家庭图书室。他的家一天比一天热闹，不久，他被选为张家泉村党支部书记。

这村支书一当就是25年。他还为村民做了几件大事：一是治山造林，发展果树，建成了桑园、胡椒园、苹果园；二是修田造地；三是修渠引水；四是架电线。别小看这电，那是他从1971年起，前后断断续续跑了7年，行程几万里，才备齐这20里的架电用料，将光明送到村里。沿途11个村也因为朱彦夫的奔波而结束了无电的历史。在交通不发达的山区，几万里的行程，对一个无手无脚的人意味着什么？别的不说，有一次，他骑驴过松仙岭，摔下来几十次！可他不愿别人可怜他、照顾他。自己能办的事，都是他自己一个人办。他曾对女儿说："咱家已经有个特等残疾的特字，绝不允许第二个特字——一个特殊公民出现。"他是这样教育女儿的，也是这样激励自己的。1982年，朱彦夫卸任了。他的内脏出了毛病，得了肝病、胃病、心脏病。他该歇歇了。可他不，这位没上过一天学的老头子又有了新的目标：写书！把自己40年来的经历付诸笔端。在荣军院时，朱彦夫上过几天速成班，后来就自学读和写。他从不敢在外人面前提笔，因为他不知道哪个笔画该先写，哪个笔画该后写。

他说写书，起初连家里人都没有当真，可朱彦夫玩真的，说写就写。他把自己关在房间里，一写就是7年。写书不比当年"禁闭"练吃喝容易。开始，朱彦夫用嘴咬着笔写，眼离纸太近，写不多久头就晕。他左脸受过伤，肌肉不时痉挛，嘴吃不住劲，好不容易写成的字，也被顺着笔杆流下的口水浸得一塌糊涂。稍后，再练用断臂写字，那字由大如拳头，到小如铜钱，最后一点点缩进小格子里，那是一个漫长的过程。朱彦夫把写好的部分拿给县里会写作的人看，人家看后，告诉朱彦夫的孩子说："回家告诉你爸，别受罪了，写得再好上10倍也出版不了。不是写谈恋爱、跳舞的题材，谁看？"没人看，也要写下去！出版不行当家史，家史不行当遗嘱。他把自己写的书命名为"血蚯"。"蚯蚓是个低等动物，也无手无脚，可它还能松土肥田哪！我有血有肉有感情，我就是要在人们板结了的思想里松松土。"朱彦夫亲自把40多万字的手稿送到济南。1996年8月，《血蚯》更名为《极限人生》出版了，这本书风行一时。

这些正反两方面的例子让我们看到："意志为我们成功提供了源源不断的力量。"而这意志的形成，是要靠一个值得追求的目标。有这个目标在那里等待我们去达到，我们就会觉得有理由把自己发动。

当一颗种子具有了足够坚强的生命力之后，无论在它的上面压上多重的石块，它总能够找到破土而出的时候。如果一个人真的具有了坚强的意志品质和全面的个人素质，无论外部的环境多么不利，自己的起点多么低，他总能找到属于自己的机会。因此，当大多数人始终在财富的大门外徘徊而无法进入的时候，弄丢了阿里巴巴咒语的人，在很大程度上其实就是他自己。

成功显然不会属于所有人，以前不会，现在不会，以后也永远不会。

只要永不屈服，就不怕失败。不管失败过多少次，不管时间早晚，成功总是可能的。对于一个没有失掉勇气、意志、自尊和自信的人来说，就不会一直失败，他最终是一个胜利者。

如果你是一位强者，如果你有足够的勇气和毅力，让意志的法则唤醒你的雄心，让你更强大，无往不胜！

请听朱彦夫的心声：我们是不会选择去做一个普通的人，如果我们能够做到的话，我们有权成为一个不寻常的人，我寻找机会，但我不寻求安宁，我不希望生在国家的照顾之下成为一个有保障的市民，那将被人瞧不起而使我痛苦不堪。

我要做有意义的冒险，我要梦想，我要创造，我要失败，我更要成功。

我决不用人格来换取施舍，我宁愿向生活挑战而不愿过有保障的生活，宁愿要达到目标时的激动而不愿要毫无生气的平静，我不会拿我的自由去与慈善做交易，也不会拿我的尊严去与发给的食物做交易，我决不会在任何大师的面前发抖，也不会被任何恐吓所屈服。我们的敌人永远都只有一个，那就是我们自己。

我的天性是挺胸直立，骄傲而无所畏惧，勇敢地面对这个世界，请相信我们，相信自己，相信这个世界会因我们而不同。

第四章
打碎桎梏　能者为上

狼，生存在环境酷烈的大自然中，生活中充斥着暴力与血腥，每一口食物的获得都要依靠爪牙的搏杀才能获得。在狼的意识中，面子是可有可无的东西，只有最终的目标才是最重要的，因为对生存来说，面子实在是一件微不足道的事物。

狼道智慧之四十四：
打破常规，随机应变

在草原上，狼虽然能够相对准确地预测天气的变化，但是，有道是"天有不测风云"，狼也会遇到暴风雪。当狼群遇到暴风雪时，狼的选择可以说是出人意料，它们不会选择背风的地方，而是迎着风冲上去。虽然迎风冲上去寒冷异常，但这样就不会被雪埋葬。

在竞争过程中要想生存，就要多用心思，多思考，找到一个与众不同的思路，就能够打开局面，取得成功。

在一般情况下，人们总是惯用常规的思考方式，因为它可以使我们在思考同类或相似问题的时候，能省去许多摸索和试探的步骤，能不走或少走弯路，从而可以缩短思考的时间，减少精力的消耗，又可以提高思考的质量和成功率。但是，这样的思维定势往往会起一种妨碍和束缚的作用，它会使人陷在旧的思维模式的无形框框中，难以进行新的探索和尝试，因此，我们应当敢于打破常规的想法，摆脱束缚思维的固有模式。

拿破仑在滑铁卢战役失败之后，被终身流放到圣赫勒拿岛。他在岛上过着十分艰苦而无聊的生活。后来，拿破仑的一位密友听说此事，通过秘密方式赠给他一件珍贵的礼物———副象棋。

这是用象牙和软玉制成的国际象棋。拿破仑对这副精制而珍贵的象棋爱不释手，后来就一个人默默地下起象棋来，从而解除了被流放的孤独和寂寞。这位有名的囚犯在岛上用那副象棋不厌其烦地打发着时光，最终慢慢地死去。

　　拿破仑死后，那副象棋多次以高价转手拍卖。最后，象棋的所有者在一次偶然的机会中发现，其中一个象棋的底部可以打开，当那人打开后，他惊呆了，里面竟密密麻麻地写着如何从这个岛上逃出的详细计划。随后，便成为世界的一大新闻。可见，拿破仑没有在玩乐中领悟到朋友的良苦用心。所以，他到死也没有逃出圣赫勒拿岛。这恐怕是拿破仑一生中最大的失败。

　　拿破仑一生征战南北心机算尽，几乎要称霸欧洲，用许多别人想不到的方法，征服了一个个国家，但是，他没有想到最后竟然死在了常规思维上。如果，他用征战的方法思考一下象棋解除寂寞之外的用意，很可能上帝会向他微笑。

　　常规是我们解决问题的一般性思维，它能凭经验轻车熟路地完成一些工作，解决平常的一些问题，但是超常的思维会让我们做得别开生面，教我们创造和发明，教我们从容地面对困难，欣然地面对未来。

　　正如一位心理学家说过："只会使用锤子的人，总是把一切问题都看成是钉子。"就好像卓别林主演的《摩登时代》里的主人公一样，由于他的工作是一天到晚拧螺丝帽，所以一切和螺丝帽相像的东西，他都会不由自主地用扳手去拧。

　　规则尽管非常重要，可是，如果我们想获得创意，那么遵守规则就反而成了一种枷锁。创造性思维既要求具有建设性，更要求能打破陈规，否则只有一条死胡同可走。经常地反思、检查会使我们的思维流动起来，而不因规则而僵化。

　　变通能够让我们的思维灵活起来，从而可以触类旁通，不局限于某一方向，不受消极思维定势的桎梏，从多方面选择和考虑问题，越过思维定势的障碍。同时，变通力又是创造力中求异思维的较高级层次，它使我们的思维沿着不同的方向扩散，表现出极其丰富的多样性，使人产生超常的构思，提出不同凡俗的新思想、新观点。

　　如果总是用思维定势来看待事物的话，那我们也就真的成了傻瓜。因此，我们必须打破常规，学会变通。看事物不能以一种眼光，要多角度、多方面地去观察，从常规中求新意。对一个问题，我们可以通过组合、分解、求同、求异等方法，让思路发展拓宽，要么加一点，要么减一点，要么借一点，要么拿一点，寻求多种多样的方法和结论，从而创造出一种更新更好的事物或产品。

有一次，一家学校图书馆的自来水设备出了故障，不久，水溢得满地都是，致使许多珍贵的图书浸泡在积水中。设备修好了，可如何挽救被水泡湿的书籍成了大家的议题。若采取一般的干湿方式，就会毁掉这些珍品。于是大家都在思考有没有别的办法。其中有一位曾经从事过罐头生产的图书管理员是这样想的：在制造罐头时，为排除水果中多余的水分，采用的是低温存放和真空干燥的手段。如果把这些湿透的图书当成"水果"，能不能在同样的条件下，既蒸干湿书中的水分，又使图书完整无损呢？商量之后，大家按照这个主意，先将湿书放进冰箱中冷冻，然后放入真空干燥箱中。经过几天的奋战，奇迹出现了，湿漉漉的书籍散尽了水分，这批珍贵的图书终于完整地保存下来了。

创新是人类社会进步的客观要求，而要摆脱和突破常规思考方法的束缚，常常需要付出极大的努力。我们必须摆脱惯有的思维定势，变换一下我们做事的方法，从而达到意想不到的效果。在一家效益不错的公司里，总经理叮嘱全体员工："谁也不要走进八楼那个没挂门牌的房间。"但他没解释为什么，员工都牢牢记住了总经理的叮嘱。

一个月后，公司又招聘了一批员工，总经理对新员工又交代了一次上面的叮嘱。

"为什么？"这时有个年轻人小声嘀咕了一句。

"不为什么。"总经理满脸严肃地答道。

回到岗位上，年轻人还在不解地思考着总经理的叮嘱，其他人便劝他干好自己的工作，别瞎操心，听总经理的没错，但年轻人却偏要走进那个房间看看。

他轻轻地叩门，没有反应，再轻轻一推，虚掩的门开了，只见里面放着一个纸牌，上面用红笔写着：把纸牌送给总经理。

这时，闻知年轻人闯入那个房间的人开始为他担忧，劝他赶紧把纸牌放回去，大家替他保密。但年轻人却直奔15楼的总经理办公室。

当他将那个纸牌交到总经理手中时，总经理宣布了一项惊人的结果：

"从现在起,你被任命为销售部经理。""就因为我把这个纸牌拿来了?"

"没错,我已经等了快半年了,相信你能胜任这份工作。"总经理充满自信地说。

果然年轻人把销售部的工作搞得红红火火。一个好的个性,在工作上必会有所表现、突破,无论在哪个部门都是别人急于网罗的对象。勇于走进某些禁区,你会采摘到丰硕的果实,打破条条框框的束缚,勇为天下先的精神正是开拓者的风貌。

如果某人老是待在同一个地方,容易守旧,丧失创造力,也会成为企业的包袱。如果你只想过普通人的生活,你可以维持现状,但你如果是想过好生活的人,就得奋力去争取每个升迁的机会。

狼道智慧之四十五:
千变万化,变是不变

在狼看来,变是唯一的不变,以不变应万变,以万变应不变。对变与不变的把握,充分体现了狼族的生存智慧。

狼群对捕食对象的选择就体现了它们灵活变化的智慧。由于某些不确定的因素,自然界的某一物种会突然减少。驯鹿是狼群非常喜欢的食物,捕猎也比较容易。

但当驯鹿的数量减少时,狼群就尽量减少对驯鹿的捕杀,而是将目光转移到其他动物的身上。因为它们知道,在驯鹿数量急剧减少的情况下继续捕杀驯鹿,就很容易造成驯鹿的灭绝,以后它们就再也不能捕食到驯鹿了。

自然界的生态状况和食物链的普遍存在决定了每种动物的生存状况,并调节它们的生存数量,"物竞天择,适者生存"是自然界的法则,自然界通过这个法则控制着生态的平衡。一旦某种动物的数量太多,它们就得不到足够的食物,就要有一部分因饥饿而死亡。

只有那些强壮的个体才能通过自己的努力获得足够的食物，才能存活下来。狼群每年都会因为饥饿而死亡一部分，为了避免更多狼死亡。为了使狼群都能得到足够的食物，狼群会自觉地控制自身的数量。

在一个狼群中，只有头狼和它的唯一配偶可以有繁衍后代的权力，其他的公狼和母狼都没有这样的权力。头狼是狼群中最优秀的狼，而它的配偶也是母狼中的佼佼者，它们交配所生育的后代，保证了狼群后代的质量，这大概类似于人类的"优生优育"吧。

虽然狼群中的其他狼没有生育后代的权力，但它们却有养育共同的"子女"的义务。这样狼群中所有的狼都细心照顾它们未来的希望，保证幼狼吃到充足的食物，受到更多的保护。自然，幼狼的成活率就比较高，这样会减少因为家族成员的频繁死亡带给它们的痛苦。同时，合理地控制了狼群的数量，也有利于生态平衡。

有的时候自然环境会骤然改变，狼群会因为失去了生存的环境而大量死亡；有的时候因为人类的滥杀无辜，狼群的数量急剧减少。这种情况下，狼群就会迅速改变以往遵循的"生育政策"，不仅头狼和它的配偶可以生育后代，其他的公狼和母狼都可以在狼群内部甚至其他狼群中寻找配偶、生育后代。

变化是生存的不变法宝，狼的智慧运用到职场中，就要求我们摒弃那种一成不变的传统观念，培养自己的创新能力。

只有不断地进行创新，我们才能跟得上时代发展的潮流和日益激烈的竞争。

创新能力是你必须具备的核心竞争力，它是赢家的第一能力。美国著名心智发展专家约翰·钱斐说道："创新能力是一种强大的生命力，它能给你的生活注入活力，赋予你生活的意义。创新能力是你改变命运的唯一希望。"

比尔·盖茨有一名言:"我的企业离破产只有12个月。"他的意思是说,如果企业无法不断地创新进步,也许1年后就不复存在了。企业如此,人亦如此。

社会每前进一步,历史每翻开一页,无不留下人类创新的脚印。创新是财富的源泉,无数的事例告诉我们:创新,也只有创新,才是成功的第一要素。如果有人说一个年薪50万元的人的能力和素质是10个年薪5万元的人的素质和能力的总和,你会说他幼稚。但如果有人说,一个年薪50万元的人的创新能力是

一个年薪5万元的人的10倍时,你还会不会笑他?人们清楚,50万元年薪的人未必有10倍5万元年薪人的"料",但却完全有可能有10倍或者10倍以上于5万元年薪的人的发展速度,因为创新能力所蕴含的威力是谁也说不清的。正如杰克·韦尔奇所说:"如果你想让列车再快10公里,你只需加一加马力;而若想使车速增加1倍,你就要更换铁轨了。"

创新能力就是产生某个以前不存在的东西。这东西可以是一个产品,或是一个过程,或是一种思想,它要求人们不断地向外开拓。

其实,在工作中,我们随时能感受创新的想法和念头,只是一些新奇的想法我们没有注意而已,想想就过去了,却不知这些念头当中潜伏着巨大的商机。

财富的成功获取者与穷困一生者之间,往往就差那么一点点——前者把新奇的念头紧紧抓住,而后者却把它轻易地放过去了。

商业奇才,身家达数亿英镑的超级女富婆安妮塔·罗蒂克做化妆品生意之前,是个喜欢冒险的嬉皮士,她尝试过许多种职业,做过不少生意,但都失败了。

一天,她在与男友谈天时,突然产生了一个奇怪的念头:为什么我不能像卖杂货和蔬菜那样,用重量或容量的计算方式来卖化妆品?为什么我

不能卖一小瓶面霜或乳液，而不将化妆品的大部分成本花在精美的包装上，以此来吸引消费者？她是那种想做就做的人，开始按照这个想法来运作。于是，她成功了。

根据具体的情况采取不一样的应变策略，是创新能力的一大体现。在职场中，你越有创新能力，就越有核心竞争力，你的观点和想法就越多，你的能力就越强，成功的可能性也就越大。

狼道智慧之四十六：
保持距离，健康交往

狼的生存中没有"胆怯"和"羞愧"这两个词，更没有所谓的"情债"。狼就是狼，它们是残暴的，它们知道大路朝天，各走一边。

其实，在现实工作、生活中也是大路朝天，各走一边。工作、生活各有各的特点，不能混淆。拿处理工作的方法对待生活，不可；拿对待生活的方法应对工作，更不可。

从事新闻工作，在工作中宜广泛采集新闻素材，制成稿件传播。传播范围要越广越好，传播内容要越深越妙。但是，如果把这种习惯带到生活中，不见得就是好事。

在处理生活中的一些事情的时候，有时越简单越好。同事和朋友的隐私，你不应该乱打听，更不能去加工一番四处传播，否则，你不但很讨厌，而且触犯法律。在实际生活中，还是当个聋子、哑巴好些。什么风言风语，到此为止，不再流向下家。什么事都糊涂些好，不要争名于朝，争利于市。对人也不要分得太清了，恩怨必报，还是应该多一些宽厚，多一些容纳才是雅量。

处理私人事情，多些容忍，糊涂点儿好。但对工作，则必须是非分明，一就是一，二就是二，不能弄差一点儿。工作来不得马虎，来不得人情。二者一定要分开。

工作与生活，花分两朵，各表一枝。大路朝天，各走一边。不要强把二者扭到一块儿，那么做的结果是搞乱了生活，也影响了工作，最后的结局就是一团糟。

俗话说得好，大路朝天，各走一边，大路每一边都是一片明媚，阳光灿烂。生命底线、公德底线分割开一条分道线，我们堂堂正正、平平安安地各自行走，它们明明显显、清清楚楚地刻在我们心里。

有句谚语说：条条道路通罗马。在市场竞争已经由原先激烈转变为如今壮烈的情况下，如何开创一条不同于竞争者的发展道路，是企业在市场竞争中能否取得成功的关键之一。在近一两年的时间里，运用品牌延伸战略已经拉动企业利润的大企业案例是越来越多，乐百氏和娃哈哈这两位品牌巨子的延展战略很值得我们思考。

眼下大型企业在制定发展战略的时候，往往都要面临品牌的延伸这个问题。在市场上屡见不鲜的例子是：企业盲目跟风，你生产什么我就生产什么，打得你死我活，利润枯竭，破坏了企业的"造血功能"，降低了行业的产品创新能力。这从近两年果汁饮料市场的竞争中可略见一斑。2002年，统一推出鲜橙多果汁饮料，这一品牌延伸策略得到了消费者的认可，大放异彩。果汁饮料也因此成为当年市场上的一块新鲜蛋糕。饮料众厂见后都蜂拥而上，一时间各种的果汁饮料纷纷亮相：汇源推出了"无菌冷灌装"的真鲜橙；可口可乐把酷儿作为2003年主攻果汁饮料市场的王牌；农夫果园也以"喝前摇一摇"摇动市场。不难看出，各个商家都在细节上寻求着差异化，但是就好像在同一条路上使用不同的交通工具一样，可能达到终点——利润的速度不同，但选择通向利润的道路却是相同的，这势必会造成"交通堵塞"。在市场细分越来越成熟的今天，在消费需求日益多元化的气氛下，企业在进行品牌延伸时，能否开辟出不同的利润之路呢？乐百氏和娃哈哈就给了我们一个最好的例子。

乐百氏和娃哈哈之争也已经很久，从 AD 钙奶到瓶装水的两轮竞争中双方难分伯仲，各有得失。2003 年刚刚过去一半，乐百氏与娃哈哈终于"分道扬镳"，在品牌延伸战略上摆开了不同的阵势。这正是大路朝天，各走一方。

麦当劳、肯德基各走一边

肯德基与麦当劳在中国市场同样面临着巨大的成本压力，却实行了差异化策略。肯德基提价在于追求销售业绩的增长与利润率，而麦当劳的目的在于低价吸引消费者，赢得市场。

新年伊始，肯德基、麦当劳这两个在全世界比邻而居的餐饮对手开始了差异化的中国策略。如果你去肯德基买老北京鸡肉卷，你会发现已经涨了五毛钱。而在麦当劳，诸多商品在优惠，且单张收银条满 18 元，还能获得各种大奖的机会。

价格变化背后

对于此次涨价，肯德基方面表示，由于人力成本、物价成本、租金成本等都已经上升，所以需要提价应对市场变化，并自信地表示这不会影响到消费者的忠诚度。

"涨价也是其不得已的一种选择。"在上海英昂盈利咨询师韩军看来，肯德基目前在中国的策略非常清晰，即追求销售业绩的增长与利润率。韩军认为，目前在大中型城市里，尤其人流比较聚集的店面资源已经不太好找。"原来他们通过开店就可以达到增加营业额的目的，但现在很难找到这样好的店面资源。虽然向三四线城市拓展是一个不错的思路，但在短期内很难达到赢利。而且相关的人力资源问题同样在短期时间内是无法解决的。"韩军说。

"房租的持续高涨为快餐业的成本带来巨大的压力，而且中国的消费者并没有达到可以天天消费洋快餐的收入水平，这也限制了他们的扩张速度。"韩军表示。

北京的精锐纵横顾问有限公司咨询师沈坤认为："在成本上升的程度上面，通过涨价来调整收益是一种正常的市场反应。而且肯德基的涨价非常巧妙，通过改变套餐组合或者推新品的方式，消费者往往感觉不到价格的变化，而肯德基也可以随时根据市场的反应来作出调整。"

而与肯德基面对同样市场的麦当劳则选择了不同的路径。

有一位业内人士说出自己的心声，麦当劳产品的成本控制同样一直都没有降下来。如在产品的采购供应上，麦当劳倾向由其美国国内企业为中国提供货源，而肯德基则更钟情于在中国本土发展供货商。加上肯德基与必胜客等同一集团旗下品牌的供应链协同共享效应，肯德基在中国的产品成本的控制上也是略胜麦当劳一筹。

然而，在此之前新任麦当劳中国首席执行官施乐生表示，麦当劳将会在中国各省区加快脚步的发展，提高投资回报率。而为了增强麦当劳产品的竞争力，麦当劳将持续其低价策略，吸引消费者，以加大在中国市场的占有度。

韩军表示，在麦当劳还没有更好的办法推出更符合中国人口味的产品之前，低价的确可以吸引一部分忠诚度不高的消费者。而去年才进入中国的汉堡王品牌同样也面临着巨大的生存压力。

力量对比悬殊

尽管目前在全球拥有超过3万家店，营业额超过四百多亿美元的麦当劳仍然是当之无愧的业界老大，但其却不得不面对这样一个事实：在中国，它远远地被肯德基抛在了后面。

在世界80个国家和地区拥有连锁店数仅为1.1万多家的肯德基，在中国的餐厅总数是1500家，而麦当劳在中国的餐厅只有700家。

餐厅数量悬殊背后更是其在中国业绩的巨大差距。

中国市场对肯德基的利润贡献超过四分之一，而麦当劳全球CEO Jim Skinner在2005年5月评价中国市场的业绩时用了"weakness"（虚弱）一词。

此前由商务部等评选的"2004年度中国餐饮新百强企业名单"，连续几年排名第二的麦当劳因为不愿意提供销售额而未能列上榜单，更被业内人士看作麦当劳中国销售业绩不理想的证据。

麦当劳对于这一"虚弱"的市场表现的最直接的解决办法就是频繁

"换将"。2005年6月1日，麦当劳大中华区总裁陈必得辞职；同年10月份，在麦当劳已有十几年工作经历的麦当劳（中国）食品有限公司高级副总裁、中国北区董事总经理赖林胜也突然"下课"；与此同时，一年前刚刚就任麦当劳北京总经理的施文哲也正式离职。

目前，肯德基在中国以每年70%的开店速度不断地增长着，不容忽视的是，肯德基在快餐产品的本土化已经把麦当劳甩在后面。肯德基本土化的产品线以及推出新品的速度都让其在中国取得了更大的生存空间。

麦当劳的追赶

麦当劳在中国的经营模式上发生了些微小变化。

麦当劳（中国）有限公司公关经理顾骅说，在上海、广州、深圳、南京等大城市已经有很多麦当劳餐厅开始实行24小时营业，并将根据各店的情况考虑是否转型为24小时营业餐厅。

同时，麦当劳也开始慢慢地引入到美国占据65%市场份额的汽车餐厅"得来速"。2006年1月12日，麦当劳在上海外高桥的独资汽车餐厅"得来速"开业。施乐生表示，到2008年，麦当劳在中国的目标是开设1000家以上的门店，其中包括普通餐厅和汽车餐厅。

"汽车餐厅在中国将有一定的发展，但是在最近的一两年时间内不会有明显的效果。"韩军认为，"由于城市人气集中的店面资源的稀缺导致麦当劳开始引入新的模式，向较为偏远的郊区发展，而且汽车餐厅可以通过与汽车旅馆横向连锁合作开发出新的合作空间。但对于汽车餐厅的一些选址的局限性以及中国自有车数量不够，同样意味着汽车餐厅在中国不可能有着高速的发展。"

一位业内人士形容麦当劳对汽车餐厅的拓展速度就好像"凌厉"，"但是这种新的汽车餐厅模式在中国究竟能否取得在美国同样的成功还是一个很大的疑问。"该人士坦言，中国的汽车普及程度以及相应的文化与美国有着巨大的差异。

此前肯德基早在2003年曾开了一家中国汽车餐厅，其后没有继续扩张。

"尺有所短，寸有所长"，每一个人都有着自己的长处和不足。如果你能经营自己的长处,就会给你的生命增值;反之,如果你经营自己的短处,那会使你的人生贬值。"条条道路通罗马""此门不开开别门"。世界上的工作千万种,对人的素质要求各不相同,干不了这个可以干那个,总可以找到自己的发展天地。宋代的诗人卢梅坡有一句诗:"梅须逊雪三分白,雪却输梅一段香。"在有的人看来,沃森是个末等生,那个希腊青年是个大文盲,盖茨没有大学文凭,梅杰连售票员都不能胜任,还能干什么事,成什么才?天无绝人之路,"大路朝天,各走一边"。什么文化不高、经验缺乏、没有职称,甚至身有残疾,都不是成才的障碍。只要你肯于发掘自己的潜力,发挥自己的优势,经营自己的长处,那么就能找到发展自己的道路,创造出美好的人生。

狼道智慧之四十七:
生存第一,永不放弃

下面让我们再来看一幅让人惊心动魄的画面。这是马尔科夫向我们讲述的一个故事。

在一个寒冷的冬天,他在打猎时,遇到了一头狼。这只狼近两米长,非常健壮。可惜马尔科夫的猎枪没有瞄准,只打到了狼的右后腿,但狼还是瘸着这条腿逃跑了。于是,马尔科夫骑上马去追赶这只受伤的狼。跑了一段时间,受伤的腿成了狼前进的阻碍,狼拼命地向前跃了几下,和马尔科夫的距离拉大了些。狼利用了这个机会,回过头去撕咬自己受伤的右后腿,几下就把那条腿咬断了。马尔科夫清楚地看见了所发生的一切。他当时完全被吓傻了,他的马也一动不动,静静地看着狼,看着它拖着血迹逃跑了。

狼的生存能力从塞顿《动物记》中的描述也能略见一斑。

北美水牛群消失了,它们向猎人手里的来福枪屈服了;大群的羚羊也消失殆尽,它们难以承受猎狗和子弹;幼年的鲑鱼群数量也在斧子和篱笆开始使用前就在减少;巴特兰地区古老的居民在新的环境下像雪一样地消失,但生活在这里的狼却不害怕绝种的危险。在高低不平的小丘上,早上和夜晚仍然能够听到它们的歌声,就如多年前平原上到处奔跑着众多的猎物时那样。

可以说是狼强大的生存能力保证了它们在如此残酷的自然环境中生存,也可以说是这样的自然环境促进了狼群的改良,使它们具有了更强大的适应能力。也许是两者兼而有之,形成了良性的循环。

生存是狼的第一职业,职场中人也同样以生存作为整个职场生涯规划的第一要素。

无论你是天之骄子,还是满面灰尘的打工仔;无论你是才高八斗,还是目不识丁;无论你是大智若愚,还是大愚若智;如果你没有找到自己的位置,一切都会徒劳无益。找到了适合自己的位置,英雄才有用武之地。

乔·吉拉德1929年出生在美国一个贫民窟里,他从懂事时起就开始擦皮鞋、卖报纸,然后又做过洗碗工、送货员、电炉装配工和住宅建筑承包商等。35岁以前,他是一个失败者,朋友都弃他而去,他还欠了一身的债,连妻子、孩子的吃喝都成了问题。他还患有严重的口吃,换过四十多个工作仍然一事无成。为了养家糊口,他开始卖汽车,步入推销生涯。

刚刚接触推销时,他反复对自己说:"你认为自己行就一定能行。"他相信自己一定能做得到,于是以极大的专注和热情投入到推销工作中。只要碰到人,他就把名片递过去。不管是在街上还是在商店,他抓住一切机会,推销他的产品,同时也推销自己。三年以后,他成为一位出色的推销员。谁能想到,这样一个不被看好,而且还背了一身债务、几乎走投无路的人，竟然能够在短短的三年时间内被吉尼斯世界纪录称为"世界最伟大的推销员"呢。

乔·吉拉德做过很多种工作，屡遭失败。最后他定位做一名销售员，因为他认为自己更适合、更能胜任这项工作，就此，他找到了生存的最好爆发点。

另外，在职场生涯中，像狼一样经营自己的优势，是立足于职场的一大智慧。

张思和是某家酒店的行政主管，本来做得很好，因为新来了一位副手，并且从一开始就咄咄逼人地觊觎着他的位置，他感到了一种无形的压力，便开始考虑充电，以便稳固自己的地位。他选择了学习电脑知识，甚至连编程序都认真地学，同时还学英语。就在他终于成为一个三流程序员，能简单地用英语对话时，对手已迫不及待地取代了他的位置。

张思和懊悔不迭，自己在行政管理方面本来就不差，虽然有许多地方需要加强，只可惜加强错了方向，要是在自己最需要加强的方面——管理的效率与艺术方面入手，就不会让对方有可乘之机。

如果置自己的优势于不顾，认为自己能为所有的人干所有的事，那你在职场上一定找不准自己的位置，也不可能真正体现你的价值。假如你要做一名优秀的财务人员，在这个位置上，你不仅要处理好人际关系，熟悉更多公司方方面面的业务情况，最重要的是你必须全心全意认真地提高你的专业技能，因为这是你在公司里的价值体现，是你在职场中安身立命的根本。对任何一个大公司来说，一个货真价实的财务专家，远比一个拿着诸如计算机等级考试证书、英语四六级证书等多面手的普通财务人员更重要。找到了你的最佳位置，你的才华就有了施展的舞台。

一个人不可能面面俱到，每个人都有各自的优点和缺点。在职场上，与其费尽心机地去改变自己的短处，还不如努力把自己的特长发挥到极致。

想找准自己在职场中独特的价值，就要知道你能做什么，你想做什么，你的优势是什么。每个人都有自己擅长的事，喜欢的事，鞋子挤不挤脚，只有自己最清楚。

在职场中，只有找准了自己的最佳位置，才能最大限度地发挥自己的潜力,调动自己身上一切可以调动的积极因素,并把自己的优势发挥得淋漓尽致,从而能和狼一样成功地生存、发展。

狼道智慧之四十八:

生存智慧,机敏狡黠

狼群在围猎动物时非常机智,狼群从来不会漫无目的地围着猎物胡乱奔跑、尖声狂叫。它们总会制定适宜的战略,通过相互间不断地沟通付诸实施。

比如,它们会耐心地等待时机,等羚羊吃饱了草之后再去追杀它们,这时羚羊根本就跑不快。而其他的动物都是只要看到羚羊就直愣愣地冲上去,因此很少成功。

狼群为了在夜晚偷袭羊群而不被牧民发现,先是在离羊群相对较远的位置嚎叫,这样那些牧羊犬就会冲向狼群嚎叫的方向,狼群依靠数量的优势,在很短的时间内就可以把这些牧羊犬咬死。没有了牧羊犬,牧民就不容易发现狼群的偷袭了。

狼群在一般情况下是很少攻击那些比自己强大的动物的。但一旦这些动物侵犯了它们的利益,它们也会奋起反抗。有时候,草原上的食物比较稀少,一些抓不到猎物的狮子会从一些小规模的围猎狼群那抢夺食物。为了自己的生存,狼群会对狮子进行反击。

但即使是狼群对狮子进行围击,也会给自己带来很大的损失,与狮子相比,它们不具备任何优势。狼群不会去攻击强壮的雄狮,而是去攻击那

些照顾小狮子的母狮和它的孩子，杀死了小狮子，也就是减少了未来狮子的数量，这样就能避免狮子与它们争夺食物了。

毋庸置疑，狼是一种机智的动物。机智是智慧的标志和象征，同时也是取得成功的重要因素。松下公司是世界上有名的电器公司，员工待遇优厚、发展空间大，是很多年轻人向往的地方。这年，松下公司要招聘一名高级女职员，一时应聘者如云。

经过一番激烈的比拼后，安娜、杨子、鲍波三人脱颖而出，成为进入最后阶段的候选人。三个人都是名牌大学的高材生，又是各有千秋的美女，条件不相上下，因此竞争到了白热化状态。她们都在小心翼翼地做着准备，力争使自己成为"笑到最后"的胜利者。

这天早上8点，三人准时来到公司人事部。人事部长给她们每人发了一套白色制服和一个精致的黑色公文包，说："三位小姐，请你们换上公司的制服，带上公文包，到总经理室参加面试。这是你们最后一轮考试，考试的结果将直接决定你们的去留。"三个美女脱下精心搭配的外衣，穿上那套米白色的制服。

人事部长又说："我要提醒你们的是，第一，总经理是个非常注重仪表的人，而你们所穿的制服上都有一小块黑色的污点。毫无疑问，当你们出现在总经理面前时，必须是一个着装整洁的人，怎样对付那个小污点，就是你们的考题；第二，总经理接见你们的时间是8点15分，也就是说，10分钟以后，你们必须准时赶到总经理室，总经理是不会聘用一个不守时的职员的。好了，考试开始了。"

三个人立即行动起来。

安娜用手反复去揩那块污点，反而把污点越弄越大，白色制服最终被弄得惨不忍睹。安娜紧张起来，红着脸央求人事部部长能否给她再换一套制服，人事部长抱歉地说："绝对不可以，而且，我认为你没有必要到总经理室去面试了。"安娜一下愣住了，当她知道自己已经被取消了竞争资格后，眼泪汪汪地离开了人事部。

与此同时，杨子已经飞奔到洗手间，她拧开水龙头，撩起自来水开始清洗那块污点。很快，污点没有了，可麻烦也来了，制服的前襟处被浸湿了一大片，紧紧贴在身上。于是，杨子快步移到烘干器前，对着那块浸湿处烘烤着。烤了一会儿,她突然想起约定的时间,抬起手腕看表:坏了,马上就到约定时间了。于是,杨子顾不得把衣服彻底烘干,赶紧往总经理室跑。

赶到总经理室门前,杨子看表,8点15分,还没迟到;更让她感到庆幸的是,白色制服上的湿润处已经不再那么明显了,要不是仔细分辨,根本看不出曾经洗过。但堂堂大公司总经理怎么会仔细分辨一个女孩的衣服呢,除非他是一个色鬼。

杨子正准备敲门进屋,门却开了,鲍波大步走出来。杨子看见,鲍波的白色制服上,那块污迹仍然醒目地躺在那里。杨子的心里踏实了,她自信地走进办公室,得体地道声:"总经理好。"总经理坐在大班桌后面,微笑地看着杨子白色制服上被湿润的那个部位,好像在"分辨"着什么。杨子有点不自在。

这时,总经理说话了:"杨子小姐,如果我没有看错的话,你的白色制服上有块地方被水浸湿了。"杨子点了点头。"是清洗那块污渍所致吗?"总经理问。杨子疑惑地看着总经理,点了点头。总经理看出杨子的疑惑,浅笑一声道:"污点是我抹上去的,也是我出的考题。在这轮考试中,鲍波是胜者,也就是说,公司最终决定录用鲍波。"

杨子感到愕然:"总经理先生,这不公平。据我所知,您是一位见不得污点的人。但我看见鲍波的白色制服上,那块污点仍然清晰可见啊!"

"问题的关键是,"总经理说,"杨子小姐,鲍波小姐没有让我发现她制服上的污点。从她走进我的办公室,那只黑色公文包就一直优雅地横在她的前襟上,她没有让我看见那块污迹。"

杨子说:"总经理先生,我还是不明白,您为什么选择了鲍波而淘汰了我呢?我准时到达您的办公室,也清除了制服上的污点,而鲍波只不过耍了个小聪明,用皮包遮住了污点。应该说,我和鲍波打了个平手。"

"不!"总经理坚定地说,"胜者确实是鲍波,因为她在处理事情时,思路清晰,善于分清主次,善于利用手中现有的条件,她的问题解决得从容而漂亮。而你,虽然也解决了问题,但你却是在手忙脚乱中完成的,你没有充分利用你现有的条件。其实,那只公文包就是我们解决问题的杠杆,而你却将它弃之一旁。如果我没猜错的话,你的'杠杆'忘在洗手间里了吧?"

杨子终于信服地点了点头。总经理又微笑着说："如果我没猜错的话，鲍波小姐现在会在洗手间里清洗她前襟处的污渍呢!"

从成功的角度来讲，两点之间的最短距离并不一定是条直线，而是一条障碍最小的曲线。

狼道智慧之四十九：

学会韬晦，达到目标

狼有灵敏的嗅觉和宽拓的视觉，狼凭借嗅觉和视觉，并依循足迹等线索寻找猎物，狼若发觉对方所处的地势较有利于己，就会尽可能悄悄接近猎物。一旦被狼相中的猎物逃跑时，狼会随后紧追，若无法立即追获，便会很快打消念头，立即放弃跟前的猎物，转而寻找其他的猎物，因为，狼宁可选择长期等待而换取的胜利，也不愿以生命换取短期的胜利。

当狼很靠近猎物时，会咬住猎物后腿踢不到的位置，像肩部、臀部、颈部等。狼群为达到目标所使用的策略是变化万千的，这就是狼性的多变，是它们智慧的生存法则，狼群也是凭借这种高明的策略而达到最终目的的。

狼性的多变可以转化为做事的韬晦有度。"韬晦"，即在形势不利于自己的时候，表面上装疯卖傻，给人以碌碌无为的印象，隐藏自己的才能，掩盖内心的政治抱负，以免引起对手或政敌的警觉，专一等待时机，实现自己的抱负，不失为一种变通的好方法。或许有人会说这样一来不就有"窝囊"之嫌了吗。其实不然，面对猖獗的恶势力，只知躲避、退缩而永远都不敢挺身而出，无所作为者，谓之窝囊；而善于从容退让，暂时忍受屈辱，暗地里默默积蓄力量、等候转败为胜的时机，这不是窝囊，而是忍辱负重，此亦韬晦之计，是大智大勇之表现。

韬晦之计的运用在中国有着悠久的历史，有着数百年的基业和历史的周朝的兴起便是仰仗了韬晦之计的例证。当时,周族势力的壮大引起了商王的猜忌,唯恐他们会形成与商抗衡的力量,于是商王文丁袭杀季历,企图以此遏制周的势力。季历之子姬昌,便是历史上有名的周文王。姬昌继位后急于为父报仇,结果被商朝打得大败。

因此,他表面上对商朝恭敬臣服,暗中广招贤才,励精图治。当时贤士如太颠、闳夭、散宜生等都被罗致,积极协助他筹划灭商大计。

商纣王起先因姬昌为人恭顺,封他为西方各族的首领——西伯。西伯在各方国诸侯中的威望、地位日益提高,纣王便囚禁西伯于羑里(今河南汤阴北)。传说文王拘而演《周易》,便在此地。纣王杀掉扣押在商作人质的西伯之子伯邑考,把肉制成肉羹让西伯品尝,以考察西伯是否洞晓世事。

西伯假装不知,忍痛喝下,蒙骗纣王。周的大臣又挑选美女、珍宝、名马献给纣王,姬昌才免遭毒手。西伯归国后加紧访求贤才,如后来在灭商中建立大功的姜尚(即姜子牙)就在此时被西伯任用。

韬晦之计为周的强盛奠定了良好的基础,吸引了许多方国部落,使得当时天下三分,周有其二,为以后武王灭商创造了良好的条件。

因为野心人人都有,位子却是有限的。在这僧多粥少、树大招风的年代里,你公开自己的真实目的,就会被人处处提防,自然也就会被你的竞争对手看成是一种威胁。

做人当以保存自我为首要,也就是要懂得自我保护的方法,在该表现时表现,不该表现时就低姿态一些,不要闹得沸沸扬扬,就算韬晦一点也没什么不好,能人能做大事,目的是最终,又何必在乎手段呢?

群雄争霸的春秋时代,楚国雄踞南方,起先也被中原诸国瞧不上眼,而且在文化性格上被贬为"荆蛮"。但就是这个"荆蛮",有筚路蓝缕的创业史，出了不少大有作为的君主。其中，春秋五霸之一的楚庄王就是采取韬晦之计成就了他的霸主地位。

楚庄王在继位时，并不是一个英明能干的君主，相反表现得十分昏庸。继位三年没发出过一个文件，整日声色犬马、饮酒作乐，并在朝廷门前贴出告示，"有敢谏者死无赦。"大臣申无畏朝见，楚庄王左抱郑姬、右抱蔡女，坐在乐队中间，问："你来干什么？"——意见与建议是不敢直说的，不妨打个比喻试试。

申无畏说："有五彩大鸟，栖于楚国高坡之上，已有三年，不见其飞、不闻其鸣，不知此是什么鸟？"问中带讽，敢向有生死大权的一把手质询是什么"鸟"，真是"无畏"。楚庄王却坦然一笑，随口回道："寡人知道了。这非凡鸟，三年不飞，一飞冲天，三年不鸣，一鸣惊人！你等着看吧。"

而大鸟却一直不飞不鸣，楚国在群雄逐鹿中一直没拿出什么战略举措。苏丛等大臣实在等不下去了，面见楚庄王都声泪俱下，发誓要用生命来挽回楚国灭亡的命运。

这时楚庄王才从大怒转为肃然起敬，表示要顺从众意，开始振兴行动。其实，他心中窃喜，要的就是你们心里憋出来的这一股有冲击力的猛劲。

他一出手便不同凡响。选拔年轻有朝气、有闯劲的上层官员，控制守旧派的权力。连内宫也立贤惠的樊姬为夫人，主持中宫工作。《史记·楚世家》以春秋笔墨记载：楚庄王浪子改悟，罢淫乐，听政，诛杀数百人，起用数百人，国人大悦。开明态度和用人标准的彻底改观，明法度奖惩，自然民心所向。

朝纲整肃，政治清明之后，便有了向外扩展称霸的底气，战略霸业便不断取得胜利。灭庸国后，伐宋，获战车五百乘，组建成当时的机械化武装。与晋国大战，俘虏大将解扬，大胜使楚庄王认清了楚国实力，了解了中原大国的底细，由此进一步明确了楚国的战略方针。"一飞冲天、一鸣惊人"的战略目标就是与周天子平分天下，各领南北。

他发动更大规模的战略进攻，在讨伐陆浑戎，大军经过雒水时，竟在周朝首都郊区布阵，以武力威胁，对象征江山社稷的九鼎，也公然向周天子问问轻重。周天子在恐慌中以巫道天命之术相责问，才缓释了他决战的锐气。

晋国为报前仇，并巩固霸权，以救郑国的名义，与楚国在邲交战，楚庄王又趁晋军高层意见分歧，打得晋军措手不及，获得战略全胜。因这一战，决出了楚国霸主的地位。

我们从这个故事中也能解读出更多有价值的法则：楚庄王当初面临群雄争霸的局面，不是甘愿居后，而是在内政外交上条件不够成熟。所以他把自己的目标暂时隐藏起来——深藏宏图于声色犬马之后，让他人误以为他是个昏君。

但最后的结果却是楚庄王不但有所作为，而且还取得了霸主的地位，同时也表明使用韬晦这一策略对楚庄王取得这一地位的重要性。

生命对于每个人都是重要的，只有使自己存活，才能建立卓越的功勋。东汉王朝创立者刘秀，就以韬晦之计躲过生死之劫。

王莽末年，连年灾荒，各地义军揭竿而起，天下大乱。地皇三年（公元22年）10月，刘秀之兄刘縯在舂陵、刘秀在宛城，同时起兵反莽。地皇四年（公元23年），绿林军人推刘玄称帝，刘縯任大司徒。刘縯因恃功与刘玄争权，被刘玄谋杀。

时任太常偏将军的刘秀正征战在外，闻听兄长被杀，遂驰奔宛城，忍辱负重，主动向刘玄请罪。刘玄见其无反意，拜他为破虏大将军，封武信侯，行大将军事，命其持节征伐河北。刘秀以废除王莽苛政、恢复汉室制度为号召，在河北豪强和官僚支持下，镇压农民起义军，收编部分义军，击败王郎割据势力，平定河北。更始帝遣侍御史持节立刘秀为萧王，并令其回长安。刘秀以河北未平为名，拒绝赴长安应征。

当时，更始政权内讧，四方背叛。刘秀平定河北后，力量迅速壮大。建武元年（公元25年），遂在河北柏乡（今河北桐乡县）称帝，后移都洛阳。经过长达十余年的征战，先后镇压赤眉等农民义军和削平各地封建割据势力，统一全国。

在位期间，多次发布释放奴婢和禁止残害奴婢的命令，并将国有荒地租借给流民耕种；劝民农桑，兴修水利，减轻赋税，组织军队屯田；实行精兵简政，全国共裁并四百余县，精简大批官吏；废除掌握地方军权的都尉，逐步扩大以南、北军为核心的中央军队；废除地方更役制；加强中央集权，强化皇权，极力防范功臣、宗室、诸王及外戚专权；进行官制改革，规定刺史为州一级地方官，可直接上奏皇帝，使三公形同虚设。这些措施，有利于恢复生产和安定社会秩序，在一定程度上推动了社会全面发展。所有的这些成就无不与刘秀的存活有直接的关系。前车之鉴，更使这一策略在三国时期发挥得淋漓尽致。

三国时期，曹操与刘备青梅煮酒论英雄这段故事，就是个典型的例证。刘备早已有夺取天下的抱负，只是当时力量太弱，根本无法与曹操抗衡，而且还处在曹操控制之下。刘备装作每日只是饮酒种菜，不问世事。一日曹操请他喝酒，席上曹操问刘备谁是天下英雄，刘备列了几个名字，都被曹操否定了。

忽然，曹操说道："天下的英雄，只有我和你两个人！"一句话说得刘备惊慌失措，深怕曹操了解自己的政治抱负，吓得手中的筷子掉在地上。幸好此时一阵炸雷，刘备急忙遮掩，说自己被雷声吓掉了筷子。曹操见状，大笑不止，认为刘备连打雷都害怕，成不了大事，对刘备放松了警觉。后来刘备摆脱了曹操的控制，终于在中国历史上干出了一番事业。

三国时期的关羽重义气，勇迈绝伦，怀除恶济世之志，破关斩将，威震九州，备受世人崇敬。但其痛失荆州，对后人来说终是一件憾事，究其败走麦城的原因与韬晦之计不无关系。

在三国时期，因荆州地理位置十分重要，所以成为兵家必争之地。公元217年，鲁肃病死。孙、刘联合抗曹的蜜月已经结束。

当时关羽镇守荆州，孙权久存夺取荆州之心，只是时机尚未成熟。不久以后，关羽发兵进攻曹操控制的樊城，怕有后患，留下重兵驻守公安、南郡，保卫荆州。孙权手下大将吕蒙认为夺取荆州的时机已到，但因有病在身，就建议孙权派当时毫无名气的青年将领陆逊接替他的位置，驻守陆口。

陆逊上任，并不显山露水，定下了与关羽假和好、真备战的策略。他给关羽写去一信，信中极力夸耀关羽，称关羽功高威重，可与晋文公、韩信齐名。

自称一介书生，年纪太轻，难担大任，要关羽多加指教。关羽读罢陆逊的信，仰天大笑，说道："无虑江东矣。"马上从防守荆州的守军中调出大部人马，一心一意攻打樊城。陆逊又暗地派人向曹操通风报信，约定双方一起行动，夹击关羽。

孙权认定夺取荆州的时机已经成熟，派吕蒙为先锋，向荆州进发。吕蒙将精锐部队埋伏在改装成商船的战舰内，日夜兼程，突然袭击，攻下南部。关羽得讯，急忙回师，但为时已晚，孙权大军已占领荆州，关羽只得败走麦城。

三国时期，魏国的魏明帝去世，继位的曹芳年仅八岁，朝政由太尉司马懿和大将军曹爽共同执掌，曹爽是宗亲贵胄，飞扬跋扈，怎能让异姓的司马氏分享权力。他用明升暗降的手段剥夺了司马懿的兵权。

司马懿立过赫赫战功，如今却大权旁落，心中十分怨恨，但他看到曹爽现在势力强大，一时恐怕斗他不过。于是，司马懿称病不再上朝，曹爽当然十分高兴。他心里也明白，司马懿是他当权的唯一潜在对手。一次，他派亲信李胜去司马家探听虚实。

其实，司马懿看破曹爽的心事，早有准备，李胜被引到司马懿的卧室，只见司马懿病容满面，头发散乱，躺在床上，由两名侍女服侍。李胜说："好久没来拜望，不知您病得这么严重。现在我被命为荆州刺史，特来向您辞行。"

司马懿假装听错了，说道："并州是近境要地，一定要抓好防务。"李胜忙说："是荆州，不是并州。"司马懿还是装作听不明白。这时，两个侍女给他喂药，他吞得很艰难，汤水还从口中流出。他装作有气无力地说："我已命在旦夕，我死之后，请你转告大将军，一定要多多照顾我的孩子们。"

李胜回去向曹爽作了汇报，曹爽喜不自胜，说道："只要这老头一死，我就没有什么好担心的了。"

过了不久，公元249年2月15日，天子曹芳要去济阳城北扫墓，祭祀祖先。曹爽带着他的三个兄弟和亲信等护驾出行。

司马懿听到这个消息，认为时机已到。马上调集家将，召集过去的老部下，迅速占据了曹氏兵营；然后进宫威逼太后，历数曹爽罪过，要求废黜这个奸贼。太后无奈，只得同意。司马懿又派人占据了兵器库。

等到曹爽闻讯回城，大势已去。司马懿以篡逆的罪名，诛杀曹爽一家，终于独揽大权，曹魏政权实际上已是有名无实。

三国韬晦之计的运用范围，从对人而扩大到对事、对己。从一般的劝说价值，上升到对于识见的有力帮助。从普通韬略原则，提高到事关前途、命运的总体对策。从个别的对象处理，演化为对历史发展、形势格局的洞察预示，总而言之，对我们来说是不无益处的。

虽然韬晦之计在很大程度上是封建专制统治重压下，人们为了自保不得不采取的一种特殊的避祸方法，但是，韬晦之计的各种形式仍然显示出人的智慧价值。韬晦之计有明确的目的性与功利性，具有极强的主观意识，极富人的主体精神。韬晦之计又有极强的进取性，虽然在表面上有许多退却忍让，却更显示人的韧性与忍辱负重的内在力量。

使用韬晦之计是显示人生智慧的突出例证，一些老谋深算者更是深谙此道，结果自然是事半功倍。想当年，东北土匪出身的张作霖便是采取此法则，成功地为自己挖好了一条地道，结果官运亨通，扶摇直上。

张作霖是个野心勃勃的人，虽说已是土匪大头目，但他朝思暮想要弄个朝廷官干干。

奉天将军增祺的姨太太从关内返回奉天，此事被张作霖手下干将汤二虎探知，急忙报告张作霖。张作霖一拍大腿说："这真是猪拱门，把货送到家来了。"

于是张作霖就吩咐汤二虎，如此行事。

汤二虎奉命在新立屯设下埋伏，当这队人马行至新立屯时，被汤二虎一声令下，阻截下来，随后把他们押到新立屯的一个大院里。

增祺的姨太太和贴身侍者被安置在一座大房子里，四周站满了持枪的土匪。这时，张作霖已经接到报告，便飞马来到大院，故意提高声音问汤二虎："哪里弄来的马？"

汤二虎也提高声音说："这是弟兄们刚在御路上做的一笔买卖，听说是增祺大人的家眷，刚押回来。"

张作霖假装愤怒地说："混账东西！我早就跟你说过，咱们在这里是保境安民，不能随便拦行人，我们也是万不得已才走绿林这条黑道的。今后如有为国效力的机会，我们还得求增大人照应！你们今天却做这样的蠢事,将来怎么向增大人交代?你们今天晚上好好招待他们,明天一早送他们回奉天。"

在屋里的增祺的姨太太听得清清楚楚,当即传话要与张作霖面谈。张作霖立即先派人给增祺的姨太太送来最好的鸦片,然后入内跪地参拜姨太太。

姨太太很感激地对张作霖说:"刚才听罢你的一番话,将来必有作为,今天只要你保证我平安到达奉天,我一定向将军保荐你这一部分力量为奉天地方效劳。"

张作霖听后大喜,更是长跪不起。

次日,张作霖侍候好姨太太早点,然后亲自带领弟兄们护送姨太太归奉天。

姨太太回奉天后,即把途中遇险和张作霖愿为朝廷效劳的事向增祺将军讲了一遍。增祺听后十分高兴,立即奏请朝廷,把张作霖的部队收编为"巡防营",张作霖从此告别了"胡匪""马贼"生活,成了真正的清廷"管带"(营长)。

就这样,张作霖利用"韬晦"之计办成了由黑道转为白道的一件大事,为其以后的道路打下了基石,做了铺垫。

在下面的故事中,我们将看到村长是怎样运用智谋十分巧妙地将自己真实求人的意图隐藏起来,而以假象迷惑对方,以此稳定他人情绪,确保其沿着自己的思考轨迹行动,实现既定的目标。

某村种植的苹果树结出的苹果个大味甜,在市场上销路很好,占领了很大的市场份额,但是由于道路不好,往外运输时总是很不方便,影响了苹果产业的发展。在这种情况下,村支部决定向乡里申请修一条路。

在几次申请后,乡政府均以"资金不够,项目太多,排后再议"而婉拒。眼看着苹果销路那么好,可就是难于运输,村支部一班人很着急,便生出一计。

这天,村长亲自带着请柬找到乡政府,把乡里的大小领导都请了个遍,要请领导参观考察苹果产业的发展并举行苹果展览会。乡领导欣然赴约。通往此村的道路太差了,领导们一路颠簸,尝到了这条路的苦头。不过,该村的苹果一条龙的发展模式还真是有看头,有前途,乡领导们对此赞不绝口。

经过此次展览会，该村的苹果产业很快惊动了县领导，县领导班子决定两个月后参观一下这个远近闻名的苹果村。

乡政府领导们听说此事，第一想到的就是路的问题，如果县上的领导再看到那样的路，肯定会怪乡里的工作没做好，自己可要倒霉了，于是紧急开会研究修路的问题。

结果短短两天内，资金全部到位，第三天就开了工，在领导来参观之前终于修好了路。

此村支部可谓聪明之极，他并没有直接要求乡领导拨款修路，而是以请领导参观指导为幌子，并以县领导要来参观为名，乡政府便不得不考虑修路的问题了。

在生活中、事业上，我们向对方表达可以利用多种假象隐藏真实意图，并用各种方式激起别人的热情，为我们的成功打下基础，这也是韬晦之计的最佳效果。

雷特是格里莱办的《纽约论坛》的总编辑，身边正缺少一位精明能干的助手。

他的目标瞄准了年轻的约翰·海，他需要约翰帮助自己成名，帮助格里莱成为这家大报的成功出版家。而当时约翰刚卸除外交官职，正准备回家乡从事律师业。

怎样让约翰在报社里就职呢？雷特请他到联盟俱乐部吃饭。饭后，他提议约翰到报社去玩玩。那时恰巧国外新闻编辑不在，这时，他从许多电讯中间找到一条重要消息对约翰说："请坐下来，为明天的报纸写一段关于这条消息的社论吧。"

约翰自然无法拒绝，于是提笔写了起来。社论写得很棒，格里莱看后也很赞赏，于是雷特提议趁约翰还没回家，就在这儿帮几天忙。渐渐地，约翰感到做新闻记者很有乐趣，也很应手，就留了下来。

从雷特巧求助理的事情中，我们可以看出：雷特正是以绕开对方不应允的事情，而拟定一个虚假的目的做幌子，让对方接受下来，从而达到真实目的的策略，猎获了他所物色好的人选。

郑庄公准备伐许。开战前，他先在国都组织比赛，挑选先行官。众将一听露脸立功的机会来了，都跃跃欲试，准备一显身手。

第一项项目是击剑格斗。众将都使出浑身解数，只见短剑飞舞，盾牌晃动，斗来冲去。经过轮番比试，选出了六个人来，参加下一轮比赛。

第二项项目是比箭，取胜的六名将领各射三箭，以射中靶心者为胜。有的射中靶边，有的射中靶心。

第五位上来射箭的是公孙子都。他武艺高强，年轻气盛，向来不把别人放在眼里。只见他搭弓上箭，三箭连中靶心。他昂着头，瞟了最后那位射手一眼，退下去了。

最后那位射手是个老人，胡子有点花白，他叫颖考叔，曾劝庄公与母亲和解，庄公很看重他。颖考叔上前，不慌不忙，"嗖嗖嗖"三箭射去，也连中靶心，与公孙子都射了个平手。

只剩下两个人了，庄公派人拉出一辆战车来，说："你们二人站在百步开外，同时来抢这部战车。谁抢到手，谁就是先行官。"公孙子都轻蔑地看了一眼对手，哪知跑了一半时，公孙子都却脚下一滑，跌了个跟头。等爬起来时，颖考叔已抢车在手。公孙子都哪里服气，提了长戟就来夺车。颖考叔一看，拉起车来飞步跑去，庄公忙派人阻止，宣布颖考叔为先行官。公孙子都怀恨在心。

颖考叔果然不负庄公之望，在进攻许国都城时，手举大旗率先从云梯上冲上许都城头。眼见颖考叔大功告成，公孙子都嫉妒得心里发疼，竟抽出箭来，搭弓瞄准城头上的颖考叔射去，一下子把颖考叔射了个"透心凉"，从城头栽下来。

另一位大将瑕叔盈以为颖考叔被许兵射中阵亡了，忙拿起战旗，又指挥士卒攻城，终于拿下了许都。

所谓"花要半开，酒要半醉"，凡是鲜花盛开娇艳的时候，不是立即被人采摘而去，也就是衰败的开始。人生也是这样：不要把自己看得太了不起，不要把自己看得太重要，不要把自己看成是救国济民的圣人君子似的，还是收敛起你的锋芒，夹起你的尾巴，掩饰起你的才华吧。

当今社会，此理仍然，你不露锋芒，可能永远得不到重任；你锋芒太露却又易招人陷害。虽容易取得暂时成功，却为自己掘好了坟墓。当你施展自己的才华时，也就埋下了危机的种子，所以才华显露要适可而止。然而，不是人人都可以傻得恰到好处，如果没有掌握得恰到好处，反而会弄巧成拙。

《三国演义》中，刘备死后，诸葛亮好像没有大的作为了，不像刘备在世时那样运筹帷幄，满腹经纶，锋芒毕露了。在刘备这样的明君手下，诸葛亮是不用担心受猜忌的，并且刘备也离不开他，因此他可以尽力发挥自己的才华，辅助刘备，打下一份江山，三分天下而有其一。刘备死后，阿斗继位。

刘备死前，当着群臣的面说："如果这小子可以辅助，就好好扶助他；如果他不是当君主的材料，你就自立为君算了。"诸葛亮顿时冒了虚汗，手足无措，哭着跪拜于地说："臣怎么能不竭尽全力，尽忠贞之节，一直到死而不松懈呢？"说完，叩头流血。刘备再仁义，也不至于把国家让给诸葛亮，他说让诸葛亮为君，怎么知道没有杀他的心思呢？因此，诸葛亮一方面行事谨慎，鞠躬尽瘁，一方面则常年征战在外，以防授人"挟天子"的把柄。而且他锋芒大有收敛，故意显示自己老而无用，以免祸及自身。这是韬晦之计，收敛锋芒是诸葛亮的大聪明。

思古量今，以史为鉴，以事明理，以理示人，综合时势，与时并进，循循善诱……文中金玉良言颇多：无论是在激烈残酷的政治斗争中，还是在现实的生活中，都应懂得进退之道和韬晦之计。

韬晦之计铸就多少成功者，而我们更应认真学习这一法则。韬晦之计又因其极大的隐蔽性而具有极强的实效性。它往往攻其不备而出奇制胜，取得事半功倍的效果。正确使用韬晦之计，实在是把握中国古代人生智慧的重要内容之一。

当然，区分在使用韬晦之计经验时的善恶美丑表现也是必要的，因为任何手段只是达到目的的途径，绝不能代替目的自身。韬晦有度，永远是智慧的形式之一，是狼道智慧的延伸。

狼道智慧之五十：
张弛有道，功成身退

狼的盘中佳肴，除一些弱小的野生动物外，它们也会捕捉羊、牦牛等家畜。狼在捕食这些家畜时，动作十分的敏捷。往往乘其不备，猛扑上去，首先咬断其喉管和动脉血管，接着拼命吸血，使牲畜失去抵抗力，迅速死亡。一头狼蹿进羊圈，一夜能咬死数十只羊。而实际上它顶多只能吃上一只。可见狼对牲畜的危害之大了。狼平时捕食的家畜主要是羊。因为羊的体形小、怯懦、容易捕捉。尤其是那些小羊羔，更是它们轻而易举就能得到的猎物。一个老牧民讲过这样一件事：某日，他在山上放羊，突遭暴风雪袭击，羊群惊散，四处奔跑。正当他忙于拦堵羊群时，一头狼猛扑过来，叼起一只羊羔，拔腿就跑。

狼在取得猎物之后，迅速离开，可谓"功成身退"。而进一步的引申，也就是急流勇退，见好就收了。也难怪这一法则从古至今在政治上运用之妙了。

我国古代著名的军事家孙膑可谓"急流勇退"之典范。马陵之战，孙膑因势利导，灵活地运用"围魏救赵"之战术，以强示弱，减灶诱敌，设伏马陵，一举全歼了魏军，取得了决战的胜利。马陵之战，同桂陵之战一样，是孙膑军事生涯中的杰作，也是我国军事战争史上的两朵并开的奇葩，充分显示了孙膑过人的军事谋略和杰出的指挥才能。马陵之战后，魏国元气大伤，国势从此一蹶不振，失去了中原霸权。齐国则声威大震，威服诸侯，称霸于中原。孙膑则由此而名扬天下，实现了他平生的抱负。

时任齐国相国的邹忌，曾多次讽谏齐威王。邹忌身高八尺，相貌堂堂，却心胸狭窄，私心极重。齐对魏两次大战之前，他都坚决反对出兵。待田忌、孙膑凯旋之时，他心中的醋意可想而知。

随着孙膑、田忌威望的提高，邹忌担心自己的相位不稳，因此欲除掉田忌、孙膑而后快。可能因为孙膑是个残疾人，同邹忌争夺相位的可能性不大，所以邹忌将目标首先对准了风头甚劲的田忌。

马陵之战结束不久，邹忌便找来亲信谋划如何除掉田忌。其亲信公孙阅出了个主意，"公何不令人操十金卜于市，曰：'我田忌之人也，吾三战而三胜，声威天下，欲为大事，亦吉乎不吉乎？'卜者出，因令人捕为之卜者验其辞于王之所。"

邹忌闻计大喜，便派人到市中找卖卜者算卦，扬言是田忌派他去算的，要算算田忌如果要谋反，是吉还是凶。邹忌则随后派人将此人抓获，送到齐威王那里。

齐威王这时年纪大了，有点老糊涂了。他本来就对田忌手握重兵心有疑惧，听了邹忌的话，遂相信田忌有谋反的意图。而这时田忌正率兵在外，于是齐威王遣使召田忌回临淄，准备等田忌回到临淄后再审问此事。

孙膑此时也在田忌军中。他对齐国的政局及邹忌、田忌之间的矛盾洞若观火，及见齐威王无缘无故忽然派人来召田忌回临淄，感觉齐威王一定是听信了邹忌的谣言，认为田忌如果回到临淄，将凶多吉少。

田忌在孙膑最艰难的时候曾助其一臂之力，而且长期以来，二人合作得非常好，孙膑实在不忍田忌自投罗网，乃提醒田忌说，齐王一定听信了邹忌的谣言，千万不要自己贸然回临淄。情急之下，他建议田忌率军回临淄驱逐邹忌，说："若是，则齐君可正，成侯邹忌可走。不然，将军不得入于齐矣。"

孙膑此言，实是要田忌举兵"清君侧"。与其成为邹忌案板上的肉，不如孤注一掷，与邹忌一决高低，这样，倒还可能死中求生、反败为胜。

田忌对孙膑早已佩服得五体投地，对他言听计从。他依孙膑之言，率兵攻打临淄。但邹忌也不是等闲之辈，早已做好了守城准备，田忌攻城不胜，眼见各地勤王之兵大集，只好弃军逃亡到了楚国。而孙膑于田忌攻临淄之时就已不知去向。

而孙膑在此时急流勇退更不失为一良策。孙膑以其战略家的头脑,对齐国政坛的错综复杂了如指掌,对邹忌其人也比较了解。他之所以屈身齐国政坛十几年,为的就是要报庞涓无端加害之仇。在马陵之战结束后,他的大仇已报,他也就应该为自己找个好的归宿,不可能迷恋政治,更不可能拖着残疾之体跟田忌逃亡楚国。

狼的这一法则在生活中运用,自然会给我们带来更多的实惠。而功成身退,做到不拖泥带水,更是一件难事,毕竟现有的舒适生活、条件或成就是自己辛辛苦苦"闯天下"打下来的,让任何一个人轻易地放弃都不是一件易事。

拿破仑生平最后一次检阅军队是在1815年6月18日清晨,之后,法军向滑铁卢开始猛攻,英国步炮兵以密集火力迎击,苏格兰骑兵跃马反击突入之敌。

傍晚,拿破仑亲率近卫队冲入英军纵深,在此决定胜负的关键时刻,法军右翼突然传来炮弹的轰鸣和骑兵的呐喊——布吕歇尔率3万普鲁士军赶来参战!拿破仑仍下令继续进攻,并期望追击普军的格鲁希元帅也能随后赶到。

入夜时,普军冲破了法军右侧,拿破仑手下失去控制的部队向南四散奔逃,直至第二天才被收容起来,却因丢失了全部大炮难以再战。战场上遗弃下2.5万名死伤的法国军人和2.2万名死伤的英普联军官兵,哀号之声不绝于野,成为滑铁卢战场的最后景象。

后来,拿破仑回到巴黎宣布退位。他在去美洲之时被英舰截获,流放到南大西洋的圣赫勒那岛上,1821年在那里死去。

拿破仑曾取得了远超过此前的名帅亚历山大、汉尼拔、恺撒和菲德列大帝等世界著名统帅的战绩,但他不知道急流勇退的深层含义,一心想成为世界的主人。但最后也只能是先陷于西班牙游击泥潭,再败于莫斯科,功业终结于滑铁卢。如果拿破仑能够见好就收——不攻打滑铁卢,他也能够在原有的基础上取得更大的成就。可一切都已经过去,能够让我们深思的也只有:当退则退,当收就收,切莫太贪心。

刘邦灭项羽后入都长安,诸位开国元勋正喜气洋洋准备享受富贵荣华之时,为刘邦立下汗马功劳的首要谋士张良却突然病了,并且病得不轻,

"杜门不出岁余"。张良病得如此厉害，为何身体比张良好的刘邦后来都病死了，而张良还活着？原因就在于张良知道自古功高之人少有长命者，于是他就急流勇退，见好就收。

刘邦佩服的人有张良、萧何、韩信三个，刘邦曾说："夫运筹帷幄之中，决胜千里之外，吾不如子房；镇国家、抚百姓、给馈饷、不绝粮道，吾不如萧何；连百万之军、战必胜、攻必取，吾不如韩信。此三者，皆人杰也。"而"三杰"中，韩信以"谋反"罪被戮于长乐宫，萧何以"贪污"罪被捕入狱，此皆功高震主之故也。敌国已破，劲敌已亡，留下这三个本事比刘邦大的人还有何用？难怪刘邦听说韩信已被吕后所杀的消息后，"且喜且怜之。"萧何经入狱之后，被吓破了胆子，在刘邦面前服服帖帖，如临深渊，如履薄冰，多少减轻了刘邦的顾虑。而作为"三杰"之首的张良，此时自然成了刘邦的心腹大患。如果让他居于民间，只能让刘邦更不放心。所以，张良便"病"了，而且病得朝不保夕，此亦士人在封建专制重压逼迫下想出来的全身之策，外示病弱权作保命全身之计。可见张良之深谋远虑。

另一个就是清朝末期的曾国藩。他的湘军打进南京的时候，太平天国的王宫里面，有许多金银财宝，都被曾国荃搬走了。这件事，连曾国藩的同乡至交好友王湘绮，亦大为不满，在写《湘军志》时，固然有许多赞扬，但是把曾氏兄弟以及湘军的坏处，也写进去了。曾国荃的修养，到底不如哥哥，还有一些重要干部，对于外来的批评，都受不了，向曾国藩进言，何不推翻清朝，进兵到北京，把天下拿过来，更曾有人把这意见写字条提出。曾国藩看了，对那人说："你太辛苦了，疲累了，先去睡一下。"打发那人走了，将字条吞到肚中，连撕碎丢入纸篓都不敢，以期保全自己的性命。这时曾国荃很不服气，为此，曾国藩给他写了一首诗："左列钟铭右谤书，人间随处有乘除。低头一拜屠羊说，万事浮云过太虚。"劝他学习古人，明白"功高震主"的道理，当退时则退，不要太贪心。因此，曾国藩保全了自己和自己的家族。

秦朝的宰相李斯，是历史上一个很有名的人物，对秦始皇统一中国有很大的贡献。在古人看来，他本已应该满足了，但是他却十分迷恋权力和富贵，宦官赵高利用他这一弱点，诱迫他与自己合作，伪造秦始皇的遗诏，帮助秦二世胡亥夺取了皇位。后来这个指鹿为马的赵高，为了架空二世，篡夺朝内外的大权，就设计诬陷李斯，把李斯杀害了。到了被腰斩的那一刻，李斯才明白一生是为名利二字所累，对儿子说，他非常想回到过去那个与儿子牵着大黄狗，一起从上蔡东门出去追逐狡兔的悠闲日子。但是那已经是不可能了，李斯的家族都被诛杀了。由此可见，悲剧之始就在于自己能否在已经取得相当不错的成就时及时收手。如果能够做到这一点——"功成身退"，乐又何少？

大凡智者都知道如果功成之后，不能够及时退身的话，小则失官，大则丢命。所以，都选择了功成身退。

1371年，朱元璋授予为他平天下、治天下，立下了汗马功劳的刘伯温弘文馆学士，封开国翊运守正文臣、资善大夫、上护军、诚意伯。刘伯温为了免遭朝廷官场斗争的不测之祸，随即上书明太祖，要求辞仕过隐居生活。原因有二：一是青少年时立下的报国志得以实现，位至开国功臣之列。二是他生就这豪爽刚正、嫉恶如仇的思想性格，在为朱元璋出谋划策时曾得罪过不少人，像宰相李善长、胡惟庸等人，就是对明太祖朱元璋，他也常常直谏不讳。因此，他想尽早从官场的漩涡中抽出身来，急流勇退。洪武四年二月，刘伯温回到浙江青田南田山（今浙江省文成县）故里，在乡间每日读书吟诗，饮酒弈棋，谢绝同一切官府来往，静心修养，乐哉快哉。说刘伯温上书请求辞职含有被迫原因，还可以从他后来被朱元璋剥夺俸禄一事加以佐证。1373年，胡惟庸当上了丞相，他对刘伯温曾经在明太祖面前不同意自己担任丞相一事怀恨在心，故诬陷刘伯温在故里谋占有王气之地为自己墓地，图谋不轨。朱元璋因疑心极重，遂于第二年下旨剥夺了刘伯温的俸禄。刘伯温被迫忍气吞声进京说明真情，不想在京积忧成疾，1375年3月他重病不起，被送回乡里，一月后逝世。

如果刘伯温在朱元璋登基称帝的前夕，隐退故里，恐怕也不至于后来遭到剥夺俸禄的冤屈。由此看来，政治斗争中的急流勇退宜早不宜迟，否则，虽辞职也难保全终身。

功成身退，避祸自保，避免与敌手正面相撞，使自己得不偿失，同时也体现一个人的胸襟。美国第一位总统乔治·华盛顿，在美国独立战争胜利后，主动辞去大陆军总司令职务，不当国王当农夫，回到了蒙特维尔农庄当他的种植园主，重温"在葡萄树和无花果树的绿阴下享受宁静的生活"。嗣后，即在连任两届美国总统后，华盛顿又主动辞去总统职务，不搞终身制。可以说，华盛顿的任职与辞职，都是为国为民，不存在为个人索取什么，这充分体现了一个伟人的坦荡胸怀和一位将帅崇高品格的风范。1782年，美国独立战争已结束，胜利后不久，一些阶层和集团都主张华盛顿效仿英国政体——君主制，"登基"做美利坚合众国的"国王"。华盛顿统率的军队也表示支持。对此，华盛顿表示愤怒和坚决反对。他挥笔疾书："让我恳求你们，如果你们对你们的国家还有一丝尊敬之情，如果你们还为你们自己和你们的子孙后代着想，或者你们还尊重我的话，那么就从你们的头脑中彻底清除这种念头。我认为这个念头包藏着可能降临我国的巨大灾难。"1783年12月23日，华盛顿在安那波利斯正式交还大陆军总司令委任状，返回到蒙特维尔农庄与家人团聚，恢复了一个平民的身份。

美国独立后，建立起来的是资产阶级和奴隶主联合专政。当时，软弱的联邦政府毫无实权，国库空虚，负债累累，投机商人囤积居奇，大发横财。作为革命原动力的广大人民群众仍旧生活在水深火热之中。因此，美国人民的不满情绪日益高涨。1786年秋，在独立战争发源地的马萨诸塞州爆发了一场谢斯农民起义。美国独立战争的胜利果实正"濒临混乱和毁灭的边缘"（华盛顿语）。为此，华盛顿决定再度出山。1787年，华盛顿主持制定宪法会议。1789年，华盛顿又以他的特殊地位、荣誉和声望，当选为美国第一任总统。宪法规定，每届总统任期4年。华盛顿连任了两届后，就在他离世的前一年1798年，在美法关系恶化、战争一触即发之时，已经卸职回到蒙特维尔农庄的华盛顿，又应新总统的召唤重披戎装，担任一支新建军队的总司令，继续为国效劳。为国为民，鞠躬尽瘁，死而后已，这是华盛顿任职与辞职的本质所在！更是功成身退的至高境界！

尤其是，当你已经预见到了将来的生存危机，而你想追求的又是另外一种生活的时候，不妨作个有先见之明的人，在恰当的时候选择毫不犹豫地"功成身退"，现在的社会给我们提供了相当宽松的环境和各种各样的机遇，抓不抓得住全凭我们自己。

狼道智慧之五十一：
注重实效，忽略虚荣

人们常讲"死要面子活受罪"，一句普通的话语里包含着深刻的人际关系原理。

所谓的"面子"，美国的 Pro. Steven W. Littlejohn 在《Theories of Human Communication》里有这样的定义：面子是指在他人在场的情况下一个人的自我形象，它包括有关尊敬、荣誉、地位、联系、忠诚和其他类似的有价值的感受。也就是说，面子是一种文化感受，拥有了它，这个人就可以在自己所处的社会文化范围内获得良好的自我感受。

不同的人会有不同的面子，即不同的成功和感受。对一个人来讲，面子可能就是指他是一位好父亲；对另外一个人来说，面子意味着对商场商品的购买力。当然，因在某一专业的成功而可能获得的许多东西也是面子的一种表现形式。

在相同文化背景下的一些人们，他们在互相的交往过程中，彼此之间的态度会决定面子的有无。因此，受相同的社会文化规范约束，从极端来说，人的交往就是面子的维护过程——不是保护当前的面子不被毁坏，就是在恢复已经遭到破坏的面子。许多文化都在宣扬个人价值，其实这种价值的体现就是是否得到社会的承认，这种身份的认同是一个比较简单的面子问题。个人如果想要在所处社会群体中有面子，他就不得不去维护社会的公共利益，并追求社会人群的高影响力，所以说面子维持了社会群体规范的延续和发展，而这个社会群体规范，我们用了一个非纯粹的纯粹用语：文化。这也就是任何一个社会中，个人总要看重集体荣誉，并视自己的贡献为"有面子"。"死要面子活受罪"，就是这个人宁愿做出牺牲，也不愿危害群体的典型例子。

面子在同等的人群中具有很重要的桥梁的作用。古人讲"礼不下庶人,刑不上大夫"是维护面子而制定行动准则的一种体现。对庶人不讲礼的权力,使大夫阶层在庶人面前"很有面子",庶人承认大夫阶级的权威,在交流过程中会学习去使用礼仪,而尽量去避免刑罚;同理,刑罚也起到了相同的作用。

人在社会上是社会性的人,自我在社会中有趋于塑造自己形象的动力,即会按照社会认可度来强化自己的"人格面貌",这种追求面子的行为会给社会的发展带来良性的循环,许多人会有意地去改变自我形象来达到面子的要求。

跨文化的交流具有很多不确定的一些因素,一方认为符合面子的行为,对另一方可能是一些具有不给面子的动作。因此,了解并维护对方的面子,避免因损伤对方面子而产生冲突是跨文化交流的最有效途径。

不知是哪一年的春节晚会上有一个小品,名字叫做《有事您说话》。讽刺的是一个极其顾及自己面子的丈夫,到处逞能,到处夸下海口,不仅自己搞出许多尴尬的笑话、闹出伤病,乃至于他的父亲还有妻子都跟着一起受罪,害得好心的家人一起为他尽量遮掩,找面子。可是呢,他的口气却越来越大,嘴上还时不时地挂着这句"有事您说话"的口头语,很怕别人会小瞧了他。

一提到面子,就会想到有种虚荣的感觉,但是也正是因为有了这个面子,才让人们从此有了荣誉感、羞耻心。如果一点点都不顾及自己的面子,那也就没有了人类社会的初级精神文明。试想,如果人类个个都不顾及自己的面子,不懂得羞耻,哪里还会穿什么衣服,哪里还有什么美丑之分。如果没有为面子所引起的比较与追逐,又哪里还会有进步这个词语的存在,那我们的社会也就不会有什么发展可言了,没有了比较与追求,精神上也就停滞不前。但是,比较和追逐还是要有个限度的,不能一概地为了自己增加一点可微的面子,而形成不良的吹嘘或者是攀比之风。

对中国人来说,"面子"是个特别重要的东西。每个人都是很要面子,这毛病还是很难改。所以生活在别人挑剔的目光下，我们自然都"很要面子"。

"死要面子活受罪"这一句话说得非常经典，之所以说它经典关键在于一个"死"字。一个表示程度的副词，画龙点睛地说明了把握自己面子的"度"的重要性。恰到好处地考虑到自己的面子，可以起到增光添彩的作用，也会使自己的面子（脸）更有面子；在大庭广众之下，都要为朋友的面子考虑一下。说话是一门艺术，或者说话有时候拐弯抹角也是善意的，为了不伤害对方的面子；然而极度要面子，泛滥虚荣，难免会口无遮拦，胡乱吹嘘，这样的人自作自受，当然要活受罪了。

《孟子》中有这么一个故事，说的是一个齐国人，每次外出的时候，总是酒足饭饱醉醺醺地回家来，还在妻子面前夸口说，都是在富贵人家吃的酒。但从不见有富贵之人到他家来，所以他的妻子颇为怀疑。一天，这人又出门了，他妻子跟踪其后，发现城里并没有什么人同他说话打招呼。后来，这个人到了城外坟地中，向前来祭奠的人讨残酒和剩菜。妻子才恍然大悟：原来她的丈夫所说在"富贵人家"喝酒的真相就是如此。

这个故事中的齐人，为了在妻子面前维护自己"大丈夫"的尊严，不失"面子"，而只能去向别人讨点残羹剩饭，真是典型的"死要面子活受罪"。

"要面子"，在某种意义上来说也是在维护个人尊严的一种表现，"要面子"的人，是想用表面上的荣耀来满足自己的尊严感，这和虚荣心也是相似的。所以大凡不顾实际需要去"要面子"的人，在生活中往往只能是"活受罪"。不过，如果某种"面子"真的涉及荣誉或尊严，有点"活受罪"也是必须忍受的。

麦克阿瑟是美国的一位上将，在赴菲律宾参加战斗的时候，他是乘船去的。临行前，他说，"我是怎样去的，我将怎样回来"。当麦克阿瑟准备乘飞机回国时，想起了自己曾说过的话，该怎么办呢？于是派人去测量岸边的海水深度。回国那天，飞机停在了海水中。迎接麦克阿瑟的人看见飞机停在水中，大为吃惊，以为飞机出了故障被迫降落在浅滩上。这时，只见麦克阿瑟穿着高筒战靴，从容地从飞机舷梯上走下来。但出乎他意料的是，由于海水涨潮，水一直没到麦克阿瑟的腰际。然而麦克阿瑟没有后退，他从容地向对岸欢迎他的人说："我是怎样去的，又怎样回来了。"话音刚落，岸上的人群便响起了一阵热烈的掌声。

这件事对于叱咤风云的将军来说，似乎并不算是什么大事，但是如此认真，是不是有些死要面子？问题在于，麦克阿瑟是以言行一致的作风出名的，为了保持这个作风，不失自己的尊严，麦克阿瑟不仅处处谨慎，而且对于越是能显示这种作风的小事他就越认真。如果说，麦克阿瑟一连穿了几个小时的湿衣服是一种活受罪，那么这件事也说明一个道理，即若要维护尊严，必须付出代价。

真正的爱慕虚荣，死要面子活受罪的典型，莫过于法国作家莫泊桑笔下的玛蒂尔德。她为了满足自己的虚荣心，为了舞会上的"面子"而去向朋友借项链，结果项链丢失，她用十年的辛劳才偿还了债务。也就是十年的受罪仅为了一晚的荣光，这代价也确实太大了。更具讽刺意味的是，她丢的那串项链是个赝品，根本不值钱。

然而，在我们现实的这个社会里，也是有这种死要面子活受罪的一些人。他们爱攀比，讲排场，否则就觉得太没面子。没有钱就去借，非得"上档次"，争个面子不可，结果是负债累累，一时的风光之后，便长久地困苦不堪。许多人后悔不迭："早知今日，何必当初？"有的学生家境并不好，但偏偏出手大方，目的是为了自己在同学面前不失面子。一部电影中反映过这样一件事：一位富商的儿子庆祝自己的生日，在豪华酒店里请几位好同学，花了1000多元。后来，就是在被请来的几位同学中也有一位男生要过生日了，但是由于他家境不好，死缠硬磨才向爸妈要来了100元钱，但是酒店里的一个包间最低价也要500元。怎么办？为了不失面子，只好去打工，每天放学后都到建筑工地去筛沙子，但就在他生日的前一天，被突然倒下的大钢筋砸死了。这是一个惨痛的故事，给人们留下了一个值得深思的问题，朋友们更应该从中吸取教训。什么是真正的尊严？如何维护自己的尊严？"面子"当然是表面的东西，它并不能与真正的尊严画等号。为了真正的尊严，我们可以不惜一切代价；但是为了小小的"面子"，为了虚假的尊严而这样备受磨难，甚至牺牲自己年轻的生命，那么代价未免也太过于惨重了，是要不得的。

有时我们需要有"面子"，中国作为五千年文化的礼仪之邦，要面子就是一个突出的特点。但这个"面子"不是来自于空虚的心灵,也不能流于轻浮,"面子"应是内心尊严感的真实流露,要靠真才实学和踏实勤奋来维护,同时也必须有真诚的感情才行。的确对于要什么样的"面子"、怎样去要这个"面子",是我们尊严修养方面的重要问题。如果我们在生活中多一些真诚和信任,死要面子活受罪的事就会大大减少。在年少的时候,我们的心思要用在学习上,"面子"是要靠自己各方面的成绩来获得的,从功课到做人,每一步都给我们"要面子"的机会,也就是培养尊严的机会,所以,这些就是考验的机会!

狼道智慧之五十二:

积极应对,灵活多变

当狼靠近猎物时,会咬住猎物后腿踢不到自己的位置,像肩部、臀部、颈部等。狼群为达到目标所使用的策略是变化万千的,这就是狼性的多变,它们会随着环境的变化而变,因为这是它们智慧的生存法则,狼群正是凭借这种高明的策略而达到最终目的的。

说到以动制动、灵活应变,有人可能会认为主要体现在用兵之上。其实,在实际生活中处理事务也应当这样。以动制动也可以算是对"以静制动"理论的发展和延伸。当然,这里所说的动,并不是主观盲动和冒险,而是要积极主动、灵活应变。

宋代罗大经在《鹤林玉露·临事之智》曾云:"大凡临事无大小,皆贵乎智。智者何?随机应变,足以得患济事者是也。"从某种意义上说,所谓智者正是那些做事出人意料、见风使舵、以变应变之人。

在1966年,现代著名的文学家林语堂从美国回到台湾定居下来。同年6月,台北某学院举行毕业典礼,特邀林语堂参加,并请他即席演讲。安排在林语堂之前的几位颇有身份的演讲者,发表了冗长乏味的演讲,令台下听众昏昏欲睡。轮到林语堂时,他抬腕看了看表,已是十一点半了,于是就改弦换调。他快步走上讲台，仅说了一句话："绅士的演讲应该像女人穿的'迷你裙'，越短越好。"然后就结束了演讲。他的话一出，大家先是一愣，几秒钟后，会场上"哗"地响起一片笑声，接着与会者用最热烈的掌声表达他们对这位优秀演讲家的拥戴。在第二天，台北各大报纸上均出现了"幽默大师名不虚传"的消息。

这里，不难看出林语堂面对昏昏欲睡的听众，所采取的正是出人意料、见风使舵、随机应变的策略，并且收到了神奇的效果，充分展示出了以变应变之术的魅力。

由此可见，不管是战场还是生活，都要随着形势的变化而变化，因为世界是一个不断变化的世界，只有适应变化才能生存。"适者生存"是自然界的不变法则，而这个"适"就是一种以变应变。

孙子讲："兵无常势，水无常形，能因敌变化而取胜者，谓之神。"这就如同天上的云彩一样变幻莫测，常人很难做到"看云识天气"；世上的事，亦常常是风云突变，叫人难以把握。因此我们很难知道未来是什么样子，很难知道明天我们要面临什么。也就是说未来是很难预测的，因此，特别是作为企业的领导者，更要懂得变通的学问，在制定和执行决策时，要能够根据实际情况合理变化。只有做到了"因利而制权"，适机而动，以变应变，才能为企业的发展提供精神动力和智力支持。现代社会正是一个加速巨变的时代，凡是不能随着变化而调整脚步的企业和企业家，恐怕越来越难以生存。

变，是事物的本质特征；变，更是市场经济的基本形态。面对瞬息万变的市场，企业家的态度有三种：一是以不变应万变。如果没有实力的支撑，不是出于策略的考虑，这只是一种最消极的态度。一个新的产品问世了，而老产品就应该降价了，如果还是老产品、老价格，岂不是坐以待毙？这样的企业正应了一句古语：沉舟侧畔千帆过，病树前头万木春。二是以变应变。这种态度其实也只能算作很无奈的一种选择。人家拿出了新产品,你跟在后面来个"东施效颦";人家降价了,你慌不迭地也来个大甩卖,变来变去始终是被动应付慢一拍,在这种情况下只要能够不被拖垮就已经是不错了,新局面是难以看到的。三是以变制变。一个"制"字,情况大不一样了,而它所反映出来的只是一种主动进取的精神,是一种度势控变的能力,其效果是变反倒成了一种机遇,在变中获得新的发展。以前,有一个出海打鱼的好手,很爱发誓,他听说最近市场上墨鱼的价格最贵,就发誓这次出海只打墨鱼。然而,上帝很不给他面子,这次,打到的全是螃蟹;渔夫很失望地空手而归,当他上岸后才知道螃蟹的价格要比墨鱼贵很多。于是,他又发誓,第二次出海只打螃蟹,可是他打到的只有墨鱼,渔夫又一次空手而归。于是第三次出海前,他再次发誓这次不管是螃蟹还是墨鱼他都要,但是,他遇到的都只是一些马鲛鱼,渔夫第三次又失望的空手而归,可怜的渔夫再也没有等到第四次出海,就已经饥寒交迫地离开了人世。

像这样一位打鱼的好手,为什么会在自己最坚定的誓言中死去?如果渔夫把第一次打到的螃蟹拿回来卖掉,最起码可以保证渔夫吃饱穿暖;如果他能够把第二次打到的墨鱼拿回来卖掉,那以后的一段时间中,可以不用为肚子饿而犯难;如果把第三次出海打到的马鲛鱼拿回来,也可以填饱肚子。如果他当时能够随机应变的话,也就不会到最后饿死。但是他却把机会一次又一次地给放走了,所以说对事情就需要有随机应变的能力。

从这个故事中可以看到,一个人如果要想生活过得很顺心,就必须具有随机应变的能力。在生活中是这样,在商战中亦是这样。市场竞争,风云多变,以变应变,变不胜变,都应努力做到掌握主动权,这是一种经营之道。在商业竞争中,我们会遇到各种各样的挑战,经营决策、营销谋略、人际交往、企业竞争、商业谈判、法庭辩争等。面对挑战、面对竞争,谁能谋高一筹,谁就能赢得胜利。

在一家大公司的CEO招聘会上,有二百多个人落选,只有一个人当上了这家大公司的CEO。

为了考察应聘者的随机应变能力,主考官便出了这样的一道题:如果在一个下大雨的晚上,你下班开车路过一个车站,看见车站里有3个人,一个人是曾经救过你命的医生,一个是生命垂危的病人,一个是你做梦都心爱着的人,请问,在你的车只能坐2个人的情况下,你会选择谁来坐你的车?

在那些应聘者当中有的人说选病人,把病人送进医院再说;有的人选择医生,因为这位医生曾经救过他的命,把医生送到医院再叫救护车救那个病人;有的人选心爱的人。结果考官们都一个个地摇了摇头。

直到有个人进门后,仔细地看了看题,那个人抬起头自信地说:"我会把车交给医生,让他送病人去医院抢救,至于我,会陪着心爱的人一起等车。"考官们听后,露出了高兴的笑容,这个年轻人被录取了。

正是因为这个年轻人随机应变的能力得到了考官的赞赏,所以才被录用了。随机应变反映出了一个人的智商有多高,是否能够把某些事情应付得来。在一个聪明人的眼里,认为每一天都会是他们新生命的开始。因为人生是一条奔腾不息的河流,永远不会停留在一个地方,也不会停留在某一阶段,它需要不断地超越。超越,是升华,是突变,是人生不可缺少的阶段。正是这种超越,才使人类从愚昧无知的远古走到文明昌盛的今天。

像那些视艺术为生命、把科学看作是灵魂的人,他们是从来都不会停步的,伟大导师的非凡创造便是超越生命的典范。哥白尼的日心说,拿破仑的壮举,莎士比亚、巴尔扎克的传世之作,马克思的革命理论……他们超越了时空,架起了天然丰碑,征服和影响着世界上世世代代的人们。

有一位很孤独的年轻画家,他除了有自己的理想以外,别的一无所有。为了理想,他毅然远行。起初他到堪萨斯城的一家报社应聘,那里的良好氛围正是他所需要的,但主编看了他的作品后认为缺乏新意而不予录用,他品尝到了失败的滋味。

后来,他就在教堂里面作画。由于报酬低,他无力租用画室,只好借用一家废弃的车库。一天,疲倦的画家在昏暗的灯光下看见一对亮晶晶的小眼睛,是一只小老鼠。他微笑着注视着它,而它却像影子一样溜了。后来小老鼠又一次次出现,他从来没有伤害过它,甚至连吓唬都没有。它在地板上做多种运动,表演杂技,而他就奖给它一点面包屑。渐渐地,他们互相信任,彼此建立了友谊。

不久,年轻的画家被介绍到好莱坞去制作一部以动物为主的卡通片。这可是个难得的机会,但是他在这次机会当中并没有成功。

黑夜里，他苦苦思索自己的出路，甚至开始怀疑自己的天赋。就在这时候，他突然想起车库里的那只小老鼠，灵感在暗夜里闪出一道光芒。他迅速画出了一只老鼠的轮廓。

有史以来最伟大的卡通形象——米老鼠诞生了，沃尔特·迪斯尼也因此名扬四海。探索、创新改变了整个世界，科学的发现、人类的进步，都源自于人类对自然的舍身探索。

尼采说："生命企图树起自己的云梯——它渴求眺望到遥远的地方，渴望着最醉心的美丽——因为它要求向上！""生命企图升起，升起而超越自己。"生命也是以变应变的道理。

狼道智慧之五十三：
借力打力，借势成功

在蒲松龄《狼》一文中，有这么一段内容："方欲行，转视积薪后，一狼洞其中，意将隧入以攻其后也。身已半入，止露尻尾。屠自后断其股，亦毙之。乃悟前狼假寐，盖以诱敌。"表现出狼的狡猾，表现出狼的借势。

在市场营销中要学会运用"借势"，即新产品要设法和一些知名品牌捆到一起，达到扬名的目的，如七喜饮料的"七喜"，非常可乐就是一例。它在可口可乐和百事可乐占领了美国可乐市场的情况下，将自己定位为一种与可乐并列的饮料，很快打出名气。再比如，一种国产名酒打出"南有茅台，北有某酒"的广告，在颂扬了茅台的同时，也使自己跟着扬了名。在市场竞争的今天，越来越国际化的明天，我国的企业一定要学会借势生存。

在这方面，我国古代"商圣"范蠡堪称鼻祖。

范蠡是战国时期的名臣、名商，他在刚开始做生意时，由于本小利微，一直难以做大。后来运用借势经营法，很快致富，成为远近闻名的大富豪。一日范蠡获悉吴越一带需要好马。凭着对市场的了解，他知道，在北方收购马匹并不难，马匹在吴越卖掉也不难，而且肯定能赚到一大笔钱。问题就是把马匹运到吴越却是真的很难，千里迢迢的，人马住宿费就先不说，最大的问题是当时还处在兵荒马乱时期，沿途强盗很多，怎么办？他通过市场了解到当地有一个很有势力、经常贩运麻布去吴越的巨商姜子盾，姜子盾因常年贩运生意早已用金银收买了沿途的强盗，于是他把主意打在姜子盾的身上。

这一天，范蠡写了一张榜文，张贴在城门口。其意是：范蠡新组建了一个马队，开业酬宾，可免费帮人向吴越运送货物。不出所料，姜子盾主动找到范蠡，求运麻布。范蠡满口答应。就这样，范蠡与姜子盾一路同行，货物连同马匹都安全到达吴越，马匹在吴越很快卖出，范蠡也因善于借势、把握商机而大赚了一笔。

借势的方法很多，除了前面所说的广告定位借势，还可以在产品定位、销售方式上借势。

当企业拟推出一种新的产品时，一定要认真地研究一下市场上现有的产品，找出它们的优势和劣势，攻其不足，扬我所长，从而形成自己的产品定位。奥妮的"百年润发"现在全国有名，如果说百年润发还是属于广告借势、借名人扬名的话，那么该公司的成名之作"奥妮皂角洗发浸膏"则是属于产品定位上的借势之作。奥妮皂角洗发浸膏是创业者长久思考的结果。在产品定位上，把奥妮的定位瞄准在洗发水上，并发挥中国的中草药优势，打出了"植物一派，重庆奥妮"的口号，走了一条与洋品牌不同的路。告诉消费者们，洗发水具有化学洗发和植物洗发之分，洋品牌走的是化学洗发的路线，而奥妮却是运用传统中医理论，延续国人用中草药洗发传统的"植物一派"。

乔治·约翰逊是美国弗雷化妆品公司的一位推销员，由于看到黑人化妆品市场需求旺盛，有良好的发展前景，便伙同几名同伴，辞去弗雷公司的职位，成立了自己的化妆品公司。但是，在20世纪70年代，弗雷化妆品几乎统治着整个美国黑人化妆品市场，如果像通常那样采用开发系列产品的办法来同弗雷公司竞争是不可能的，于是乔治·约翰逊与同伴集中精力研制出一种有特色的产品，即特别适合黑人使用的粉质化妆膏。产品生产出来了，如何进行宣传呢？乔治·约翰逊决定采取一些借势经营的策略，经过深思熟虑以后，他设计出这样一句出人意料的广告语："当你用弗雷公司的产品化过妆之后，再擦上一点约翰逊的粉质膏，将会收到意想不到的效果。"起初的时候，约翰逊这一非同凡响的举动遭到了其同伴们的一些抱怨："我们自己的广告，为什么要替别人宣传呢？"约翰逊回答说："打个比方，现在全美国没有几个人知道我约翰逊，假如我有办法同美国总统站在一起的话，马上就会引起人们的注意。同样，现在在黑人化妆品市场上弗雷公司的名气最大，在广告上与他们相提并论，不正是提高我们自己知名度的捷径吗？"

看到约翰逊的这则广告，弗雷公司的反映也非常的满意，不仅没有采取任何的反击措施，而且还完全陶醉在被人追捧的快乐之中。消费者在弗雷品牌的号召力下，自然也非常乐意地顺便接受了约翰逊的产品。就这样，约翰逊粉质化妆膏的市场占有率迅速扩大。在此基础上，约翰逊悄悄地采取第二步行动，接连推出能改善黑人皮肤干燥和头发缺乏亮度的"黑发润丝精"和"卷发喷雾剂"以及同时具有美容和防晒护肤两大功能的系列产品。过了几年以后，约翰逊的化妆品把弗雷公司的部分产品都给挤出了黑人的化妆台。

约翰逊是一个非常有胆有识、有勇有谋的大智者，他依靠着强者的名声，先在市场上开辟出一块立足之地，经过不断地发展，最后成为战胜的强者。这种谋略对于创业初期的小企业来说，是一条制胜的捷径。在国外，有许多闻名于世的大企业，在初创阶段起步都很难，然而，由于他们善于运用"因粮于敌"的谋略，借用强者的力量，韬光晦迹，从小处入手，逐渐发展，最终成为强中之强。

对于新的产品来说，由于其功能和作用不为人知，一时间很难得到市场的认可，如果有办法和知名的品牌捆绑在一起销售的话，那么就有可能达到一举成名天下知的功效。对于老产品来说，如果优势不再，更要设法借势，从而调整产品定位，找准新的竞争优势。

在20世纪70年代末，IBM公司受到苹果公司个人电脑的一些冲击，决定捍卫其在电脑业"霸主"的地位，成立了一个研究小组，专职开发新的个人电脑，以与苹果电脑抗衡。为解决电脑软件的配套问题，他们先走访了研究公司的基尔道。基尔道对这送上门来的生意当然充满兴趣,不过这次他显然没有弄清状况,只想依往常惯例对每套软件收取200美元的权利金。

IBM另外也走访了微软公司的盖茨先生。盖茨很快警觉到:眼前正是千载难逢的大好机会,IBM电脑可以轻易超越苹果电脑,成为真正人手一台的个人电脑,只要跻身IBM阵营,未来前途无可限量。

为了拉拢IBM的生意,盖茨还开出了一些诱人的条件:不但配合IBM规格的需要,以及对品质的要求,特别设计磁盘作业系统(DOS);而且要价很低,只对每位用户收取不到50美元的权利金,对IBM则几乎是免费服务。不过他要求未来可以对其他客户销售略作修改的版本。这就是日后的PC-DOS与MS-DOS的由来。

盖茨的这些条件听在IBM人的耳朵里,真是顺耳极了。双方各打各的算盘,简直一拍即合。IBM人万万也没有想到盖茨这种"吃亏就是占便宜"的生意经,其实已经为微软敲开进军IBM个人电脑的大门,不但日后作业系统销售量可观,微软还可以得先天之利,开发更多应用软件,这可是数不尽的财富。但是真正的事实是,微软这里根本就没有磁盘作业系统,盖茨只是使用了他的稳军之策,隔天便跑去找朋友买来一套以应急,没想到日后却成为微软的摇钱树,盖茨真不愧是高明的生意人,他很了解搭上IBM便车是这辈子最快的成功之道。因此,对此业务可以说是全力以赴,不敢放松。

微软的成功,虽然是多种因素综合作用的结果,但其善于借势借力不能不说也是一个非常重要的因素。关于借势经营,美国商人之神约翰·华莱克有一个著名公式:生意成功=他人的头脑+他人的金钱。在信息经济和经济全球化的背景下,企业如果想做强,那么必须走开放式的发展道路,广泛借助各类外界资源(公共资源和对手资源),开门造车,借船出海,积蓄力量，发展壮大自己的实力。

　　做好借势的经营，首先就要设法形成自己的一些优势，做到"借"之有道。不仅要掌握"借"的方法，还要分析和发现自己赖以伸手外"借"的立足点。企业只有具备了外借的立足点，才可以真正发挥借势经营的功效，达到事半功倍的效果。我国的海尔集团曾与日本的三洋公司合作，在日本合资成立了三洋海尔株式会社。通过这么一合作，海尔轻易地便获得了三洋公司在日本的销售渠道，而三洋更是看上了海尔在中国的42家直属销售公司。如果海尔不是首先具备自身的强大优势，在国内已经成为优势品牌，这种合作是不可能的。其次，企业要学会化别人的优势为自己的优势。我国的联想集团，创业之初只能为IBM做电脑销售代理，不能独立生产。但通过销售代理，联想在销售渠道的组织、销售网络的构建方面学到了很多东西。后来，联想也推出了自有的品牌，由于充分地运用了销售的优势，使市场份额不断地扩大，现已成为国内个人电脑第一品牌。

　　生命能否借势，那就要看如何借势，借势的目的是什么，这完全依靠生命的敏锐和生命的智慧。因为只有敏锐和智慧，才能清晰地知道自我的需求，才能按照生命的需求去寻求能够最有效激发生命的力量，能够扩展生命力量的源泉，否则不但对生命成长不利，而且会造成对生命成长的阻碍，因此敏锐借势，生命如有神助。

　　因此，要想生命能够真正地成长，就要学会借势。

狼道智慧之五十四：

灵活应变，创新思维

　　西尔斯公司不仅是美国也是世界上最大的私人零售企业之一。它拥有30多万名职工，仅仅印刷在商品目录上的连锁商店就有一千六百多家，另外还有八百多家供应契约商，其子公司也遍布于欧美的各大城市。

　　西尔斯公司由理查德·西尔斯于1886年创办，如今已经有一百多年的

历史了。它经历了美国社会生活的几次大变革,跟上了潮流,在稳定中增长和发展,成为美国经营最成功和最赚钱的企业之一。西尔斯公司虽在采用尖端技术的领域并无令人瞩目的贡献,但它却对美国消费者的购物及生活方式产生了很大的影响。在西方商业界享有"零售业科学院"之美誉。

西尔斯这个历经百年不衰的"百货王",其主要成功经验是:决不墨守成规,而是随着形势变化而变化。

西尔斯公司初创时期,主要以美国农民为供应对象。当时美国农村比较落后,交通不便,农民的需要与城镇消费者又不相同,农民购买力虽不高,但总体上却是一个巨大的市场,要开拓这个市场,非采取一套有针对性的经营方式不可。首先是组织生产和提供符合农村需要的商品,其次是要做到价格、供应稳定,产品耐用,还要克服交通不便的困难,准时付货,建立良好的商业信誉。

西尔斯公司的创始人理查德·西尔斯原来只是一个铁路货运的钟表代理商。因为几次被顾客拒绝收货,影响了他送钟表的生意,他在无可奈何中想到利用邮局寄送,结果非常的顺利。由于他对美国农村市场的特点了如指掌,于是,经过大胆创新,逐步形成了一套行之有效的新型销售和经营策略。西尔斯经常收购一些因积压欠债而遭扣压的商品向农民兜售(这些商品绝对没有质量问题),登一次广告,做完一笔生意就告收盘。这种类似于交易会的零打碎敲的买卖,使他狠赚了一笔钱。西尔斯还在邮购商业方面动脑筋,对于印刷邮购用的产品手册,沟通邮购渠道,建设邮购专用工厂等,都均有建树。不过,由于受当时条件的限制,加之他本人缺乏高超的组织能力,所以,尽管他以自己的名字创建了西尔斯公司,但使公司真正走上大企业轨道的,却是他的继任者。

1895年,米利斯·洛森沃尔德加入了西尔斯公司,他对公司的发展,特别是邮购业务的扩展,起了极其重要的作用。

当时，邮购商业的特点是利用信件订货，然后再通过邮件付货，从而把本应有买卖双方面对面成交的市场延伸到了消费者的家庭之中，也就是顾客足不出户，坐在家里根据店方发出的商品样本或广告订货单即可订货。买主卖主不谋一面，便可以完成一笔交易。其实，邮购商业并不是西尔斯公司首创的，但使邮购逐步发展成为重要和大规模的零售商业形态的却是西尔斯公司的洛森沃尔德。

洛森沃尔德基于当时美国农村交通不便、农民进城购物困难的状况，认为邮购非常适合他们，于是他对邮购业务倾注了大量心血，并采取了一系列大胆措施。例如，他从市场调查分析入手，精心编印了非常实用的邮购商品样本，坚持了"保证满意，否则原款退还"的经营方针，建立了一个高效的组织管理系统，让管理人员既有应有的权力，又有明确的担负责任，他的经营原则是既要物美又要价廉，真正做到成本尽量地降低，售价最大化地便宜，以薄利多销来赢得顾客，此外他还坚持品质必须要保持到最好。从20世纪初起，洛森沃尔德便在西尔斯公司总部所在地芝加哥成立了邮购工厂，他采用标准的流水作业方式生产出物美价廉的商品。西尔斯公司与各主要制造商还建立起了一种与其说是购买，不如说是代理的特殊关系，从而保证了质高价廉的商品源源不断地提供给众多的消费者。洛森沃尔德的经营战略在不断地扩大起来，1900年西尔斯的营业额仅110万美元，而10年后却增长到了6100万美元，又过了10年，即1920年，已增长到了245亿美元，他当年经过深入调查编印的邮购商品手册上，农民需要的所有生活用品一应俱全，从农业机械零部件到帽鞋袜锅碗瓢盆，无所不有，至今还仍被一些商业学校用作教学的参考。"如不满意，原款退还"的方针，把买方提心吊胆改变成了卖方兢兢业业。到了20世纪70年代中期，西尔斯公司邮购营业额每年都有数十亿美元之多，遥遥领先于美国和世界其他同行。如今，西尔斯公司大力推行的邮购商业，在美国和其他发达国家，都已具有相当的规模，而美国的邮购总额更是不下1000亿美元，德国也有50亿欧元，日本也超过了1万亿日元，英国也有30多亿英镑。

20世纪20年代后期，伍德接了洛森沃尔德的班，领导着西尔斯公司向更高的层次迈进。伍德早年在西点军校学习，毕业以后到菲律宾服役，又到巴拿马参加当地的开发计划。第一次世界大战晋升为将军，主持军需物资的供给、采购及运输，得到过联邦政府勋章。战后被西尔斯公司聘为副董事长，他针对当时美国市场的变化，尤其是农村市场的变化，采取了新的经营策略，紧随市场变化而变化，他一方面继续抓好邮购商业，另一方面则以更大力量着重发展门市零售——零售商店，扩大服务对象，同时为城市居民和农村消费者服务。从1925年到1929年，西尔斯陆续开设了324家零售店铺，到1931年，零售营业额更是超出了过去邮购销售的营业额。

西尔斯公司零售商店的激增，使其提出了加强商店管理的新课题，可是过去成功的邮购业务，并没有也不可能为公司培养商店管理人才，伍德在他任公司经理的头几年时间里，对提拔、挑选、培养人员的工作抓得紧而又紧，这种重视培养人才的作风，西尔斯公司一直延续至今天，这也成为西尔斯公司不断发展、不断成功的重要因素。另外，邮购业务是高度集中的，不多的邮购业务即可供应全国，而遍布纵横几千里美国大陆上的零售商店，却不能事事均由总公司亲躬，必须有更有效、更合理的管理层次，各地区商店的独立经营和公司的统一领导又是缺一不可。既要实现中央集中采购，又要多店铺分散销售，因此伍德采用了采购部门的集权管理与销售部门分权管理相结合的新的经营组织。1948年，西尔斯公司的最高管理机关是由董事长、负责商品的副董事长、负责人事的副董事长以及负责计划与控制的副董事长五人与各地域事业副董事长组成的联合管理机构。

伍德在西尔斯任职期间，实施了一系列重大改革措施，其中最重要的就是连锁经营体系，连锁商店是在同一资本下经营性质相同的店铺的综合体，它们挂同样的招牌，用同一个店名，陈列和装潢形式也基本一样，经营的商品类别也大体一致。由于连锁商店规模巨大，是可以统一进货、统一宣传的，这样不但使进价的费用大大降低，而且还使本来巨额的广告费分摊到每一店铺的时候减少了很多，在激烈的商业竞争中必然处于有利地位。西尔斯连锁商店不仅在美国本土上获得很大的发展，其触角还延伸到了加拿大和欧洲。

20世纪50年代初期，西尔斯公司又首创了郊区型购物中心。融商业、服务业、娱乐业为一体的购物中心深受人们的欢迎，很快遍及了整个美国。郊区型购物中心的出现，不仅是商业设施上的一大改革，而且对美国消费者的购物习惯、生活方式甚至城市都产生了很大的影响。

到了1954年，领导了近30年的伍德退休并离开了西尔斯公司，此后，西尔斯公司的总裁等高级领导人员每几年就更换一次，公司的经营方式也随之发生一些变化。总的来说，20世纪50年代以后的西尔斯公司涉足的经济领域更广泛了，不仅是百货大贾，而且还成为了世界上最大的宝石商和美国最大的书肆之一，20世纪六七十年代以后，西尔斯公司不仅成为了经营艺术品的大买家和大卖家，经过发展又继而将经营范围扩展到了不动产业和金融业之中。

可以说，西尔斯公司的成功，无疑是与它历届领导者的灵活应变和紧跟市场的节奏分不开的，也正是其领导者不墨守成规，敢于创新，才有了西尔斯公司今天的辉煌。

狼道智慧之五十五：
困境崛起，全力以赴

狼的一生是充满艰辛的。在野外，一头狼可以存活13年，但大部分狼只有9年左右的寿命。然而，动物园里的狼，其寿命通常都会超过15年。显而易见，狼群在野外的生活肯定是万分艰辛，并且处处充满凶险。

生活在野外，狼就必须相互争夺食物和领地，因为狼群只能在自己的领地内进行生活、捕猎，领地的大小根据它们捕食对象的多少而有很大变化。这种情况取决于这个地区的猎物数量。在猎物分布较密集的地方，狼不必奔袭很远便可获得一顿美餐。在较荒凉的栖息地，由于只有少量的猎物存在，狼则需要跑很远的路才能猎得食物。

在狼的世界里，"适者生存"的大自然法则持续运行着，如同最虚弱的美洲驯鹿为狼所捕获一样，最虚弱的狼也会消失。狼的生存主要是依托在战胜对手、吃掉对手的方式上，否则会被饿死。而捕猎是危险的，狼在捕获猎物的时候，常常会遇到猎物的拼死抵抗，一些大型猎物有时还会伤及狼的生命。研究表明，狼捕猎的成功率只有7%~10%。

一旦捕猎成功，狼还必须警惕其他想不劳而获的动物的袭击。这些动物还经常袭击、捕杀狼的幼崽。狼必须时刻警惕来自不同方面的侵袭。最后，狼还必须与人类抗争，人类无疑是狼繁衍生存的最大威胁。

正是在这种险恶的环境中，狼才得以战胜对手，成为陆地上食物链的最高单位之一。对于人类来说，困境是产生强者的土壤。但在生活中，有很多人只会抱怨环境的恶劣，把逆境当成魔鬼，从不知道如何从逆境中奋起，不知道只有逆境才能磨炼出强者。

许多天才人物并不是天生的强者，他们的竞争意识与自我创新能力并非与生俱来，而是通过后天的奋斗逐渐形成。通过学习，谁都能有胆有识，敢于竞争，敢于创新。

不要因为弱小而不敢与人竞争，也不敢轻易创新。弱者有自己生存的方式，只要相信弱者不弱，勇敢面对敌人，我们同样能培养出竞争意识和自我创新力。

香港演员周润发，曾从事过不少令现在年轻人嗤之以鼻的工作，他以亲身经历向年轻人说明，职业无分贵贱，要学习战胜逆境。

发哥说："工作无分贵贱，我做过信差、门童与杂工，日薪8元我都做过。与电视台的第一份合约月薪500元，第二年700元，最红时拍电视剧《狂潮》，月薪也只是700元。那又怎么样？有工作寄托起码有奋斗心，不要说贡献社会那么伟大，但可以证明自己的存在价值。工作是人生经历，我的工作经历，对演艺生涯十分有帮助，每个行业的人都要靠经验摸索成长。"

发哥勉励处于逆境的人：面对困难、逆境不要灰心，关键是要以平常心面对。

自然界有一条定律，弱者自有自己的空间。的确，无论强者弱者，都有一套适应自然法则的本领,只要你认真地生活着,拥有自己的游刃有余的空间,充分发挥自己的优势,到那时,你的优势会弥补你的不足,你定能取得成功。

狼道智慧之五十六:
审时度势,当机立断

狼的残暴实际上就是一种对生存的专注,对敌人的果决。面对困境,它们当退则退;面对猎物,它们会果断出击,从不犹豫。正是由于它的这种当断则断的果决意识,所以,它们才会成功,成为独霸草原的强者。这些运用到我们生活、事业中也是非常可取的。

一个猎人在外出打猎的时候,他看到一只兔子蹲在草地上,就立即拿起猎枪瞄准。此时,他暗暗对自己说,我要是打到这只兔子就吃它的肉,然后把皮卖掉,再买只小鸡,小鸡长大后就让它孵化,等……我就卖了它们娶个老婆,老婆生个小孩,上街去打架,我就训斥他说:"嘿!臭小子……"话音刚落,兔子受惊,跑得无影无踪。

有一个朋友,在1996年的上半年里,全国商场一片红火,他便贷款修造一栋大楼,准备在下面做商场,上面做酒店。结果1996年下半年全国大中型商场过剩,在犹豫不决中迎来中国零售业态的调整与变异;于是后来准备做超市,后来别人的超市也先后地开起来,超市他又不想做了;准备把大楼卖给银行去搞金融市场,但是1998年同行的写字楼纷纷瞄准银行,且别人已捷足先登了,只好又打起高科技的牌子……这是典型的"猎人打兔子"的行动。

"决策难"导致的当断不断仍是部分企业的通病。总要照顾全面，对事物的考虑多一些情有可原。统帅不能有过多过细的知识，太多的知识使人过于优柔。企业智囊们此时在论证充分的前提下要帮助老板下决心。

决策后执行不力，那么又会造成决策层的过多反省，故而坚毅、有效的执行决策乃执行层义不容辞的责任。许多经营行为，我们实施了就实施了，没有什么反悔的。当我们面临一个新的机遇时，在充分的信息支持下的果断决策十分重要且必要，不然，企业恐怕连兔子肉也吃不上。

中国人历来善于妥协，长于通融，生活的方方面面都渗透着一种"将就"态度。对人生，有"好死不如赖活着"的说法；对婚姻，有"宁拆一座庙，不破一桩婚"的俗语。

这种处世哲学，也并不是没有一定的道理可取，只是如果太泛化的话，那还是有些不太好。比如婚姻，如果明明知道那是一潭令两个人都要窒息的死水了，为什么一定还要"泡"在里面，硬要维持下去呢？所谓孩子，所谓面子，这些因素难道真的就该成为"死亡"婚姻存在的理由吗？很多人正是因为这些因素，才一直维持着名存实亡的婚姻，可是到最后，往往孩子的幸福无从说起，大人的面子也没保住。反反复复地折腾，到最后还得痛下决心，将那个负心的人彻底地抛到一边。

所以，有时候有些事情不能将就，当断则断，该放弃就要忍痛放弃。如果早点懂得放弃，也不至于让自己一再受委屈，弄得心力交瘁。

至于那些总是犹豫不决的人，这个世上是没什么东西能帮助他们形成迅速决断的行动习惯的。因此，一个人试图面面俱到是抓不住事物的本质的。决策就是决定性的、不可更改的，一旦做出就要尽力执行，就算有时候会犯错，也比那种事事求平衡、总是思来想去、拖延不决的习惯要好。当我们致力于形成一种快速决策的习惯时，哪怕在最初这种做法显得有些机械，它也会让我们对自己的判断力产生信心。所以，这样的人便需要获得一种全新的独立精神。

犹豫不决的人常担心事情的凶吉好坏，今天做出一个抉择，明天会发生更好的可能性，总是不敢做决断。他们因此失去很多好机会，埋没很多好想法。

良机稍纵即逝，犹豫不决的人很难抓住机会。

雷厉风行难免会犯错误，但总比什么也不敢做强。

威廉·沃特说过这样的话："如果一个人永远徘徊于两件事之间，对自己先做哪一件犹豫不决，他将会一件事情都做不成。如果一个人原本做了决定，但在听到自己朋友的反对意见时犹豫动摇、举棋不定，那么，这样的人肯定是个性软弱、没有主见的人，他在任何事情上都只能是一无所成，无论是举足轻重的大事还是微不足道的小事，概莫能外。他不是在一切事情上积极进取，而是宁愿在原地踏步，或者说干脆是倒退。古罗马诗人卢坎描写了一种具有恺撒式坚忍不拔精神的人，实际上，也只有这种人才能获得最后的成功——这种人首先会聪明地请教别人，与别人进行商议，然后果断地决策，再以毫不妥协的勇气来执行他的决策和意志。他从来不会被那些使小人物们愁眉苦脸、望而却步的困难所吓倒——这样的人在任何一个行列里都会出类拔萃、鹤立鸡群。"

像墙头草一样摇摆不定的人，无论在哪个方面他都不会强大，在生命的竞赛中，总是容易被那些坚定的人挤到一边，因为后者想做什么，立刻去做。可以这样说，拥有最睿智的头脑不如拥有果敢的判断力。

成千上万的人在竞争中溃败而归，仅仅因为耽搁和延误。而数不胜数的成功者因为在关键时刻冒着巨大风险，迅速做出决定，创造了财富。

智者说："使一个人形成果断决策的个性，是生命成长中道德和意志训练方面最重要的工作。"

一个父亲试图用金钱赎回在战争中被敌军俘虏的两个儿子。这个父亲愿意以自己的生命和一笔赎金来救儿子。但他被告知，只能以这种方式救回一个儿子，他必须选择救哪一个。这个慈爱而饱受折磨的父亲，非常渴望救出自己的孩子，甚至不惜付出自己的生命为代价，但是在这个紧要关头，他无法决定救哪一个孩子，牺牲哪一个。这样，他一直处于两难选择的巨大痛苦中，结果他的两个儿子都被处决了。

快速决策和异常大胆使许多成功人士渡过了危机和难关，而关键时刻的优柔寡断几乎只能带来灾难性后果。

狼道智慧之五十七：
果断取舍，不拘一格

在狼确定目标后，它们从来都不会毫无目的地去攻击它们，而是先了解对手，它是否可以成为自己的口中之物，然后再抓住机遇。在面对目标时，狼学会了取舍，所以狼的一生在攻击目标时很少失误。

操兵如狼，进退取舍也要会使用。学会取舍，人生才能做到浓入而淡出，才能超脱自然和恬淡生活。看透得失的道理，会更加轻松把握一切，从而笑看云起云落、鸟飞鸟归。

鲁迅先生曾经对"拿来主义"作过一番评论："我们要学会取舍，对于好的东西，诸如西方的先进技术，我们要'取'，要拿来。对于又好又坏的，我们可以取它好的一面，如鸦片，可送入药房，对于无用的如'姨太太'，我们要'舍'。"

上述的一段话告诉我们：要学会取舍。的确，当今正处于世界快速发展时期，外面的世界很精彩，但我们要学会取舍，正如同打开一扇窗，我们既要呼吸新鲜空气，又要防止飞虫进入。对于好的要取，对于坏的"糟糠"便要舍。

现代的人很喜欢包装自己，将自己包成"洋"货，自以为很前卫、很"酷"，但却不知其实不过是取别人的糟糠而已。有一则报道：一家方便面厂用几百万向国外购得一套制造方便面的流水机器，结果却安装不了，一问才知道是国外已被淘汰的旧机器。如此"取"的损失可真是代价惨痛，所以，学会取舍就显得更重要了。孔子曰："择其善者而从之，其不善者而改之。"古人尚且如此，那我们呢？那家方便面厂的"取其糟糠"便是让国家蒙受巨大损失，如此"借鉴"我们要不得，因此我们一定要学会取舍。

在现代开放的经济浪潮中，会有很多新鲜事物进入我们的眼界，由于我们处在可塑性较强的时期，各方面不够成熟，且模仿能力较强，所以，我们更要学会取舍，取其精华，舍其糟糠；不要好坏一齐接受，一不小心，便会"一失足成千古恨"，终身悔恨不已。

但愿在以后的生活中，不要出现那些不好的事情，多一些"取其精华"，少一些"取其糟糠"，做到取舍得当。

一个年轻人非常羡慕一位富翁取得的成就，于是他跑到富翁那里询问他成功的诀窍。

富翁弄清楚青年的来意后，什么也没有说，转身就到起居室拿来了一只大西瓜。青年迷惑不解地看着，只见富翁把西瓜切成大小不等的三块。富翁把西瓜放在青年的面前说："如果每块西瓜代表一定程度的利益，你会如何选择呢？"

青年盯着最大的那块说："当然是最大的那块了。"

富翁笑了笑说："那好，请用吧。"

富翁把最大的那块西瓜递给青年，自己却吃了最小的那块。在青年人还享受最大的那块西瓜的时候，富翁已经吃完最小的那块。接着，富翁微笑着拿起剩下的那块，还故意在青年人眼前晃了晃，大口吃了起来，其实，那块最小的和最后一块加起来要比最大的那一块大得多。

青年明白了富翁的意思：虽然富翁吃的西瓜没有自己吃的大，却比自己吃得要更多。

不要被眼前的利益冲昏了头脑，适时地放弃眼前的利益，是获得更大成功的前提。

取舍之间，彰显智慧。人生的成败在于取舍。有能者善取，通悟者懂舍。取舍有道，张弛有度，便是人生的最高境界。

那什么才是我们应取的，什么又是我们该舍的？

鱼和熊掌是不可兼得的，则舍鱼而取熊掌。这便是取舍的基本境界——择优而从之。从某种程度上说，这可以反映个人志向的高低。志向高的，才会选择熊掌；志向远的才会有能力去取熊掌。正如大鹏与麻雀，一个胸负壮志，在苍穹下振翅高飞俯瞰大地；一个心胸狭窄，在树林间胡乱穿梭不晓青天。所以取舍的第一层含义，便是要我们树立远大理想。

生和义，也是不可两全的，于是便舍身取义。这便是取舍的更高境界——通悟。世间万物，皆不能永存，今日取得也终有一天会消逝。只有有限之上的无限，才是永恒，才是真正该取的。以人度之，这便是生存之上的思想与精神。有人一生无忧无虑，却碌碌无为最终被人遗忘；有人一生屡遭磨难，却精神崇高虽身死而灵魂犹存。所以取舍的第二层境界就是要求我们通悟自然，通悟生命。

智人无己，神人无功，圣人无名。这种舍弃自我的至高之境，只有在有限的个体融入无限的群体与自然时才能达到。所以，取舍的最高境界是与群体、大自然的融合。雷锋说："将有限的生命投入到无限的为人民服务之中去。"这便是个体与群体的融合。伟大的牛顿说："大自然就像是无边的海洋，而我就像海滩上一个拾贝的孩子，永远不知它的广博。"最能读懂自然的他，这样指出自身的渺小，这便是个体与大自然的融合。因此，取舍的最高要求，就是可以达到舍弃自我，投入群体和大自然中。

如果你想当一名考古学家，那么你就得舍弃城市里的舒适；要想做一名登山健儿，就得舍弃娇嫩白净的肤色；要想当一名科学家，就得一丝不苟地努力；然而，要想出家，就得舍弃尘世的五欲之乐；甚至要想成佛，就得累劫行菩萨道。人，为什么不多一点坦诚，少一些掩饰？为什么不多一点忠厚，少一些诡谲？为什么不多一点纯真，少一些欺诈呢？

当然，人，不可能什么都得到；人，更不可能十全十美。

在生活中，我们应该学会如何取、如何舍。

舍取是一种态度，简单是一种心境。人生之旅，有山有水，有风有雨，人走在山水风雨中，只有学会舍弃，保持简单的心境，才能生活得踏实、轻松、安详、幸福。

人们还是不要过分地贪婪。事实上，世界上一些真正意义上的富豪，对"简单"也似乎情有独钟，人们很难从其穿着上发现其富有，有的只是"简单"。要知道，"简单"丝毫掩盖不了，也销蚀不了他们富有的财产。

当然，简单的生活不是强调人生无为、不思进取。生活中，要争取你该争取的，追求你应追求的，做到取舍有度。

"取"是一种本事，"舍"也是一门哲学。没有能力的人取不足；没有通悟的人舍不得。只有先取，才有后舍。取多了之后，常得舍弃，才能再取。所以"取""舍"虽是反义，却也是一个事物的两个方面。

人生之初时，只知道取。除了取得生命，还要取得食物，以求生长；取得知识，增长才干。长大之后，则要有取有舍，或取熊掌而舍鱼，或取利禄而舍悠闲。人生之路漫长，有坦途，也有崎岖之处和险滩。当走到崎岖之处和险滩地方的时候，就仿佛登山履危、行舟遇险，此时则更要懂得舍，如果不懂得舍"物"，那只有舍"命"了。

苦苦地挽留夕阳，是傻人；久久地感伤春光，是蠢人。贪小便宜的人，往往会失去更珍贵的东西。舍不得家庭的温馨，启程的脚步就会被羁绊；迷恋手中的鲜花，很可能就耽误了你美好的青春。

人都应该有自知之明，该得的就可以得到，不该得到的也不要勉强。不知是哪位作家的格言："来的偶然，去的必然。该来的来，该去的去。来去之间，能留下多少就算多少。"好也罢，坏也罢，都是自己的前因而造的后果，还有什么喜与忧呢？又有什么要埋怨的呢？把握当下，去完成自己的理想，哪怕只是跨出一毫一厘，哪怕是失败。其实失败是最终的成功。也许今天的舍弃，就是为了明天的得到。

舍弃你的贪欲，也许就可以轻装前进；舍弃贪欲，可以摆脱烦恼、摆脱纠缠，使整个身心沉浸到轻松、悠闲的宁静中去，去做自己要做的事，去做自己该做的事。舍弃该舍的贪欲，这样，会改善你的气质，会使你显得豁达豪爽，会使你赢得众人的信任，更会使你变得精明、理智。

舍弃失意带来的痛楚，舍弃屈辱留下的仇恨，舍弃心中所有难言的负荷，舍弃耗费精力的争吵，舍弃没完没了的解释，舍弃对权力的角逐，舍弃对金钱的贪欲，舍弃对虚名的争夺……

今天的舍弃，是为了明天的得到。"塞翁失马，焉知非福"就是一例。舍弃是为更好地拥有！

"勤——繁——清瘦——生"是郑板桥追求画竹艺术中所经历的四层境界，也正是人生所成就事业的一般规律，其中的要诀在于学会"取舍"。

事物总是在不断发展中趋于完善的，发展的过程实质是量的积累和质的飞跃，在量的积累中，取舍不当便会迷失发展的方向；面临着质的变化，不能推陈出新地舍弃，就没有突破，没有开拓进取，就没有质的飞跃。从一层境界跨越到另一层新的境界中是很艰难的，它更要求我们有取舍的勇气和魄力，更要求我们善于取舍。

生活是一门艺术，需要我们好好地经营它。

因此，生活中有许多时候是要我们取舍的，"舍"，有时表面上看来令你有损失，但实际上善于"取舍"，往往可以避免更大的损失。因此，学会取舍也是一门艺术。

狼道智慧之五十八：

物竞天择，适者生存

在狼的生存中，它懂得去认真观察和寻找目标和猎物，去适应周围的环境，在狼的生存中也存着这种"物竞天择，适者生存"的危机意识。因此，狼在那个优胜劣汰的动物界中，从不守株待兔，它会主动出击，所以，它们才能在狼族中生存，在自然界中生存。狼，虽不是高级动物，但却是很优秀的动物之一。它之所以能屹立在世界的大家庭中，正是这种精神在鞭策着它。

生活，就是生存中发生的事情，生活根本就不会静如止水、波澜不惊的，我们时时都会面对各种事情的变故。生活不可能总是一帆风顺、一马平川，我们也会遭遇失败和挫折。生活不可能总是如歌行板、水乡夜曲，我们也会碰到厄运和灾祸。所以，当我们的生活出现变故时，当我们的生活出现失败和挫折时，当我们的生活降临厄运和灾祸时，我们面对的首要问题就是要学会适应环境。

有一只虎皮鹦鹉飞出笼子逃走了。能够重新获得自由本是件好事，但是十多天后，人们在森林里发现了它的尸体，在果实累累的林子里竟会有鸟饿死！用看林老人的话讲："家养的鸟儿，用不着找吃找喝，慢慢地会失去寻食的本领，一旦飞出笼子，难免饿死。"这便是物竞天择，适者生存的道理。

因此，生存如同登山一样，经验丰富的人，便可以披荆斩棘，勇往直前，往往会到达光辉的顶点。缺乏锻炼的人，不是因为迷失方向而功败垂成，就是因为体质太差而被淘汰。"自古英才出寒家"，寒门之子，在忧患中学会了克服困难的方法，掌握了生存的本领，成为人生的"适者"。那只饭来张口的笼中鹦鹉在累累秋实面前饿死，原因很简单：物竞天择，适者生存，一切生存的生物都必须适应环境。因为他们适应了生活环境，就有了一套自己的生存本领，这样才会使生命繁衍不息。

同样，我们生存的地球之所以是热闹的，就是因为它有适合生物生存的条件。与别的生命相比，我们人类能如此"高级"，就是由于我们更能适应环境的变化。而我们这一代要想适应高速发展的时代，也只有从小、从现在起培养自己适应环境的能力，才能在以后的道路上共同去面对将来的艰辛和苦难，致使自己在人生的道路上出类拔萃。

国外的一家森林公园里养殖了几百只梅花鹿，环境幽静，水草丰美，又没有天敌，但是过了几年，鹿群非但没有发展，反而病的病，死的死，竟然出现了负增长。这大大违背了养殖者的初衷，使他们百思不得其解。后来他们接受建议，买回几只狼放置在公园里。在狼的追赶捕食下，鹿群只得紧张地奔跑以逃命。这样一来，除了那些老弱病残者被狼给捕食了之外，其他的鹿体质不但日益增强了，而且数量也迅速地增长。

从这个故事中我们可以清楚地看到，它所提示的是优胜劣汰的自然进化法则。人类社会也同样是遵循着这样的法则——在竞争中求生存。特别是在这个竞争日趋激烈的社会中，我们的意识、追求、精神状况、人与人之间的关系都会成为影响我们自身发展的因素。因此，我们必须得学会适应；适应自己所处的环境、适应我们所面对的压力和竞争。否则，我们面对的只能是被社会所淘汰的结果。

达尔文曾经说过"能够生存下来的并不一定是那些最强壮的,也不是那些最聪明的,而是那些对变化做出快速反应的"。也有经济学家曾说:千规律,万规律,经济规律仅一条:就是适者生存。决定一个人的生活境况、富贵贫贱的因素,始终脱离不了适者生存、不适者遭淘汰的原则。因此,适应社会、适应环境就会成为一个人行为的导向。因为适者才能发展,不适者就将被淘汰。竞争生活的人都按适者生存的原则行事,于是一个社会衡量人成败的准则,就决定了人们的发展方向。

1977年出生的金忠玉,18岁到了长春市的轧钢厂,做了一名轧钢工,在一年的时间里,刚满19岁的他便下岗了。可以说为了能让他端上个铁饭碗,将来有个好前程,他的父母供他读技工班,又费尽周折进了轧钢厂,终于让他当上了一名国企职工。可说下岗就下岗了,一切都成了泡影。金忠玉说什么也别不过这个劲儿,家里人想尽办法、四处托人,试图把他调到别的国有企业,保住这个铁饭碗,然而,一次次的希望在一次次没有结果的等待中破灭。

在梦醒以后,金忠玉就开始出去找活儿了。应该说,与众多的下岗职工相比,金忠玉有着他绝对的年龄优势,年轻力壮的小伙子,到哪都有人要。他先后跟车跑过运输、当过家具搬运工、喷漆工。后来,他听说完达山乳业公司招聘业务代表,也就是送奶员,他就报了名。那天他穿着一身笔挺的西服,系着领带,打扮得特别酷。其实,当送奶员哪里用得着这身行头呀?招聘者便问了他一句:"你是来应聘站长的吗?"就这么简简单单的问话,却让金忠玉的心里撒下了希望的火种。

在他以后做送奶员期间,做得极其投入,也极其认真。有一位客户要求每天在5点半把牛奶送到,因为他女儿6点上学,送晚了怕耽搁女儿上学,送早了按门铃怕影响睡眠。于是金忠玉每天在5点半之前就赶到这个客户家的楼前,看着手表等,留出1分钟的上楼时间,5点半准时按响门铃。日复一日,风雨不误。金忠玉周到细致的服务赢得了客户的普遍好感和信任。有的拉他进屋吃饭,有的往他手里塞水果,有的干脆把续订奶的钱直接放到奶箱里。一分耕耘一分收获,在这支送奶员的队伍里,金忠玉的工资始终名列前茅,从送奶员升到班长,终于又成为一站之长。金忠玉也没有想到自己对于这个工作竟能干得如此得心应手，一种久违的自豪感、成就感在他年轻的胸间久久涌动。

有人问他，想长期干下去吗？他想了想说："这不好定，但有一条我认定了，无论是'铁饭碗'还是'泥饭碗'，适合自己干的就是最好的饭碗。"

的确，物竞天择，适者生存，只有我们去适应所在的环境，跟上时代的潮流，才不会被时代给淘汰。作为一名社会成员，它要求我们必须学会面对挑战，学会在压力和竞争面前保持良好的心态，并能根据问题的发展使自身做出正确的变化和调整。墨守成规、循规蹈矩是工作中的大忌，我们要学会用发展的眼光看待问题，懂得创新，只有这样自己才能适应社会的发展，在工作生活中大展自己的才华和抱负。

事实上，在现代社会里，也只有竞争才能让我们永葆活力，不断向前发展。如果我们生存在一个毫无竞争压力的"温室"中，我们的意志也最终会在安逸中一点一点地被消磨掉，从而失去自己的思想和活力。

当然，我们也应当明白天才并不是天生的强者，他们的竞争意识与自我创新能力并非是与生俱来的。我们不要因为自己的弱小就不敢参与竞争，任何一个人的成功都是由一点一滴积累而成的。只要我们善于利用自己的生存空间，抓住机遇，勇于创新，充分发挥自己的优势，就一定能够在竞争中脱颖而出。

曾有一位伟人说过，发展才是硬道理。今天，市场经济却教会我们，"适者生存"也是一个硬道理。

因此适应便是金。正是在不断的适应中，我们坚定了意志、磨炼了毅力、增强了自信、培养了才干、开拓了眼界、增长了见识、丰富了阅历，从而不断成长，不断成熟。也正是在不断的适应中，我们咀嚼了酸甜苦辣，遍尝了人生百味，饱览了人生风景，体验了成功喜悦，从而充实了人生的内涵，丰富了生命的色彩。

优胜劣汰，鼓励竞争，鼓励公平的竞争。这样才能激发人的斗志，激发人的潜力，也只有如此，我们才能从风雨和坎坷中学会适应，在适应中去显现人生的风流，谱写人生的华章！

第五章
进退有据　八面玲珑

　　道就是不断挑战敌人，不停地在战斗中磨炼自己，增长自己的战斗技能与生存经验；然而，狼并不仅仅凭借蛮干而为人瞩目，狼的狡黠与智谋同样出色，勇猛、耐心与智谋三者结合，造就了狼在自然界长达上百万年的生存历史。

狼道智慧之五十九：
退后一步天地宽

在日常生活中，当自己的利益和别人的利益发生冲突，友谊和利益不可兼得时，首先要考虑舍利取义，宁愿自己吃点亏。

一位住在山中的禅师，有一天趁夜色到林中散步。

当散步归来时，他见到自己的茅屋遭小偷光顾，找不到任何财物的小偷要离开的时候在门口遇见了禅师。

原来，禅师怕惊动小偷，一直站在门口等待，他知道小偷肯定找不到任何值钱的东西，早就把自己的外衣脱掉拿在手上。小偷遇见禅师，正感惊愕的时候，禅师说："你走老远的山路来看我，总不能让你空手而归呀！夜凉了，你带着这件衣服走吧！"说着，就把衣服披到小偷身上，小偷不知所措，低着头溜走了。

禅师看着小偷的背影穿过明亮的月光，消失在山林之中，不禁感慨地说："可怜的人呀！但愿我能送一轮明月给他。"说完之后，就看着窗外的明月，开始了打坐。

第二天，他在阳光温暖的抚触下，从极深的禅定里睁开眼睛，看到他披在小偷身上的外衣被整齐地叠好，放在门口。禅师十分高兴，喃喃地说："我终于送了他一轮明月！"

林则徐有句名言："海纳百川，有容乃大。"与人相处，有一分退让，就受一分益；吃一分亏，就积一分福。相反，存一分骄，就多一分挫辱，占一分便宜，就招一次灾祸。

1863年1月8日，恩格斯怀着十分悲痛的心情，把妻子病逝的消息，写信告诉了马克思。过了两天，他收到了马克思的回信。信中的开头写道："关于玛丽的噩耗使我感到意外，也极为震惊。"接着，笔锋一转，就说自己陷于怎样的困境。往后，也没有什么安慰的话。

"太不像话了！这么冷冰冰的态度，哪像20年的老朋友！"恩格斯看完信，越想越生气。过了几天，他给马克思去了一封信，发了一通火，最后干脆写上："那就请便吧！"

20年的友谊发生裂痕！看了恩格斯的信，马克思的心里像压了一块大石头那样沉重。他感到自己写那封信是个大错，而现在又不是马上能解释得清楚的时候。过了10天，他想老朋友"冷静"一些了，就写信认了错，解释了情况，表白了自己的心情。

坦率和真诚，使友谊的裂痕弥合了，疙瘩解开了。恩格斯在接到马克思的来信后，以欢快的心情立即回了信。他在信中说："你最近的这封信已经把前一封信所留下的印象清除了，而且我感到高兴的是，我没有在失去玛丽的同时再失去自己最老的和最好的朋友。"

再看一个事例：

历史上的舜敬父爱弟，可他的弟弟——象，表面看起来敬兄，内心却总想害死他。

有一次他们俩去挖井，舜正在井内时，象却突然把井口封死；象认为舜必死，就想打他两位夫人的主意，于是来到舜家里。

不料，舜大难不死，已从井的另一个出口脱身回到家里。象刚进门，见舜在弹琴，只好尴尬地说："我正惦记看你呢。"

舜只是平静地说："多谢你的美意。你真是我的好兄弟，以后你协助我一起管理臣民吧。"

舜有如此广阔的胸怀，是他成就一代帝王大业的重要基础。

老子说："约束自己而丰厚他人，所以群众乐于被用，而所得是平时的几倍。……谦逊辞让，作为德的首位。"

一个人，对于事业上的失败，能自认错误，就能让人感德；有成就时，能让功于他人，就能让人感恩。老子说："事业成功了而不能居功。"不仅让功要这样，对待善也要让善，对待得也要让得。凡是坏处就归于自己，好处都归于他人。他人得到名，我得他这个人；他人得到利，我得到他这个心。二者之间，真正聪慧者自会权衡其轻重。

曾国藩说："敬就要小心翼翼，事情不分大小，都不敢忽视。让，就什么事都留有余地，有功不独居，有错不推诿。念念不忘这两句话，就能长期履行大任，福祉无量。"

有人说："自谦，人们就越服从；自夸，人们就越怀疑。我恭敬就可以平人的怒气，我贪婪就可以引发人们的争端，这都是在于我的为人而已。"

现实生活中，人与人之间相处，不能没有交往。而交往就必须有个准则，使大家共同遵守，才不至于乱套，这就是对待人的道理。而对待人的道理，最高的准则，就在于儒家所提倡的："一切在于求取最完美最高尚的道德。"

能有所追求，一方面在心中有所持守，另一方面在执行时有所遵循。这就是准则，也有人称为规范。因此我们如果以宽容的心境和幽默的态度对待他人有意或无意施加的羞辱和难堪，我们往往可以从消极的情绪中解脱出来，免得事态恶性发展。

孔子周游列国时，有一次在郑国与弟子们失散了，他只好独自站在东门等候。一个郑国人对孔子的弟子子贡说："东门有个人，长得奇形怪状，累得好像丧家之犬。"子贡把这句话告诉了自己的老师，孔子坦然笑道："说我像丧家之犬？确实是这样，是这样的啊！"

作为一代宗师的孔子居然能在学生面前对这种侮辱性的语言一笑了之，的确表现出万事师表的气度。

当你心胸开朗、神情自若的时候，对于那些蝇营狗苟、一副小家子气的人，就会觉得他的表演实在可笑。但是，凡人都有自尊心，有的人自尊心特别强烈和敏感，因而也特别脆弱，稍有刺激就有反应，轻则板起脸孔，重则马上还击，结果常常是争面子反而没了面子。

试问，当你说我是傻瓜，我说谢谢你的赞誉，你还能说什么呢？

狼道智慧之六十：

顺势而为，避免冲突

"言多必失""祸从口出"的万世警训在今天依然见证着它的价值，不能说没有它的道理。

发生在台北县萧某一家三口灭门血案，在警方锲而不舍地调查之后，已宣告侦破。犯罪嫌疑人邓某被捕后，坦承因受经营起重机生意的萧某"讥讽"而萌生杀机，并在行凶后担心事情败露，而再杀其妻女灭口。

邓笑文表示：两个月前，死者萧某用话刺激他、耻笑他，并用手指指他胸前，笑他"没什么用"，开起重机那么久了，仍然是"给人请（聘雇）"，不像他自己开起重机没多久就当了老板。对这样的"讥讽"，邓某怀恨在心，后来萧某只要与他碰面，就不断嘲笑他，以致使他萌生杀人泄恨之心。

据警方表示，犯罪嫌疑人邓某心智健全，但因受到对方不断地讥讽和嘲笑而杀人，这成为历年来灭门血案的特殊案例，虽然属于极端事件，但颇值得社会大众警惕。

古人早有明训："言语伤人，胜于刀枪。"许多人常以"嘲弄"他人或者与他人"抬杠"为乐子，也有部分综艺节目的主持人，戏称未能在比赛中过关的来宾"笨"，或嘲笑比赛者的长相"丑"。有些虽然是属玩笑性质，但总让人觉得不妥，毕竟"尖酸刻薄""有失厚道"的言事批评，会使听者产生不悦；严重的，正如灭门血案的被害人一般，遭到杀身之祸，后悔莫及。因此，古人说："丧家亡身，言语占八分"，似有其道理，真是叫人不得不谨慎。

其实，言辞起冲突而萌生杀机的情况，不只是在中国会发生，国外亦有所闻。法国巴黎有一名"美食专栏作家"，经常在文章中不是特别赞誉某家餐厅，就是严词批评某些餐厅的菜肴。有一次，此专栏作家在专栏中对一餐厅的菜色做"像猪食"的评语，以致激怒了餐厅老板。该老板事后特别再请此美食专栏作家去试吃"精致美味的佳肴"，不料美食专家吃完后脸色大变，晕倒在地，送到医院时气绝死去。餐厅老板被警方逮捕收押后，坦承"设毒宴"下毒，他说："批评我们的美食像猪食的人都该死！"

这真是叫人瞠目结舌，"专栏作家"们下笔时可得小心点，就像你说话一样，若言词过于尖酸刻薄，批评太过分，可能也会"惹祸上身"。

事实上，不管是男人或女人都一样，只要被一些不中听的话激怒，都可能会因情绪状态失控而口出狂言，大打出手，最后鼻青脸肿。宜兰县头城镇有两家相邻的家具行，因同行竞争而相忌，又因轿车被刮痕而引起言语冲突，于是两家除了动口怒骂、动手狠揍互殴外，又用口"互咬"。结果，41岁的林先生鼻子被咬落于地，他忍着疼痛拾起半截鼻子，赶至罗东博爱医院求救缝合，另一方是53岁的许先生，也在"口齿互咬大战"中，下巴被咬下一块肉，鲜血溅满脸孔和家具，也痛苦万分地赶赴医院缝了十多针。

上述因说话而遭到杀身之祸及打得鼻青脸肿、咬掉下巴的实例，似乎叫人觉得不可思议，有些好笑，不过，也让人再次想到"丧家亡身，言语占八分"。

"大礼不辞小让"，做大事的人哪顾得了那些鸡毛蒜皮的小事？错矣！

不拘小节常被人看作是大度潇洒的表现，知道吗？大事全部是由不起眼的小事组成的，唯有把每件小事做好，才有可能做成大事业。更何况，许多生活社交上的所谓小事也许不会给你带来明显的财富收入，但却是一个人修养素质的全部体现，是一个人潜在的形象及人际资源方面的投资。

给我触动很大的是一位同学的话，他说他不会同我们另一位同学合作。我很惊讶：大家都是同学，生意上又可互惠互利，为什么呀？他说："这么多年了还是一点长进都没有，我听着他嚼口香糖的声音就想吐。还有我拉他去跟人家谈判，出来后我真为有这样的同学而丢人，他的形体语言太夸张了，总是喜欢跟别人唱反调，一直到双方都十分尴尬的时候才住嘴。让对方觉着我们跟人家不在一个层面上，怎么做生意啊！"

这位同学人不错，也有不少其他优点，但修养、个性上的这些小问题竟然给他带来如此大的负面影响，真是出乎我的意料。

如果你抬杠、辩论、反驳，有时或许会取得胜利，但这种胜利是最为空洞的，因为这意味着你再也得不到对方的好感了。

狼道智慧之六十一：
做人办事别怕扮黑脸

常受人请托的人往往具有某些相当正面的评价，受人尊敬，脸上风光。所以有些人认为，倘若拒绝别人的请求，恐易对自我面子产生负面的影响，于是，拒绝与否在取舍之间便难以掌握。如此一来，原本帮忙的意愿不高，却又勉强答应，结果发生后悔的情形就相当常见了。

事实上，那些考虑形象会受影响的理由往往是一种借口，由于自己意志不坚，而勉强答应请托的例子屡见不鲜。这些意志不坚的人，通常认为断然拒绝对方的请求未免显得太过无情，而若是在答应后方觉不妥且又力不从心难以履行诺言时，再改变心意拒绝对方，显然已经太迟。因为，等无法做到允诺的事情，再提出拒绝，给人的印象更糟，甚至需要付出相当的代价去弥补缺失或兑现承诺。如果这件事只限于个人的烦恼，还称得上不幸中的大幸，若因此事而与要求请托的对方，发生不愉快的情形，甚至产生怨恨、敌视，演变成双方人际关系上的对立与冲突，岂不更得不偿失？

对于必须拒绝的事，究竟该如何面对呢？简单地说，只要有点勇气和智慧，不顾忌脸面，你就能够轻松过关了。

固然，一开始就斩钉截铁地说"不"，委实不妥，然而不要因此而放弃表示拒绝的权利。即使这样做会破坏他人对自己的期望或好感也应在所不惜，何必勉强自己成为偶像型的人物呢？

人要想活得轻松，最好不去背无谓的"人情包袱"，不要因为拒绝了别人而有愧于心，不要为说自己对别人的请求无能为力而感到丢脸，不要因为扫了别人的面子而难为情，不要违背自己的心意去硬充大头，不要怕扮黑脸。

启功先生是当代著名书法家、大学教授，是一位炙手可热的大名人。因此，登门造访的人总是接连不断，简直踏破了门坎。

直言不讳地说，到先生家的人虽多，但纯为探访而不有求于先生者可谓寥如星宿。求的内容，大致有二：一是举办某某活动，欲请先生光临、捧场；二是求先生挥毫写字，用先生自己的话说则是，"将白的写成黑的。"其实这都顺理成章。先生名头太大，在活动中一露脸，立即有大群记者一拥而上，电视转播，报纸载文，举办者脸上添光，知名度鹊起，有极高的社会效益。而字，一则具有高度艺术价值，挂于客厅中可临摹，可欣赏，可炫耀；二则虽人人都不会公开承认，但私下里一致认同，可卖大价钱，视为可居的奇货，能获得可观的经济效益。

试想，如果对这些人一一照顾，个个给面子，老先生岂不是要累死？那些人个个是厚黑高手，全有一套死缠硬泡、登鼻子上脸的功夫，委婉地拒绝是不顶用的。因此，老先生有时对他们毫不客气，干脆"黑"起脸来，将其拒之门外。

一日，电话铃声忽然大作，启功先生正在处理文稿，犹犹豫豫本不想接，但打电话的人极有耐心，先生又恐是老朋友或公家部门打来，接了，一问对方姓名，并不认识。问何事，对方称先生曾为某书题签，现该书已出，欲明日亲自送来。先生当即说："谢谢。不过这样的小事，你也不必跑了，通过邮局寄来即可。"对方不干，非要前来，称为探望。先生解释道："我现在很忙，身体又不大好，你来我也无力接待，请原谅，书还是寄来吧。"对方不肯。先生索性挑破窗户纸，单刀直入，问："你说你还有什么事吧？"对方称没事，就是想看看他。先生答道："你既然那么想看我，也行。我给你寄张相片去，你可以从从容容地看。"此人仍不罢休。

几个回合之后,先生被逼到"墙角",于是说:"好吧,你明天何时来,说个点儿,认识不认识我这儿,就在大门口,你也不用进我的门,你不是就为看我吗?咱俩就在门口对着看。你看我,我瞧你,你要近视,带上眼镜,我也带上花镜,好好瞧瞧你,看半个钟头,够不够,若不够,看两个钟头也行。"对方听先生动怒,又拉出一张"虎皮",说先生的某某老友也要同来。先生再一细问,对方又说先生的这位老友前些日子出差在外,不知明天能否回来。先生气得不得了,干脆挂上了电话。魔高一尺,道高一丈。打电话的人脸皮够厚,老先生脸子够"黑",看谁能斗过谁?

狼道智慧之六十二:

韬光养晦,掩藏锋芒

有些人,总在众人面前显示自己,以表示他的博学多才,殊不知这是有智者最忌讳的;而"小心眼"的人并非如此。

当领导的,没有哪个人不想美名远扬的,殊不知这里面都潜伏着无数的危机。因此,古代大臣中的一些大智者,总注意把握住一个分寸,不要使自己的光芒太为耀眼,以致使得君上的形象显得相形见绌,黯然失色。

萧何是最早支持并参与刘邦起事的亲信,在亡秦灭楚兴汉的事业中立有大功。刘邦在论功行赏时,将他排在功臣之首,并给了他可以佩剑穿履从容入宫朝见的特殊待遇,以示恩宠。

后来韩信被诬为谋反,当时刘邦率兵出征在外,是萧何为吕后设计除掉了韩信,解除了刘邦心头的一大患。萧何由此从丞相提升为相国,封地增加了五千户,还给了五百名士卒做他的警卫,朝中大臣无不向他表示祝贺。当时,只有一个叫陈平的秦朝遗老独去志哀,对萧何说:"你不日将有大祸临头了,如今主上风餐露宿转战于外,而足下坐镇京师,并未立有战功,主上之所以给你增加封地,设置卫队,是由于韩信刚刚谋反,主上对你心存怀疑,以此加以笼络,并非是对你的宠信。请足下让出封赏不要接受,并将自己的家产拿出来资助前方军队,主上必然高兴。萧何认为他说的十分有理,依计而行,刘邦果然十分高兴。

又过了一年,英布谋反,刘邦又一次率兵出征,却从前线一再派回使臣打听萧何在干什么。萧何在京师尽心尽责地安抚百姓,筹备粮草,输送前线,如同他多年来所作的那样。又有人对萧何说道:"足下不久将有灭族的大祸了。足下如今位为相国,功列第一,官不可再升,功不可再加,可足下自入关中十几年来,甚得民心。如今主上派使臣来打听足下的情形,是担心足下名声太大,对他构成威胁。足下何不到处压价买田,高利放债,使民有怨言?只有如此,主上才会对你放心。"萧何听从了他的意见,这样做了,刘邦果然十分高兴。

当刘邦班师回朝时,老百姓纷纷拦路上书,状告萧何,刘邦一点儿也不怪罪萧何,反而将老百姓的状纸交给萧何,笑着对他说:"你自己处理吧!"

萧何是刘邦的贫贱之交,刘邦亲口将他封为第一功臣,为什么刘邦对他还相信不过呢?这是因为,政治斗争是一个不断地、一分为二的裂变过程。当年项羽、刘邦共同对付秦朝,秦朝灭亡了,项羽、刘邦这一对盟友翻了脸,打了起来;项羽被消灭了,刘邦集团内部又发生了裂变,中途入伙的韩信、英布又被刘邦视为异己的力量;韩信、英布垮台了,刘邦的核心集团又该找出新的打击对象了。

萧何树大招风,自然首当其冲。萧何虽然不断地自毁名声,却并未能消除刘邦的猜疑,就在刘邦将状纸交给萧何的同时,因萧何顺便请求将皇家花园中的荒废土地拨出一些交给百姓耕种,刘邦立刻变了一副面孔,说萧何故意讨好百姓,将他收进监狱。

刘邦之类最高掌权者的逻辑是这样的:你盘剥百姓,结怨于民,那是不足挂齿的小事一段,他不仅不会管,还会加以纵容;你要真正想替百姓办一两件好事,说一两句公道话,而影响了他的权威、名声,他便非要整治你不可。

所以,干些蠢事、坏事,有意识地掩饰一下自己的美德卓行,也不失为一种保全自己的策略。曹丕当了皇帝以后,对他的兄弟们十分刻薄,防范也十分严密,虽然这些兄弟们都被封为"王",却都是徒有其名。他们全都被打发到远离首都的封地,不许随便回到首都来;每个人手下只有百十名老兵作为守卫,使他们无法凭借武力作乱;还派了官员来监督他们,有点儿小错就被上报朝廷,遭到谴责。这些兄弟虽然贵为皇亲国戚,实际上连个平民百姓也不如。

只有那北海王曹衮,为人谨慎,勤奋好学,没有任何过错。那些监督他的官员说:"我们奉皇帝的命令来监督大王的行动,有过错就应当举奏,有善行也应该据实报告。"于是联名写了份报告,称赞曹衮的美好品德。

曹衮一听到这个消息,吓得大惊失色,指责官员们说:"严格要求自己,这是任何人都应该如此的,而你们却报告了朝廷,这岂不是给我增加麻烦吗?如果我真的有什么好品德,朝廷自然会知道,你们这样联名上书,只怕要适得其反了!"

曹衮曾对儿子说:"与其因受到宠爱而遭受灾祸,不如贫贱而无灾无难。"他的生活十分俭朴,并让妃妾们亲自动手纺线织布,如同平民之家一样,因此他最后得以保全性命。

从这两个例子可以看出,在特殊情况下,应当适时地"藏而不露",这并不是一种逃避,而是一种处事的方法。

狼道智慧之六十三:

大智若愚,大巧若拙

迟钝,而且是佯装迟钝,是有些人最难做出来的,但是,它是吸引人的重要因素之一。因此,即使是反应相当敏锐的人,最好也不要完全显露于外,而要佯装迟钝一些。

头脑太聪明、个性太精明的人，通常都很难应付。由于脑子整天转个不停，不论什么事情都会事先预测好，让人有松懈不得的感觉。同时，一旦发现别人的缺点，便会立即指出来，即使没有当场表明，也会让对方觉得："这个人不知道有什么企图！"警戒之心油然而生。这种让人随时心生警戒的人，怎么还有魅力可言呢？所以，如果让这种类型的人物登上领导者的宝座，部下们恐怕再没有好日子可过了。

　　领导者的主要任务，即是让部下的能力得以充分发挥。

　　领导者必须从部下身上得到以自己的立场无法思及的想法，同时也要让部下在自己无法照顾到的方面充分活动才行。

　　如果领导者的作风太过敏锐、精明，与之接触的人都会受其指责，如此一来，部下当然不会轻易将自己的真正想法告诉领导者，并将自发性的活动压抑下来；同时，如果领导者虽没有实际采取指责部下缺点的行动，但平常所表现的行为过于敏锐，部下也会自然畏缩，因为他们的内心会认为："我何必自找麻烦，以致被上司挑毛病。"

　　由此可知，领导者的表现如果过于敏锐，便成为使部下充分发挥所能的障碍。如果领导者能稍微掩饰自己的锋芒，使部下的能力得以充分发挥，那才是一位魅力十足的成功领导者。

　　例如，被称为"装有电脑的推土机"的田中角荣，即属于这种类型的人物。由于他兼备极其精密的计划能力，以及超群绝伦的实行力，所以才得此称号。

　　不过，何以田中角荣只被称为"电脑推土机"，而没有被称为"电脑刮胡刀"呢？因为推土机的马力虽然很大，但却不很敏锐，而田中的表现也略微迟钝，正好和推土机的性质相同。田中角荣就任总理大臣之后，倡导"日本列岛改造论"，并加以实行。观其实践方式，便使人产生一种并不是依赖敏锐头脑，而是依靠踏实的作为进而成功的感觉。

　　但后来的田中角荣，不再坚持过去那种单纯和有些迟钝的形象，而将内心的敏锐确实显露于外。据专家研究，田中角荣所表现的敏锐作风，多半是由于他依靠财富力量所获得的强大权力引起的。其实，田中角荣本身至今仍保有相当浓厚的迟钝性格色彩。从他牵强地使用强力压迫有关单位改变洛克西德事件对他的不利裁判，结果反使自己不得不下台的情形，即

可充分证实这一点。

大平正芳也是位因未将内心的敏锐显露于外而取得成功的人物。其实，他是个相当聪明，且反应灵活的人。由于生性酷爱读书，当他就任池田首相的秘书官时，不论多么忙碌，都会抽空逛逛位于神田的书店街，并买几本中意的书回家品味。大平正芳一向以说话速度慢条斯理而闻名，其实这可能是他故意隐藏敏锐的真面目，佯装成反应迟钝，而予人安心之感，此乃避免受人攻击的巧妙方法。

如此看来，迟钝不光可以成为点燃下属智慧的火花，而且还可以隐藏锋芒，使自己逃脱众矢，从而成功地保全自己。

狼道智慧之六十四：
涵养气量，以静制动

不可否认，狼是自然界中的强者，是动物中最强的一员，"强"在它有着极大的气量。狼不会为了所谓的尊严在自己弱小的时候，去攻击比自己强大的东西；狼也不会为了嗟来之食而向别人摇头摆尾，因为它知道，不可有傲气，但决不可无傲骨，这就是强者的气量；狼会冷静地去面对眼前的一切，但绝不会向别人低头献媚，而出卖自己的灵魂。

在现实中，一个人的气量就是指才识和品德的高低，指能容纳不同意见的度量。那么，静就是气量的一个重要方面。

有气量的人总能掌握一种外圆内方、绵里藏针的为人处世技巧。会让别人的攻击因为没有着力点而发挥不到一点作用；相反，自己只需轻轻一击就可以令竞争对手受到重创，这可谓是真正的高手需要做的事情。

冷静是一种财富，此种财富的取得需要我们付出很多的时间与沉重的代价。而冷静还是一种无形而又非常有用的资本。

杭州的一位驯兽师讲过一个故事。他训练了一只狮子。有一天他进笼与它交流，一进门，风就把笼门关上了，他下意识地摸了一下自己的衣袋。这个动作被狮子误解了，狮子突然怒吼起来，瞪着他。他心中一阵慌乱，如果狮子进攻他，他必死无疑。

他站在那儿不动，脸上露出了笑容，眼睛直视着狮子，时间一分一分过去，狮子慢慢从暴怒中恢复过来，舍下他一边去了。

他用钥匙轻轻打开了笼子，刚走到外面，身子就软倒了。

冷静是一种战斗力，在最为关键的时刻，它的表现十分显眼，同时还格外地有力量。作战也正是靠着这种冷静，如同上面的这个例子，冷静有时候就是自己的救命稻草，凭借智慧战胜了一个又一个同自身相对的强大对手。

如果不能够做到冷静就会给自身带来很多坏处。

冷静是一种无形的战斗力量，是一种强烈厚实的财富，当你拥有它的时候一定要好好珍惜，好好使用。它会带你克服一个又一个困难，直至夺取冠军。

在人的生命当中，有很多问题都需要以一颗冷静的心去面对，在小的时候面对老师一次次的提问，面对着一道道计算题；毕业时面对的是选择继续深造，还是择业；应对面试官那令人费解的盘问，人生当中所面对的一次重大的决策等，都需要我们冷静地去应对。学会沉着地去应对，认真思考，你才能真正找到一份满意的答案，开辟出一条成功的人生之路，一次次做出正确的决策，最终取得一次次成功的机会。

历史上许多杰出人物正是具备了临危不惧这样的优点，才创造出了一次又一次的丰功伟绩。比如：毛泽东亲临沙家店进行指挥作战，尽管炮弹不时地在离他十几米远的地方爆炸，但他仍站在地图前，冷静地分析战争发展形势，从容指挥军队作战，最终取得战争的胜利。《生死抉择》中李高成面对严峻的形势与上级所施加的各种压力，他日夜认真思考，最终决定立案检查中阳纺织厂的财务状况，查出了一批贪污犯，从而避免了企业资金的进一步流失，为国家挽回了一笔巨大的财产。在这些重大难题面前，他们都是那样沉着冷静，把事情顺利地办成功了，同时也为国家作出了巨大的贡献。

在如今现实的生活当中，我们做事情就更需要学会冷静。冷静地应对一次考试、一次面试、一次演讲、一次交谈、一次约会……遇事不冷静，凭借自己的一时冲动，往往误了大事，甚至损人害己。对于马加爵一案就是一个非常好的反面例子，如果他胸怀能开阔点，遇事能冷静点，四名无辜的生命也不至于血肉横飞、僵卧衣柜，五个家庭也不会泪流满面，悲痛欲绝。

生活中有很多人和事，都是因为在突发情况下的不冷静，而使事情发生恶变，从而也使自己成了受害者。

曾经有这样一件事情：一位大学生应聘于一家公司搞产品营销，公司首先提出要试用三个月。在这三个月中，他每天起早贪黑全身心地投入工作，而且颇有业绩。当三个月已经过去时，他恼怒公司没有正式聘用而愤然提出辞职。公司一位副经理请他再考虑一下，他越发火冒三丈，说了很多过激的抱怨话。对方终于也动了气，明明白白地告诉他，公司不但已经决定正式聘用他，而且还准备提拔他为营销部副主任。就这样一闹，公司无论如何也不会再用他了。

狼道智慧之六十五：

宏阔大度，达观处世

狼有着冷静、达观的强者心态，一生都在朝着高处攀登，从不虚幻显赫荣耀，因为那里没有同类的倾轧，更没有天灾的侵害。因此，狼常保持着高昂的激情，不惜忍辱负重，始终以达观的心态，来置身于群山之巅去面对天高地阔。

达观，即对不如意的事能够想得开。大仲马的《三个火枪手》中有句名言："人生是一串由无数小烦恼组成的念珠，达观的人是笑着数完这串念珠的。"那些遇事想不开的人，通常都会在烦恼袭来之时总是觉得自己是天底下最不幸运的人，谁都比自己强，好像领导跟自己过不去，同事专与自己找别扭，连天灾人祸也偏偏轮到自己头上。当然事情并不完全是这样。其实我们每个人自从降临到这个尘世，都面对整个人生，整个社会，在漫漫的人生旅途当中，烦恼与痛苦将始终与你相伴。通常来讲，越是有所追求、越是想干点事的人可能遇到的烦恼和痛苦就会越多。

1914年12月，大发明家爱迪生的实验室在一场大火中一时间化为灰烬，损失超过200万美元，爱迪生一生的心血在这场灾难中付之一炬。大火最凶的时候，爱迪生24岁的儿子查理在浓烟和废墟中发疯似的寻找父亲，最后在实验室的门口找到了：爱迪生正平静地看着火势，他的脸在摇曳的火光中闪亮，如银的白发在寒风中颤动，微驼的背佝偻得更深了，他像一尊大理石雕像一样静静地矗立着。

"当时我真为他难过，"查理在后来回忆说，"他都67岁不再年轻了，然而眼下一切都付诸东流，再建一座如此规模的实验室是谈何容易啊！年近古稀之年的父亲能承受这样残酷的打击吗？不料，他一看到我就像个孩子似的大声嚷：'查理，你母亲去哪儿了？去，快去把她找来，恐怕她这辈子再也见不到像这样如此壮观的场面了。'"

到了第二天的早上，晨曦微露，鲜红的朝霞映满天空，爱迪生面对一片焦黑的废墟坦然地说："灾难自有它的价值，瞧，这不，我们以前所有的谬误过失都给烧得一干二净了，就像黎明驱走了黑夜，感谢上帝，这下我们又可以从头再来了，太阳会照常重新升起。"火灾刚过去三个星期，爱迪生就开始推出他的第一部留声机。

爱迪生在遭遇了人生暮年如此重大的灾难后，却能够做到坚强不屈、勇敢面对、从头再来，到最后终于获取了胜利。如果爱迪生没有达观的心态,而是灰心、沮丧、自暴自弃,那么后来的成功能够属于他吗?

在漫漫的人生路途中,勇于奋斗的人才会达观,因为生活中的小烦恼对于他根本不足挂齿。一个正在向科学尖端攀登的人,绝不会因小小的得失而唠叨上三个小时;一个立志有所创新的企业家,绝不会因一时的亏损而躺下不干。我们并不是科学家、企业家,但是大事小事同一理,伟人与凡人一样都是人。如果你的目标在千山万水的那一边,又何惧这万里之遥和一路艰辛?如果你只想到茵草地那边的柳树下乘凉,即便是被一粒小小的石子绊一跤,也会顿时感觉到倒霉透顶。

生活过得充实的人才会达观,因为他热爱生活,对生活永远充满了无限希望,深信邪不压正,美终究会代替丑,善终究会战胜恶。而生活过得空虚的人,月亮会使他感到孤独,雪花会使他感到寂寞,就是盛开的鲜花摆在他的面前也会感到正在凋谢。

人非草木,遇到不愉快的事情自然不会无所谓,然而现实不会因你烦恼而改变,生活不会因你痛苦而灿烂。人生的路啊,需要你勇敢地面对、冷静地思考、明智地选择。与其陷在痛苦中不能自拔,还不如在此好好想想今后应该怎么办,把挫折所带给自身的烦恼丢在一旁,不再去想它,它已经随风而过,已经成为生活当中的一段小小的插曲,伴随着时间的推移,它会越来越变得微不足道。人的一生需要做的事实在是非常多,多得做也做不完,以致让人生出"人生苦短"的感叹,哪有工夫再为些微不足道的事烦恼?

达观对于一个准备走完人生旅途的人来说,是多么的重要!做个达观的人吧,带着微笑看待人生的美与丑、欢乐与烦恼、如意与失意、幸福与不幸,凡事应想得开、放得下。记住雨果的话吧:"笑,就是阳光,它能消除人们脸上的冬色。"

狼道智慧之六十六：

积极乐观，人生佳境

一位哲人曾经说过：人生是一面镜子，你对它哭，它就对你哭，你对它笑，它就对你笑。由此可见，情绪的变化直接影响着对待生活的态度。若能常常被自己所鼓舞，维持好的情绪，那么就能够使自己保持一种乐观向上、健康大度的心态。如果情绪不佳，一味地和自己过不去，就会越发使自己悲观消极，意志消沉，从而一蹶不振。

无所事事就极易使人产生疲劳感，甚至还会导致疾病。悲观者有一首歌："天也空，地也空，人生渺茫在其中；日也空，月也空，东升西落为谁功？田也空，屋也空，换了多少主人翁！金也空，银也空，死后何曾握手中？妻也空，子也空，黄泉路上不相逢；朝走西，暮走东，人生犹如采花蜂；采得百花成蜜后，到头辛苦一场空。"如果一个人对待生活消极到了这样一种程度，那么哪里还能享受到成功的喜悦与人生的乐趣呢？那么，如何才能够使自己保持一种积极乐观的心态呢？不妨学会达观。不要总是把自己圈在自我的小天地里，困惑于世人的眼睛，常常担心别人的议论。自怨自艾，患得患失。要多给自己一些机会，放下包袱，轻松做人做事。自己的路怎么走，其最终的掌握权还是在于自己，顾虑太多，束缚太多，只能会淹没自身的创造能力与成功机会。

人生不如意的事常有八九，难免就会经历坎坷，陷入困境，遭遇痛苦。在这个时候我们一定要振作起精神，寻找一点对自己有乐趣的事去做，想一些能唤起美好记忆的往事，调节自我意念，尽快排除苦闷，维持乐观的心态。后悔是一口陷阱，做了的事不必去后悔，只要懂得亡羊补牢的道理就行了。要学会潇洒人生。天地悠悠，每个人都是匆匆过客中的一员。人类积累的经验告诉我们，假中有真，恶中有善，丑中有美。宽以待人，才能发现生活原来如此美好。认真地品味生活，认真地品味人格，潇洒地对待人生，达观地对待生活，幸福才能够永远与你同行。

狼道智慧之六十七：
功成身退，明哲保身

明哲保身，并非做事保守，而是一种谨慎，在古代的官场上，尤其如此，这不能不说是一种生存的大智慧。

在一般人眼中，"忠"总与"愚忠"联系在一起，实际上，"忠"不仅是一种道德律令，还是人生的黄金法则。以"忠"字自修，可以安顿心神，培养刚强之气；以"忠"字待人，可以交到真朋挚友，互济互助；以"忠"字办事，则有一种专注精一、勇往直前的精神，无坚不摧。

"忠"字是升迁晋职的必由之路，也是名垂史册的不二法门。试看古往今来，又有谁讨厌忠心之人？曾国藩作为一个饱读经史、受儒家传统文化熏染很深的人，三纲五常在他的心目中占有十分重要的分量。在家族之中，他非常重视处理家族成员之间的关系，注重对子女的教育，强调以孝悌为本，把"孝友传家"作为自己家
族的优良传统，用一句话来概括就是"父慈子孝，兄友弟恭"。曾国藩希望通过这些准则来规范家庭成员的行为，进而促进家族关系的团结和睦，从而使曾氏家族长盛不衰，香火永传。

曾国藩的祖父曾玉屏也是一个很传统的知识分子。他通过自己的言传身教让子女们通晓孝敬祖先的道理，他还非常注重处理好亲族邻里的关系。

曾国藩的祖母则是一个很懂得传统孝道的妇女，专心致力于事夫教子，不与妯娌们争利，忍辱负重。曾国藩的父亲曾麟书因为资质不高，屡屡受到曾玉屏的责骂，对此，曾麟书的态度仍然是"毕敬毕孝"，没有任何反抗之意，后来，曾玉屏病重，曾麟书又朝夕服侍，毫无怨言。正是在这种家学渊源的基础上造就了曾国藩这样一个封建时代标准的忠臣孝子。

曾国藩强调的孝悌为本，是"忠"在家族内部的表现形式，也就是要求家庭成员对整个家族负责，对家庭尽忠，不要做对不起家族、不利于家族稳定和发展的事情。为家族尽忠的原则，更多地强调了家族成员对家族的义务，从思想根源上断绝了家族成员维护自己个人利益的企图，这种以牺牲个人利益来维护整体利益的做法，就是几千年来封建秩序得以维护的重要基础。

另一方面，家族不可能完全无视家族成员的存在，也要关心他们的生老病死，以此来显示家族的亲情，但这从根本上来说并没有超出家族利益的范畴。而且，在个人利益和整个家族的利益相冲突的时候，家族的领导会毫不犹豫地作出选择，牺牲个人利益，维护整体利益。这就是"忠"字的一个基本内涵。后来，随着曾国藩事业的兴旺发达，曾氏家族的声望也逐渐达到顶点，此时的曾国藩不仅没有虚骄自大，反而处处谨慎小心。曾国藩在家书中不断地告诫家人夹着尾巴做人，不可欺凌族人，也不许欺凌乡人。例如，同治十年（1871年）三月三日，曾国藩在家书中强调：

以勤俭自持，以忠恕教子，要令后辈洗净骄惰之气，各敦恭谨之风，庶几不坠家声耳。

曾国藩在家庭中推行的孝悌同"忠"是密不可分的，治国与治家只是大小的不同，没有本质上的区别。在家族内部讲求孝道，推而广之，就是对国家的尽忠。

忠臣孝子是中国几千年来人们的道德楷模，"入则孝""出则忠"，就是这些忠臣孝子们为人处世的道德规范。"入则孝""出则忠"二者相互联系，密不可分。在家族内部，从小就培养子弟们的孝道，将来走向社会，为国家尽忠，为君主尽忠就成为自然而然的事情。曾国藩的儒学修养很好，忠君报国的思想自然而然在他的心中根深蒂固，他极力推崇"忠义"二字。曾国藩思想中的忠是忠于君主，也就是忠于国家民族。在曾国藩眼里，君主就是国家，国家就是君主。

太平天国起义后不久，因母丧守孝在家的曾国藩，受命到长沙帮助湖南巡抚办理团练，抵抗太平军的节节进攻。从此，曾国藩从一个知识分子逐渐转变成带兵打仗的军事将领，开始了在他一生中占有很大分量的军事生涯。"了却君王天下事，赢得生前身后名。"曾国藩个人的生死已经同封建王朝的兴衰紧紧地联系在一起了，把自己的聪明才智奉献给清王朝，维护清王朝的统治就成了曾国藩为国尽忠的基本形式。

在镇压太平天国的过程中，曾国藩严格以"尽忠报国"来约束自己的言行，激励自己不断地克服战斗中的艰难困苦。他信奉"君虽不仁，臣不可以不忠"，也就是说，作为大清王朝的一名臣子，不论君主怎么样，是否信任自己，是否重用自己，臣子都必须对君王忠心耿耿。正是靠着这一点，曾国藩作为一个汉族地主才得以取得清政府的信任，从一个帮办地方团练的编外人员逐步爬上了封疆大吏的重要位置，手中握有军事、财政、行政大权，其势力所及，遍布东南半壁江山，用"权倾朝野"四个字来形容一点不为过。

曾国藩之所以能取得如此显赫地位，固然跟当时清政府面临的险恶军事局面有关，但是，根本的还是曾国藩表现出的赤胆忠心，使清政府放心让他去担当剿灭太平军的重任。

随着曾国藩地位、影响的提高，他为国尽忠的观念更加强烈。他不仅要求自己做到"忠君敬上"，而且要求他周围的人也这么做。他认为在礼崩乐坏、王道不兴的乱世，只有各级官吏都把"孝悌仁义之经"作为教化天下民众的工具，使人人都懂得纲常伦理不可违的道理，才能达到天下大治。在曾国藩写给兄弟子侄的家书中，曾国藩更是屡次强调为国尽忠的大义。要求他们无论是在家还是外出远游，无论是在朝为官还是在野为民，都要关心国家大事，想方设法维护正常的封建统治秩序，维护传统的伦理道德。为此，曾国藩专门写了一副对联：

"入孝出忠，光大门第；亲师取友，教育后昆。"

同治元年（1862年）六月十六日，曾国荃升任浙江按察使，曾国藩在家书中恭贺弟弟的同时，告诫他："唯当同心努力，仍旧拼命报国、侧身修行八字上切实做去。"

俗话说，人怕出名猪怕壮。曾国藩显赫的战功带给他的不仅是声望，还有同仁的嫉妒。曾国藩作为通晓三纲五常，并且以此来作为自己行动准则的儒臣，深知人际关系的重要性，深知声誉对一个人官运的影响，因此他处处小心，时时谨慎，从而保全了自己，也壮大了自己的基业。

狼道智慧之六十八：

屈己忍志，隐机以待

在草原上，每只狼都明白：如果草场在减少而我是一只羊，那么我想吃的不再仅仅是草，我会磨尖牙齿，去寻找生肉。正因为狼非常懂得进退的尺度，因此，它们能在竞争激烈的环境中生存了下来。

古人云："木秀于林，风必摧之。"锋芒毕露的人很容易遭到别人的非议和敌视，在政治斗争中尤其如此。善于保存自己，急流勇退，不是消极地避凶就吉，而是为了养精蓄锐，待机而动，这就是韬光养晦。《周易·系辞下》："尺蠖之屈，以求信也；龙蛇之据，以存身也。"隐藏自己的才华，隐蔽自己的真实企图或目的，这是力量不足、处于劣势时以保护自己，以待今后东山再起的良谋。善于断然退避，是一个人博大胸怀的具体体现。一个人只有懂得了韬晦有度、进退有方，才能立于不败之地。

思古量今，以史为鉴，以事明理，以理示人，综合时事，与时并进，循循善诱；无论是在激烈残酷的政治斗争中，还是在现实的生活中，都应该懂得韬晦之计。

韬晦之计，铸就多少成功者，而我们更应该认真学习这一法则，韬晦之计有其极大的隐蔽性而且具有极强的实效性，它往往攻其不备而出奇制胜，取得事半功倍的效果。正确使用韬晦之计，是把握中国古代人生智慧的重要内容之一。当然,区分在使用韬晦之计经验时的善恶、美丑表现也是必要的,因为任何手段只是达到目的的途径,绝不能代替目的本身。韬晦有度,永远是智慧的形式之一。

中世纪阿尔巴尼亚的民族英雄斯坎德,在很长一段时间里,是土耳其苏丹的宠臣,统治着阿尔巴尼亚的人民。当时,土耳其已经侵占了阿尔巴尼亚,为什么斯坎德甘心情愿地为其主子效劳呢?既然他是个侵略者的工具,为什么又要称他为民族英雄呢?

实际上,斯坎德是十分仇恨土耳其的侵略行径的,特别是在他幼年的时候,他曾作为人质被扣留在土耳其,仇恨的种子深深地埋在他的心坎中。但他是个有心计的人,使用韬晦之术,取得了土耳其苏丹的欢心。苏丹送他进军事学校学习,并委以重任。他也俨然以土耳其的贵族自居,从根本上讲,似乎忘记了自己是阿尔巴尼亚人。

斯坎德受到了土耳其苏丹的信任后,尤其是当上了阿尔巴尼亚行政长官之后,就开始与各地的反土耳其力量联络,百姓们也希望他能够领导阿尔巴尼亚人民进行复国运动。但斯坎德认为这不是一个好时机,绝不能轻举妄动,否则就会前功尽弃,并且会给人民带来更大的不幸。

后来,被土耳其占领的匈牙利人民开始起义了,斗争的烈火越烧越旺,土耳其统治者为了镇压起义,从阿尔巴尼亚抽调兵力。斯坎德终于等到了有利时机,他从紧张的前线抽兵回地拉那,以迅雷不及掩耳之势,控制了阿尔巴尼亚的所有军事要塞,成功地完成了复国任务。

当土耳其调集大量军队进攻刚复国的阿尔巴尼亚时,斯坎德却将部队化整为零,巧妙地隐蔽起来,并且传出风声:"斯坎德已经躲进深山丛林。"

这是斯坎德的又一韬晦之计,他自知敌不过土耳其的大军,也了解阿尔巴尼亚各部族首领的妥协动摇性,所以从公开的战场转入到地下斗争。他不失时机地调动部队,并加以集结和训练。正当土耳其庆贺再次征服阿尔巴尼亚时,斯坎德的大军犹如从天而降一般,出现在地拉那附近,不知所措的土耳其人就这样被包围了。

斯坎德在这次战争中,牢牢地控制了阿尔巴尼亚的局面,不仅使侵略者闻风丧胆,那些动摇和妥协的贵族也信服了斯坎德。因此在欧洲,一个新兴的阿尔巴尼亚就崛起了。

狼道智慧之六十九:
衡量轻重,进退有道

《三国演义》里有一句话说:"处世不分轻重,非丈夫也。"可以看出古人对立身处世的重视,同时也说明处世对一个人的重要。处世要懂得应对进退,懂得分寸拿捏,就好比"跳探戈",能进的,向前跨进一步,不能进的,就要后退一步。总之,你要避免踩到别人的脚,否则这支舞就跳不下去了。

《尚书·旅獒》说:"为山九仞,功亏一篑。"只差一筐土而没有成功,前功尽弃,这是谁造成的?孔子回答说:是自己。

同样的道理,我们要填平一块土地,虽然现在才倒一筐上去,但如果我们锲而不舍地坚持下去,最终大功告成,这是谁造成的?孔子回答:还是自己。

所以,进退成败都在自己,而不是像俚语说韩信的那样:"成也萧何,败也萧何。"

就以韩信的事为例,成,萧何只有举荐之功;败,萧何只有谋划之力,而无论举荐还是谋划都只是外在的因素,真正内在的决定因素还在于韩信自己。因此,严格说来,不是"成也萧何,败也萧何",而是"成也韩信,败也韩信"。推而广之,则是成也自己,败也自己。

既然如此，我们就不要把进退成败的原因推之于外在的因素。不要怨天尤人，而要着力于把握自己，使自己的命运牢牢掌握在自己手中。这当然不是说不要外部条件和环境，不讲机遇，而是说，一切外部条件、环境和机遇也都是靠自己去创造、形成和抓住的，一切都要通过自己本身而起作用。

对于处世的进退之道，要注意以下四点：

第一，处治世立威望

正所谓："君子之德风，小人之德草。身处太平盛世、社会安定时，就要养成道德威望。草上之风必偃。"德风威望不是造作而有，是慈悲的流露，是德行的显发。有威望的人自能受人尊重，受人信赖，无论团体、机关、组织，领导人的威望是带领团队或组织走向盛治的条件，也是创造价值的关键。

第二，处乱世用圆通

当社会秩序混乱，人我伦理关系失常时，就不能一味守成不变，必须圆通一点。圆通不是没有原则，而是不要太过计较细节，不要太过执着于成规。观世音菩萨因为耳根圆通，所以能循声救苦；金山寺妙善禅师因为善巧度化，解决众生苦难，所以被称为"活佛"，在举世滔滔时，有一点圆融方便，才能通达人情，自利利人。

第三，处高处要谦恭

所谓"高处不胜寒"，就是当你的事业愈大、地位愈高时，就愈要懂得"低头"的哲学。名企业家张姚宏影曾说："我所以有今天的成就，是向多少人弯腰鞠躬后才有的。"慈航法师也说过："如果要人讨厌你，你尽可挺胸昂头。"谦虚恭敬不是客气，也不是虚伪，它是发自内心的柔软，是对人、事、物的尊敬、接受。处高位者能谦恭，就像金字塔一样，稳重而厚实。一个人愈懂得谦虚恭敬，才会更有人缘。

第四，处低处勤用功

有的人常有"生不逢时""怀才不遇"之叹。其实，如果你真的很有能力，可是生不逢时；或是你很有德行，却不受人重视。处在这种低潮的时候，不要着急，也不要失望，只要你养深积厚，做好"蓄势待发"的准备，一旦因缘成熟，不怕不会龙天推出。所以，一个人"不患无位，患所以立"，只要自己有实力，何患无成。

古人说："夫乾坤覆载，以人为贵，立身处世，以礼仪为本。"懂得进退得宜，出入有序，是做人处事的基本条件，否则纵使周知天下事，不懂进退，总是愚痴。尤其在进退间恭敬，在往来时宽厚，更是立身处世之道。

如果一个人言语举止没有分寸，就会有人批评他"不知进退"；如果一个人待人处世合乎法度，就会有人说他"进退中绳"。当一个人"进退维谷"时，就是说他陷入前进不了、又后退不得的窘境；一个人临事张皇失措，就是"进退失据"。一个人如果只知"进步"，那他只拥有一半的人生；还要懂得"退步"，才是完整的生命，所以，我们既要会进，也要会退。

圆满的人生，要像跳探戈一样，有进有退。如何进？何时退？其道甚大，必须运用智能，才能真正体会"韬晦有度，进退有方"的深奥。

狼道智慧之七十：
详尽调查，完胜敌人

在围捕大型动物时，狼群一般都要跟踪观察好几天，等到这些动物们吃了足够多的食物时，它们才开始袭击，因为这时候这些动物根本跑不快，抵抗能力也下降了许多。在每次攻击前，狼都会去了解对手，而不会轻视它，因此，狼的一生在攻击中就会很少有失误。

在《孙子·谋攻篇》中说："知己知彼，百战不殆；不知彼而知己，一胜一负；不知彼，不知己，每战必殆。"这句话的意思就是，在军事纷争中，既了解敌人，又了解自己，百战都不会失败；如果不了解敌人，只了解自己，胜败的可能性各占一半；既不了解敌人，又不了解自己，就会百战百败了。

不仅仅是古今中外许多军事家推崇"知己知彼，百战不殆"这一观点，它作为一种智慧，一种决策制胜方略，同样适用于社会生活的各个领域，特别适用于当前这个竞争激烈的社会。

事实上，中外众多功成名就的企业家和众多长盛不衰的企业，都非常善于运用"知己知彼，百战不殆"这一谋略的典范。

在美国《华尔街日报》上，有一篇这样的文章：

"没有别人比妈妈更了解你，可是，她知道你有几条短裤吗？"

然而，乔基国际调查公司知道。

"你妈妈知道你往水杯里放多少块冰块吗？"

可是，可口可乐公司却知道。

可以看出，在经营管理上，国外的某些公司为了真正做到"知己知彼"，对消费者有关情况的了解，竟然超过了母亲对儿女的了解。有的甚至是连消费者本人都不甚知道或者从来没有了解过的东西或事情，他们却了解得一清二楚，几乎是毫厘不差！

例如：可口可乐公司经过深入细致的调查，知道人们在每杯水中平均放 3.2 块冰块，每人平均每年看到该公司的 69 条广告。

又比如说，麦当劳公司通过市场调查，准确地知道在某个国家，每人每年平均吃掉 156 个汉堡包、95 个热狗。而汉堡公司更是绝妙，它曾经秘密地调查过，消费者在使用卫生纸时是叠起来用还是折起来用，甚至还有各自的比例是多少的记录。

美国的 73% 的企业都有非常正规的市场调研部门，专门负责对产品的调查、预测和咨询工作，每一个产品在进入新市场时，都要进行专门的市场调查，就是为了及时了解到消费者的使用情况。

非常显然，"知己知彼"的重要手段之一就是深入细致的市场调查，这也是做出正确的经营决策的主要依据，如果不进行深入细致的市场调查，决策者又怎么能够做到"知己知彼"呢？做出正确无误的决策更是不可能的了。

无论做什么事情,"知己知彼,百战不殆"这个指导思想都是十分重要的。这个道理似乎人人都非常明白,但是,在经营管理的实际操作中,能够真正地做到知己知彼的人似乎没有几个。

在广州,有一家用电器公司认为南非既然是非洲国家,一定非常热,因此就只带去了冷风空调器,当到了南非后,才发现天气非常冷!后悔当初没有带冷热两用空调器去。

还有一家企业更为离谱,南非根本就不种植甘蔗,而带去的参展产品竟然是甘蔗大砍刀。

类似这样可笑的"知己"不"知彼"的例子有许多许多。

虽然"知己知彼,百战不殆"这一经典智慧名言是我们的国粹,但是有许多的老外对这一智慧却比我们的一些国人更为精通,运用得更为细致,更加深入,在运用上更是值得称赞。

有这样一个例子:一位衣冠楚楚的外国人小心翼翼地敲开了北京市朝阳区一家普通居民的大门。这个外国人在主人的热情引导下,进屋后不仅仔细地观察了这套居室的布局和厨房、卫生间的结构,而且还认真仔细地了解家中各种家电的品牌、功能,还向主人询问了有关购买和使用这些家电的具体情况。看到这位客人对所有家电都非常感兴趣,主人感到十分惊讶,一问才知道,原来这位客人就是瑞典伊莱克斯公司的首席执行总裁!

出乎意料的是,跨国公司的执行总裁竟然亲自深入普通老百姓家搞市场调查,对于我们的许多人来说,这可以说是不可思议的事情,但是,外国人却把这看作是一种必需的工作程序。从这里可以看出,他们对"知彼"的重视程度。

人们历来都视"知己知彼"为经营决策的前提,同外国人相比,我们的决策者在这一方面做得究竟如何呢?我们应当好好地反省一下自己,比如:是否对国内外的市场行情了解得很仔细、很深入?是否对消费者的潜在需求和消费心理了解得很透彻?是否对竞争对手的各种情况明察秋毫、了如指掌?是否对目前的潜在市场具有准确的预测和估计?类似这些都需要我们好好反思一下。

从1997年开始到现今,又有一家大型外资企业大踏步地成功进入了中国市场。刚开始,该公司的广告词就只有简单朴实的六个字:尊重人,看重人。再加上一个非常醒目的 CIS 形象而已。

当人们熟悉这个 CIS 形象之后，或者说是这个品牌形象已深入人心后，在家电市场上，我们会发现这个品牌的一系列产品有十多种，惊讶之余，同一品牌的系列办公用品又铺天盖地而来；紧接着，可以说是在全国所有的化妆品商场上，在非常显眼的位置上开出了同一风格的品牌专柜，从粉底霜到睫毛膏，几十个大大小小的漂亮玻璃瓶一应俱全，应有尽有，十分抢眼，众多爱美人士对此都强烈地关注。

对于这些铺天盖地、整齐划一的铺货行动，可以看出当时运作市场的人并不是等闲之辈，而是一群非常了不起的营销精英。

他们为什么能在这么短暂的时间内迅速成功地占领市场呢？原因很简单也很复杂，那就是他们对中国市场的调查研究下足了功夫，做到了真正的"知彼"：对消费者有深入细致的了解和把握。

从这个例子来看，我们会很容易明白，"知己知彼"是商家做出正确决策的前提，它应当成为商家的座右铭，应当是商家经营决策的基本法则之一。

还有一个反面的例子：位于北京北二环路和新街口交叉路口，背靠商业区，又面临交通顺畅的二环路，有一家大白鲨酒楼，地理位置相当不错。它是以经营广东粤菜、打边炉、蛇餐等为主要特色的酒楼。当你走进大白鲨酒楼，就会发现它处在风景秀丽的什刹海西海边。坐在一层楼的餐桌前，可以欣赏到窗外什刹海波光粼粼的湖面。清风吹来，让人感觉十分惬意。真可谓是一个品尝美食的好地方。

虽然这是一个地理位置优越、环境舒适典雅的餐厅，但是开业以来，人气却一直不旺，每到吃饭时间，上座率还不到 30%。这是为什么呢？深入研究它的病症就不难发现，既不"知己"也不"知彼"是它惨淡经营的根本原因。

酒楼内部的格局设计不实用，也不尽合理，比如，每一层都是小餐桌，最多只能容纳四个人同时就餐，没有大圆桌，对于多人就餐来说，就会非常不便。而且桌椅的布置过于密集，给人一种非常局促的感觉。在经营项目上，大多数北方人对打边炉和吃蛇餐并不是很感兴趣，明显货不对路。这就是所谓的不知己。

另外，这家酒楼还不了解食客的偏好和需求。北京的食客遍尝大江南北各种菜系，吃来吃去还是觉得家常菜最亲切。北京菜馆这几年盛行的是北京菜、川菜、东北菜，而广东粤菜因为口味上与北方人差距较大，在北京始终难成气候。而且，北方人对蛇餐之类并不感兴趣。偏偏该酒楼的菜谱上有恐怖的群蛇照片！显然，这与北京食客的偏好和需求是非常不相符的。这就是所谓的不知彼。

既不知己，又不知彼，又怎么会赢得市场呢？

不过，现在的大白鲨酒楼已经彻底更新换代了，取而代之的是京味大众菜、特色菜，因此生意也越来越好了。

所以说，成功开始于"知己"。知己知彼者，百战不殆；不知彼而知己，一胜一负；不知彼，不知己，每战必殆。

马丁·舒华兹利是华尔街著名短线操盘手，他用了仅仅几年的时间就把4万美元变成2000万美元。他共参加过10次全美投资大赛中的4个月期货交易竞赛项目，获得9次冠军，有一次仅以微弱差距名列第二。他在这9次夺冠的比赛中，平均投资回报率高达210%，他因此所赚得的钱也几乎是其他参赛者的总和。在一次全美投资大赛中的一年期货交易比赛中，他创下了投资回报率高达781%的佳绩。借着参与比赛的方式，舒华兹利证明了自己是全球最高明的交易员之一。

但是在舒华兹利还没有成为成功的专业操盘手时，他有10年的时间一直浮沉于股市之中。在交易生涯的初期，他只是一位证券分析师，然而正如他所说的，在这段期间，他经常因为交易亏损而濒临破产边缘。

1978年，舒华兹利结婚，他的妻子对他的影响非常大，妻子对舒华兹利说："你出来自己干好了。你已经34岁，而且不是一直想自己干吗？就算你失败了，至多也不过再回头去干分析师罢了。"已经干了10年的证券分析师，而且已经开始对这份工作感到很厌烦，舒华兹利知道自己必须改变，也知道自己要为自己而工作，不要再看客户或老板的脸色，为自己工作是他生活的最终目标。多年来，舒华兹利一直在自怨自艾："为什么我总是不成功？"这一回，他下定决心必须成功。

舒华兹利为了能达到他的成功梦想，他首先和太太一起进行了自我分析。舒华兹利喜欢自由，希望为自己工作，而他数学很好，对于数字反应快,适合短线操作,他还喜欢赌博,担任证券分析师10年,热爱投资市场,曾经参加过美国海军陆战队,有良好的纪律性。舒华兹利在经过一番分析后,给自己设定了一个目标:成为一个短线操盘手。

接着,舒华兹利用数年时间把4万美元变成了2000万美元。到了1989年,舒华兹利组建了资本达8000万美元的投资基金,但经过一年多时间的运作,成绩并不理想。舒华兹利再次进行了自我分析,发现业绩不理想的最主要原因是:大规模资金并不适合自己的短线操作风格。最后他果断解散了基金,重新操作自己的资金,每年获利颇丰。

古人云:"知己知彼,百战百胜。"要想知彼就要先知己,自我分析就是了解自己。了解自己是一个思考的过程,并不是胡思乱想,而是一个人头脑中自问自答的过程,只有问好了问题,才能得到好的思考和自我分析;不好的问题,胡思乱想,最终不会有好的答案,分析不出自己的优势和劣势。所以,只有改善自己的劣势、发挥自己的优势,做到知彼知己,才能成为在市场上获取巨额财富的赢家。

狼道智慧之七十一:
有条不紊,万事无忧

狼知道狮子过于凶残而不得人心,老虎过于仁义而禁不起欺诈,猎豹过于君子而将机会拱手相让,大象过于憨厚只能任人驱使。而狼群的家族避免了这些缺陷,目光敏锐,勇猛顽强,善于计谋。所以,狼非常善于运用欲擒故纵、声东击西这一策略来战胜对手。

欲擒故纵,古人按语说:所谓纵敌,非放之也,随之,而稍松之耳。"穷寇勿迫",亦即此意,盖不迫者,非不随也,不迫之而已。武侯之七纵七擒,即纵而蹑之,故辗转推进,至于不毛之地。武侯之七纵,其意在拓地,在借孟获以服诸蛮,非兵法也。故论战,则擒者不可复纵。而声东击西,就是指敌方指挥不当,军如无头之蝇,乱撞乱碰,就是指不能判明和

应付突然事变的发生,这是指挥员失去分析判断情况的能力的一种象征。要利用敌人失去控制力的时机将其消灭。这真不失为一种妙计。

打仗,只有消灭敌人,夺取地盘,才是目的。如果逼得"穷寇"狗急跳墙,垂死挣扎,己方损兵失地,是不可取的。放他一马,不等于放虎归山,目的在于让敌人斗志逐渐懈怠,体力、物力逐渐消耗,最后己方寻找机会,全歼敌军,达到消灭敌人的目的。欲擒故纵中的"擒"和"纵",看似非常矛盾。但在军事上,"擒",是目的,"纵",是方法。古人有"穷寇莫追"的说法。实际上,不是不追,而是看怎样去追。把敌人逼急了,它只得集中全力,拼命反扑。不如暂时放松一步,使敌人丧失警惕,斗志松懈,然后再伺机而动,歼灭敌人。

汉献帝初平四年(公元193年),曹操割据兖州后,派遣泰山太守应劭前往琅琊迎其父曹嵩及家人百余口。途经徐州时,徐州牧陶谦为讨好曹操,特派都尉张闿护送曹嵩一行。不料,张闿杀死曹嵩及其家人,席卷财物而去。于是曹操就把账记在陶谦身上,他又以为父报仇为名,发兵攻徐州。

面对兵临徐州城下的曹操大军,陶谦自知难以抵敌,便采纳别驾从事糜竺的建议,请北海相孔融、青州刺史田楷前来相救。孔融就请刘备同去救陶谦。刘备遂欣然带领关羽、张飞、赵云和数千人马赶往徐州。

在徐州城下,刘备率军与曹军于禁所部小试锋芒,初战告捷,受困徐州的陶军也因此暂时缓解了危机。陶谦便急令将刘备迎入城内,盛宴款待。陶谦席间主动提出将徐州让给刘备,说:"当今天下大乱,国将不国;公乃汉室宗亲,正当为国出力。老夫年迈无能,情愿将徐州相让。公勿推辞。我当自写表文,申奏朝廷。"刘备听后,感到非常愕然,就急忙推辞说:"虽然我是汉室后裔,但功德不足称道,任平原相犹恐不称职。本来我是为了义气前来相助,您这样说,莫非怀疑我有吞并之心?"陶谦表白说："这是老夫推心置腹之言，绝非虚情假意。"但刘备只是推辞，始终不肯接受。糜竺见二人再三辞让，就说："现在兵临城下，且当商议退敌之策。待事平之后，再议相让不迟。"于是刘备写信给曹操，希望曹操以国家大义为重，撤走围困徐州之兵。正在此时，吕布攻破兖州，进占濮阳，威胁曹操后方。曹操就顺水推舟，卖个人情，接受刘备建议，就退兵了。

曹军撤走后，陶谦见徐州转危为安，于是就差人请刘备、孔融、田楷等入城聚会，庆祝解围。饮宴既毕，陶谦再向刘备让徐州。刘备说："我应孔融之约救援徐州，是为义而来。现在若无端据有徐州，天下将以为我是不义之人。"糜竺、孔融及关羽、张飞等皆纷纷劝刘备接替陶谦治理徐州。刘备苦苦推辞说："诸位欲陷我于不义耶？"陶谦推让再三，见刘备终不肯受，便说："如您必不肯受，那就请暂驻军近邑小沛，以保徐州，何如？"众人也都劝刘备留驻小沛，刘备才得以同意。

过了不久，陶谦染病，愈来愈严重，就派人以商议军务为名，把刘备从小沛请来徐州。陶谦躺在病榻上对刘备说："今番请您前来，不为别事，只因老夫病已垂危，朝夕难保；万望您以汉家城池为重，接受徐州牌印，老夫死亦瞑目矣！"刘备说："可让您的二位公子接班。"陶谦说："其才皆不能胜任。老夫死后，还望您多加教诲，千万不能让他们掌握州中大权。"刘备还是辞让，陶谦便以手指心而死。举哀毕，徐州军民极力表示拥戴刘备执掌州权，关羽、张飞也再三相劝。到这时，刘备才完全接受徐州大权，担任徐州牧。

从当时情况看，徐州并不是一颗好吃的果子，弄不好就会有惹火烧身的危险。即使徐州牧陶谦真心相让，其部下能否心悦诚服？这些都是很现实、很严重、很迫切的问题，刘备不得不顾虑！事实也的确如此，历史上刘备占有徐州不久，即先后受到过曹操、吕布、袁术的进攻，陶谦部下曹豹也反叛刘备而助吕布，以致刘备在徐州难以立足，最终被逐出徐州，先后依附袁绍和刘表。当然，徐州具有重要战略地位，对于刘备来说，毕竟具有巨大的诱惑力。所以，陶谦死后，刘备在外有北海相孔融的支持、内有糜竺及徐州军民的广泛拥戴下，便不失时机地同意接替陶谦任徐州牧，将徐州据为己有。真可谓是欲擒故纵的妙用呀！

无独有偶，诸葛亮七擒孟获，也是军事史上一个"欲擒故纵"的绝妙战例。蜀汉建立之后，定下北伐大计。当时西南夷酋长孟获率十万大军侵犯蜀国。诸葛亮为了解决北伐的后顾之忧，决定亲自率兵先平孟获。蜀军主力到达泸水（今金沙江）附近，诱敌出战，事先在山谷中埋下伏兵，孟获被诱入伏击圈内，兵败被擒。

按说，擒拿敌军主帅的目的已经达到，敌军一时也不会有很强战斗力了，乘胜追击，自可大破敌军。但是诸葛亮考虑到孟获在西南夷中威望很高，影响很大，如果让他心悦诚服，主动请降，就能使南方真正稳定。不然的话，南方夷各个部落仍不会停止侵扰，后方难以安定。诸葛亮决定对孟获采取"攻心"战，断然释放孟获。孟获表示下次定能击败他，诸葛亮笑而不答。孟获回营，拖走所有船只，据守泸水南岸，阻止蜀军渡河。诸葛亮乘敌不备，从敌人不设防的下流偷渡过河，并袭击了孟获的粮仓。孟获暴怒，要严惩将士，激起将士的反抗，于是相约投降，趁孟获不备，将孟获绑赴蜀营。诸葛亮见孟获仍不服，再次释放。以后孟获又施了许多计策，都被诸葛亮识破，四次被擒，四次被释放。最后一次，诸葛亮火烧孟获的藤甲兵，第七次生擒孟获。孟获终于被感动了，他真诚地感谢诸葛亮七次不杀之恩，誓不再反。从此，蜀国西南安定，诸葛亮才得以举兵北伐。

诸葛亮七擒七纵，并非是感情用事，他的最终目的是在政治上利用孟获的影响，稳住南方，在地盘上，次次乘机扩大疆土。在军事谋略上，有"变""常"二字。释放敌人主帅，不属常例。通常情况下，抓住了敌人不可轻易放掉，以免后患。而诸葛亮审时度势，采用攻心之计，七擒七纵，主动权操在自己的手上，最后终于达到目的。这说明诸葛亮深谋远虑，随机应变，巧用兵法，是个难得的军事奇才。

在现今这个竞争激烈的市场，欲擒故纵也不失为一种妙计。作为一个经营者就要懂得：将要收敛它，必须暂且扩张它；将要削弱它，必须暂且增强它；将要废弃它，必须暂且兴起它；将要夺取它，必须暂且拿给它。

美国可口可乐公司为了打开中国市场，并不是一开始就向中国倾销商品，而是采取"欲将取之，必先予之"的办法。先无偿向中国提供价值400万美元的可乐灌装设备，花大力量在电视上做广告，提供低价浓缩饮料，吊起你的胃口，使你乐于生产和推销美国的可乐，而一旦市场打开，再要进口设备和原料,他就要根据你的需要来调整价格,抬价收钱了。10年来,美国的可口可乐风行中国,生产企业由一家发展到8家,销量、价格也成倍增长。美国商人赚足了钱,无偿给中国设备的投资早已不知收回几倍,这就是先让你尝到些甜头割舍不掉,然后再实施自己的计划,这种欲擒故纵之术在商场中比比皆是。

1966年,武田制药公司推出了一项看似刺激消费的活动——"武田制药爱福彩卷"抽奖。此次抽奖设1600多份高贵奖品,参加的条件非常简单,只要消费者购买维他命一盒,便可参加。具体要求是,消费者要在空盒上注明自己的姓名与住址,以及药房的店名地址。在空药盒雪片般寄来参加抽奖时,武田制药公司动员了许多专家来鉴定盒子的真伪。通过这一活动,他们最大的目的就是使假药上钩,这些假药和出售假药的商店多数都成了武田制药公司的瓮中之鳖。

商场如战场,对于一个经营者来说,要想更好打败对手,掌握欲擒故纵的计谋是必不可少的。

狼道智慧之七十二:
迷惑敌人,声东击西

历代军事家早已熟知声东击西之计,所以使用时必须充分估计敌方情况。虽然方法只有一个,但是却可以变化无穷。

所谓的声东击西,就是忽东忽西,即打即离,制造假象,引诱敌人做出错误判断,然后乘机歼敌的策略。为使敌方的指挥发生混乱,必须采用灵活机动的行动,本不打算进攻甲地,却佯装进攻;本来决定进攻乙地,却不显出任何进攻的迹象。似可为而不为，似不可为而为之，这样敌人就无法推知己方意图，就会被假象迷惑，从而做出错误判断。

东汉时期，班超出使西域，就是为了团结西域诸国共同对抗匈奴。要想使西域诸国便于共同对抗匈奴，就必须先打通南北通道。莎车国地处大漠西缘，它煽动周边小国归附匈奴，反对汉朝。班超决定首先平定莎车。莎车国王向龟兹求援，龟兹王亲率五万人马，援救莎车。班超联合于阗等国，兵力只有两万五千人，敌众我寡，难以力克，必须智取。班超遂定下声东击西之计，迷惑敌人。他派人在军中散布对班超的不满言论，制造打不赢龟兹，有撤退的迹象，并且故意让莎车俘虏听得一清二楚。这天黄昏，班超命于阗大军向东撤退，自己率部向西撤退，看似十分慌乱，故意放俘虏趁机脱逃。俘虏逃回莎车军营中，急忙报告汉军慌忙撤退的消息。龟兹王大喜，以为班超非常惧怕自己而慌忙逃窜，就想趁这个机会追杀班超。他马上下令兵分两路，追击逃敌。他亲自率一万精兵向西追杀班超。班超胸有成竹，趁夜幕笼罩大漠，撤退仅十里地，部队就隐蔽了起来。由于龟兹王求胜心切，率领追兵从班超隐蔽处飞驰而过，班超立即集合部队，与事先约定的东路人马迅速回师杀向莎车。班超的部队如从天而降一般，莎车猝不及防，迅速瓦解。莎车王惊魂未定，逃走不及，只得投降。龟兹王气势汹汹，追走一夜，没有见到班超部队踪影，又听到莎车已被平定，人马伤亡惨重的报告，龟兹王见大势已去，只好收拾残部，悻悻然返回龟兹。

声东击西一直被古人成功运用着，同样也适用于现今的企业中。

2000年的微波炉市场，当LG与格兰仕打得正不亦乐乎时，与格兰仕同处顺德的美的集团却挟资金、渠道、研发上的优势发难，挺进微波炉市场。上市当年，美的硬是活生生地抢下了微波炉市场9.54%的份额。

卧榻之旁，岂容他人酣睡？对于美的的挑衅，以好斗为能事的格兰仕岂能坐视？格兰仕很快宣布：以20亿杀入空调市场。

虽然美的不是空调霸主，但是美的空调绝对是业内能说事的角儿。无论是谁，当你被一个偏执狂式的对手盯着发力时，心有旁骛总是在所难免的。当格兰仕高调宣扬将从美的人才队伍里"挖角"时，它的意图即可达到。格兰仕空调未曾火过，但在它的牵制下，美的微波炉的发展势头严重受制。

还有一个这样的例子：在一条街上有两家电影院，当遇到市场不太景气的情况时，两家影院的老板就会使出浑身解数争揽顾客。路南的影院推出了门票八折优惠，路北的影院接着就来了个五折大酬宾。对于顾客而言，在相同的情况下，当然都愿意去花钱少的影院，于是，路北的影院生意兴隆，路南的影院门可罗雀。

看到路北影院的大减价，路南影院的老板当然不会坐以待毙，于是一赌气，干脆来了个"跳楼大甩卖"——门票打两折。从当地消费水平和行业常规来看，影院门票在五折以下可以说已经毫无利润了，路南影院本来以为打两折，就可以把对手彻底挤垮，然后好再进行"价格垄断"，谁知他们刚刚把顾客拉过来，路北的影院接着就推出了门票一折优惠，并且每人另送一包瓜子。

路南影院没想到路北影院居然会这样做生意，门票打一折是一元钱，一包瓜子少说也得一元，这等于是白看电影呀，路南影院的老板惊得直吐舌头，路北影院的老板是不是疯了？但顾客可不管老板是不是疯了，有这样天上掉馅饼的好事绝对不能错过，于是顾客纷至沓来，影院天天爆满。

没办法，路南影院老板只得宣告倒闭，关门了事。

每个人还都以为路北影院这时会恢复竞争之前的价格，但这个送瓜子的"赔本生意"却一直坚持了下来。

就这样，半年多的时间过去了，路北影院的老板买了奥迪轿车，房子也换成了高档别墅，一副发了大财的样子。原路南影院的老板对此百思不解，为了弄清真相，便通过朋友打探路北老板的经营秘诀。

在经过一番周折之后，他终于弄清了事情的真相：路北影院一元的票价显然是赔钱的，送瓜子更是赔钱，但送的瓜子是影院从厂家订制的五香咸瓜子，看电影时嗑瓜子必然会口渴，老板便不失时机地出售饮料，饮料也多是精心挑选过的甜型饮料，顾客就会越喝越渴，越渴越买，食品的销量就会不断增加——放电影赔钱、送瓜子赔钱，但饮料却给那位老板带来了高额利润。

那个在"战争"中失利的老板终于明白了，路北影院实际上正是运用"声东击西"的技巧赚到了大钱，他采取了隐藏利润点、迂回赚钱的策略。

利润点隐蔽得好，顾客认为你做的是"赔本生意"，就会觉得自己花的钱值，从而也就会痛快地掏腰包。这真可谓是经商中的大智慧。

欲擒故纵、声东击西这一计谋，古人已给我们做出典范，因此在这个竞争激烈的市场经济中，你就要学会掌握此计，灵活运用这一计谋，它将会给你带来意想不到的收获。

狼道智慧之七十三：
冷静观察，避实击虚

狼在遇到强大的对手时，就会运用避实击虚的策略。因为它们知道以硬碰硬往往会两败俱伤，所以，当它们面对的对手非常强大时，就会找准对方的弱点，然后再向弱点进攻，就可以获胜了。

"避实击虚"是孙子重要的用兵思想。

《孙子·虚实篇》指出："夫兵形象水，水之形，避高而趋下，兵之形，避实而击虚。"又说："出其所不趋，趋其所不意。行千里而不劳者，行于无人之地也。攻而必取者，攻其所不守也。"这些话表达的都是一个意思：用兵打仗，应该避开敌人实力雄厚之处而攻击其空虚薄弱的地方，这样就能"行而不劳""攻而必取"，较容易地赢得战争的胜利。

避实击虚，以情感人

在处世之中，我们常会与其他人发生一些小的摩擦，如何能避开唇枪舌剑而巧妙地达到和解的目的呢？或者当你的能力不允许你与对方正面交锋，你如何应付呢？

有这样一个小例子：

在美国经济大萧条时期，有一位17岁的姑娘好不容易才找到一份在高级珠宝店当售货员的工作。

在圣诞节的前一天，店里来了一位30岁左右的贫民顾客。他衣衫褴褛，一脸的悲哀、愤怒，用一种不可企及的目光盯着柜台里那些贵重的高级首饰。这时，姑娘要去接电话，一不小心把一个碟子碰翻，六枚精美绝伦的金戒指落到地上。

她慌忙捡起其中的五枚，但第六枚怎么也找不着。这时，她看到那个30岁的男子正向门口走去，顿时，她意识到戒指在哪儿了。

当男人的手将触及门把时，姑娘柔声地叫道："对不起，先生！"

那男子转过身来，两人相视无言，足足有一分钟。"什么事？"

其间，男子脸上的肌肉在抽搐。

"什么事？"

他再次问道，充满着一种说不出来的哀怨神情。

"先生，这是我第一次工作，现在找工作非常不容易，是不是？"

姑娘神色黯然地说，眼眶中充满着哀伤的泪水。

男子长久地审视着她，终于，一丝柔和的微笑浮现在他脸上。

"是的，的确是这样的。"他回答。

"但是我想，您在这里会做得不错。"

停了一下，他向前一步，伸手与她相握。

"我可以为您祝福吗？"

他转过身，慢慢向门口走去。

姑娘目送他的身影消失在门外，转身走向柜台，把手中握着的一枚金戒指放回了原处。

没有批评，没有苛责，然而，姑娘却成功地要回了青年男子偷捡的那一枚金戒指。兵法中说"避实就虚"是因为"虚"比"实"易攻，而且会对"实"产生巨大的影响。而人与人相处的过程中，最关键的"虚"莫过于攻心以情感人。

如果这个姑娘以硬碰硬，先不说戒指是否会要回，肯定会给她在店里留下不好的影响，怎比得上运用"绕指柔"将它消于无形呢？我们要相信世间的美好，相信人的善良，只要我们真诚以待！

避实而击虚

商场如战场，在商战中，避实击虚也同样适用。如果"不战而全胜"是你的战略目标，那么"避实击虚"就是达到这个目标的关键。通过集中你公司的资源来攻击竞争对手的致命弱处，你就会取得成功。

日本人开发出的"精工表"，打败了具有百年历史的瑞士名表"欧米茄"就是很好的一例。很多人都知道，瑞士表是凭钟表调整师的技术取胜的。调整师谙熟机械手表的性能，对调整机械表的温度差、姿势差等整合差有着世界最高的技术水平。在这一点上，日本人只能望其项背。精明的日本人善于避实击虚，精工集团遂将目标转向石英表以期突破。石英表的运行机理是在石英上通入电流，使其发生伸缩性规律振动，然后将此振动以电气的方法连接马达来划出时间。从振动的精确性而言，机械表根本无法与石英表相比。只要拥有耐震的能力，石英表计时并不受温度等变化的影响，能达到非常精确的程度。

在瑞士，有一项纽沙贴夫天文台钟表比赛，实际上，是专门为弘扬瑞士表的威名而设置的，是一场世界钟表行业的擂台赛。1968年，当日本人把他们的精工表拿来比赛时，十五块石英表个个都排在了瑞士表的前边。这样的比赛结果对瑞士人来说就好似当头挨了一闷棍，久久无法回过神来。瑞士厂商在沉重的打击下忧心忡忡，坐立不安，直到第二年才把得分表寄往日本，同时不公开名次，并宣布从此停办纽沙贴夫天文台的钟表竞赛。这代表着有着百年辉煌历史的瑞士钟表黄金时代已经宣告结束。

从那以后，日本精工集团又开发出了"大众化、小型化"的石英表，使其为多数人所接受，在市场上站稳了脚跟。10年以后，石英表凭借其低价格和高质量的优势，很快占领了欧美市场，并且成为钟表业的主流。如今，"精工"已成为享誉世界的著名商标，精工企业是全球闻名的大钟表生产公司。在与"欧米加"的竞争中，"精工表"获得了巨大的胜利，夺走了瑞士"钟表圣地"的美誉。

春秋时期大谋略家管仲说过："攻坚则韧，乘瑕则神"，孙子也说过："兵之形避实而击虚"，指的就是这个道理。对于一个聪明的企业决策者，他会运用这一规律,以取得制敌的主动权,大敌当前绝不贸然出手,而在机动中收集信息,寻找对手的脆弱部位,然后集中力量一举击中其要害。这正如技艺高超的庖丁,他在解牛时,决不用刀乱砍,而是看准后在关节之处下刀,这样做不必费很大力气就可以把牛肢解了。

再来举一个企业的例子。凯马特(Kmart)从1990年开始,共花了三年的时间设立了153家新的折扣商店,并对原有的800家商店进行了翻新,这是它斥资30亿美元要与前景看好的沃尔玛(Wal-Mart)进行较量的战略。当时,沃尔玛正从乡村地区向凯马特所在的市区扩张。作为回应,凯马特的CEO发起了针对沃尔玛的直接进攻,降低了数千种商品的价格以提高自己的竞争力。为了弥补其他商品的降价损失,凯马特开始增加能够带来较高利润的服装销售。5年之后,这个付出巨大代价的直接进攻战略被证明是不成功的。凯马特的新店在执行该战略的最初三年里,每平方英尺的销售额由167美元下降到了141美元。凯马特所购进的服装不是积压在库,就是以清仓价甩卖。同时,沃尔玛为了竞争,将价格降到了同样水平,凯马特也未能用低价格将顾客从沃尔玛吸引过来。沃尔玛的一位经理这样说:"道理非常简单,在廉价方面没有人能够超过我们。"

在1995年初,凯马特CEO被董事会迫使辞职。这位CEO对沃尔玛优势的直接进攻给公司造成了巨大损失,使凯马特的市场份额从35%下降到23%,利润下降成为负数,股票业绩平平。而在这段时间里,沃尔玛的市场份额却增加了一倍,达到了40%;利润迅猛增长,股票价格也涨了四倍。

避实击虚的原则使发生的这一切都十分清晰明了。凯马特在沃尔玛的优势——成本结构上与其较量,因而失败了。它没能在运营成本上取得比沃尔玛低五个百分点的优势。就像沃尔玛的一位经理所说:"全面的价格战代表着他们破产会比我们快5%。"

在商业竞争中,对于一个战略家来说,你可以有几种途径来效仿这种方法,并创造出一种以自己的优势来对抗竞争对手弱势的态势。

山东惠民县地毯厂是一家从事手工地毯生产的老厂,有着三十多年历史。在20世纪80年代初期,这家工厂产品积压,严重亏损,濒临倒闭。为了挽救危机,走出困境,他们在对国内市场进行了细致分析后,又对国外市场做了认真调查。从多年的资料中可以看出,欧洲与美国是世界最重要的两个手工地毯销售市场,但欧洲市场大部分被伊朗、巴基斯坦、土耳其等国占领。由于欧洲人的绅士风气很浓,关于地毯则喜欢传统名牌,而伊朗等国的产品正适合欧洲人的嗜好。在竞争激烈的欧洲市场中,强手如林,想要打进去是非常困难的。再看美国市场,近几年手工业地毯需求量大增。美国经济发达,消费观念比较开放,不求传统名牌,只要产品质量好、价位合适,就会畅销。中国手工地毯正好适合美国人的需求。于是,该厂筹集资金,进行技术改造,大干快上,向市场紧缺而需求量大的国家和地区打开销路。从20世纪80年代中期的年产3000平方米,发展到20世纪90年代末的3万多平方米;从面临亏损倒闭发展到年创利税200多万元,年创外汇400多万美元。在商业竞争中,正是"避实而击虚"的战略方针给这个厂带来了勃勃生机。

　　用自己的优势攻击竞争对手的弱势,还可以采用其他方法。

　　中国那句俗语"同行是冤家"说的就是这个意思。那么对于从事同一行业的经营者来说,尤其是暂时处于弱势的一方,如何战胜对方,以取得更大的市场份额,是需要苦心研究的问题。兵家反败为胜讲究知己知彼,避实击虚,攻其弱处。

　　创建于19世纪90年代的世界著名的百事可乐公司,大约与可口可乐公司同时诞生,但是,到20世纪30年代,可口可乐已成为美国软饮料市场的垄断者,而百事可乐才刚刚从二次破产的烂摊子中喘过气来。百事可乐公司也曾在1933年试图转让给可口可乐,但没有成功,公司领导人格斯面对极为困难的局面决定采取"避实击虚"的战略。当时,一瓶6.5盎司的可口可乐售价5美元,格斯决定以同样的价格进行销售,但百事可乐一瓶为12盎司。由于当时正处于萧条时期,消费者很快对百事可乐公司的举措作出了反应,所以百事可乐公司在不到三年的时间便扭亏为盈。到20世纪30年代末,百事可乐已经坐上了美国软饮料市场的第二把交椅,它的12盎司瓶装可乐占到了所有碳酸饮料销售量的四分之一,这一数字大约是百事可乐1935年市场份额的四倍。而可口可乐公司则由于一些关键的合作伙伴公司——装瓶商,不愿花费更多资金,改变装瓶的生产,使得可口可乐公司直到22年后,才向市场投入了大容量装的可乐,而这时的百事可乐已经在全国建立了稳固的地位。

目前，许多商家在服装市场上，大多注重生产和销售青年人的服装，把商场陈列得五彩缤纷，琳琅满目，而对于中老年人爱穿的服装，既缺乏生产的厂家，销售的商店更是难以找到。在台湾省台北市，有一家十分有名的专做中年妇女成衣的服装公司，其创业的动机是因为该公司的经营者走遍全市所见到的全是年轻女性的成衣，而买不到适合中年妇女穿的衣服，所以她决定开设这样一个公司。由于她调查了市场的供货情况，在经营方针上"避实而击虚"，在生产品种上又根据顾客要求不断灵活变换，这家服装公司开业以来，不但生产红火，效益良好，而且又迅速地开出三个分店。

在日本，有一家名不见经传的生产表带的小厂，由于其产品难以与生产名牌表带的大厂家抗衡，所以在产品的经销中屡屡失败。怎样才能反败为胜呢？厂长想出了一个好主意，他提出："要想反败为胜，就要找出名牌表带的弱点，瞄准它，攻破它。"功夫不负有心人，他们终于找出了名牌表带的弱点，它和普通表带一样，有时，特别是在炎热的夏天，容易让人皮肤过敏或长痱子。厂长就发动职工想办法克服这一弱点。经过研究，他们想出了在表带上皮和下皮之间夹一层聚丙烯薄膜的新工艺。也正是因为这一点，使这家小厂在经营中反败为胜，该厂在后来发展成为日本一流的表带生产厂家。当有人请厂长谈成功之道时，他说："瞄准产品的弱点加以克服是非常重要的。即使是大厂家，也要继续瞄准弱点，寻找克服这些弱点的对策，这样就能不断取得成功。"

李政道先生说过："要想在研究工作中赶上或超过人家，你们就一定要摸清在别人的工作里，哪些地方是他们的缺陷。看准了这一点，钻下去，一旦有所突破，你就能超过人家跑到前头去了。"所以，想反败为胜，就必须勇于"瞄准弱点"，勤于"瞄准弱点"，善于"瞄准弱点"。

瞄准弱点，巧妙地攻击对方的弱处，从而显己之长，是每一个老板进行生产经营必须学会的一招。在商业竞争中，善于运用这种"避实而击虚"的战术，就能较顺利取得可观的经济效益。

狼道智慧之七十四：
适可而止，所向无敌

在草原上，狼是所向无敌的，但它从不称王，仅是在寂静的原野上自由地奔跑。正是这种见好就收、该收场时就收场的生存智慧，才让它们成为草原上的强者。

你见过风往一个方向吹吗？你见过谁在赌桌上永远赢下去吗？物极必反，盈满必溢，月盈而蚀，盛极而衰。世人就是不愿意明白见好就收的道理，越是精明的商人越不愿见好就收。

吕不韦奇货可居，无论头脑、眼光、魄力无人企及，堪称历代商人的极致，结果却落得一杯毒酒。沈秀与天子共筑城墙，犒天子军，元季第一富户不也落个流放而亡？郑芝龙号称海上霸主，坐拥金山，却在陆地上问斩。江春上交天子，下接权贵，财富曾叫帝王叹，身后却令其子生计艰窘。胡光庸红顶商人，可谓叱咤一时，晚景也未免过于凄凉。

难道商人就只配四个字"风光一时"？或许如此，除了帝王业可父传子、子传孙外，又有什么能真正世袭罔替？金钱无疑是流逝最快的东西，向来有言：富不过三代。

中国历史上的商人，哪一个不是一等一精明的主，都曾显赫一时，却往往不得善终，连子孙后世甚至自己的晚年都恩泽不了。

天下只有一种人在赌场是赢的，那就是赢一次就再也不进赌场的人。"不管什么买卖，我都为它设定一个极限值，当价格滑落到某个极限值左右就必须要出售，这样损失就不会太大。"这就是人人皆知的刹车理论。正如他所说的价格低到极限值时该出售，可价格高于极限值时怎么没人出售呢？一旦你已经赚到了你理想的利润，就必须出售，这告诉我们：做人应该懂得功成身退、见好就收的道理。

巴尔塔沙·葛拉西安是《智慧书——永恒的处世经典》的作者，他从

人的需要角度讲，劝诫人们要功成身退，见好就收，切忌过于贪心，踏着欲望攀升的阶梯，无止境地被欲壑所累。他写道："所有高明的赌徒均行此策。退得妙恰如进得巧。一旦获得足够的成功——即使获得了更多的成功，都要见好就收。联袂而来的好运总是可疑的，最好是好运和厄运交错而来，这样还可以使人享受苦中带甜之乐。当运气来得太猛烈时，它很可能会摔倒并把什么东西都撞得七零八落。有时候幸运女神会给我们补偿，拿持续性来换取我们的紧张感。如果她长期地把某个人背在背上，她一定会感到非常疲倦的。"

的确，一个人如果利欲熏心，把个人的欲望无休止地延伸，势必会碰得头破血流；如果一个人能够正确地对待自己的需要和欲望，正确地处理自己的情感、欲望和现实的矛盾，并调节得非常合理，那么他就能够活得自在潇洒。正所谓："知足为幸福快乐的源泉。"

从古至今，有许许多多的典型事例也证明了这个道理。

公元223年，刘备进攻东吴兵败，落了个损兵折将的结果，悔恨交加郁郁寡欢，闷闷不乐，得起病来。起初，病势还比较轻，过了不久，病愈来愈重，他就决定请诸葛亮到永安（东征的大本营）来。诸葛亮接到刘备的诏书后，叫益州治中从事杨洪在小心辅助太子刘禅的同时，要特别注意汉嘉那一头儿，不可马虎。在一系列的军机大事安排妥当后，诸葛亮就和尚书令李严一起去永安了。

刘备本来想见到诸葛亮后要隐藏内心的痛苦，不让别人看出，但是悔恨交加的泪水仍不断地从他的双颊流下。他一面流着眼泪，一面对诸葛亮说："我不听从丞相的话，执意去东征，在猇亭被打败了，兵将损失过半，现在后悔也晚了。"说到这里，他注视诸葛亮："这段时间，我经常想起当年我们在隆中初次见面的情形，现在还历历在目。想不到这次兵败，又患了重疾，我怕寿命不会久长，不能再跟丞相共事了。"说完，禁不住痛哭流涕。

诸葛亮听了也难过得流下泪来，他安慰刘备说："过去的事就让它过去吧，不要再去想它，以免再添烦恼和忧愁。请陛下好好安心休养，最要紧的是恢复圣体健康。"

但不久后，刘备的病更严重了。在临死之前，托诸葛亮帮助自己的儿子刘禅治理好天下，并且语重心长地说："你的才能比曹丕高出十倍，必定能够把国家治理好。要是嗣子可辅，你就辅佐他；如果他没有治国的才能，就请你自己在西蜀称王。"诸葛亮听了，汗流遍体，手足无措，泣拜于地说："臣怎么敢不鞠躬尽瘁？我情愿拿死来报答陛下。"说罢，叩头流血，涂了一地。刘备注视着诸葛亮，又是感激又是难过。接着，就吩咐李严代写遗诏，留给太子。遗诏上写道："我刚开始得病，只是下痢，后来又加了其他的病症，就越来越严重，怕不能治愈。一个人活到50岁，已不算短命，我已经60多了，还有什么可恨的呢？我只是放心不下你们几个弟兄。你们必须自己勉励自己。凡是坏事，别认为小就可以做；好事，别认为小就可以不做！只有德行好，别人才会信服你。你父亲德行不是很好，不能立个榜样。你跟丞相共事，要像伺候你父亲那样伺候他。你和你兄弟们必须努力向上，要切记切记！

虽然刘备在过世前把太子托付给诸葛亮，甚至还说出在太子不才的情况下，允许他"在西蜀称王"，但是，无论刘备胸怀多么宽广，多么依赖诸葛亮，也不可能有把王位让给丞相的雅量！毕竟，当时太子刘禅已经17岁了，而且还有刘承和刘理两个儿子，是不可能把自己辛苦打拼的天下拱手让给臣子的。他在说让诸葛亮自为主子时，其实是暗示他以后不要夺权。所以，诸葛亮泪落涕零，发誓要一辈子帮助刘禅治理国家，尽他全部精力去工作、奋斗，直至死亡。他在《前出师表》中所写的"鞠躬尽瘁，死而后已"这两句话也表现出了他的忠心耿耿。

诸葛亮可以说是文武全才，也深知"知足，不失为幸福、快乐之本"的人生真谛，所以，他以"鞠躬尽瘁，死而后已"的精神辅助刘备。刘备死后，他不仅没有凭借刘备的言语趁机称帝，而且还"竭股肱之力"辅助后主刘禅。后来，东吴和曹魏都想趁着刘备归天的机会向蜀汉进攻，诸葛亮带兵顽强抵抗，结果累垮了身体，死在五丈原（今陕西眉县西南）的军营中，当时只有54岁。他一直到死，都在为国家的事务操劳，却从没有过霸权的私心。所以，为后世所称颂！他活着的时候，一直受到刘备和后主刘禅的尊敬、信赖和爱戴，他死后，其言行都流传下来，其智慧和品德成了后人学习的榜样。试想一下，如果当时他权欲太大，不懂得功成身退、见好就收，那就毁了一世的英明。

俗话说得好："一山不能容得二虎。"当你挖空心思玩弄诡计时，也就埋伏下深深的危机。对于一个聪明人来说，在成功时要懂得见好就收，这是避免祸殃的明智之举，如果成功后还不知足，那就会遭人之忌，甚至遭人之害了。所以，诸葛亮的智慧是值得学习的。

狼道智慧之七十五：
主动出击，永不后退

狼的残暴可以转化为我们企业的进攻性战略，它对我们企业的发展是非常重要的。

进攻型战略，从词义上看，有攻击、突破、领先、挤占、排斥等含义。归纳起来，可以说这种战略的行为特征就是通过竞争主动地向前发展。进攻型战略的这一特征可体现在各个方面，但基本上可分为产品进攻型战略、成本进攻型战略和市场进攻型战略。一般来说，进攻型战略的实施要求企业有更充分的可分配资源的支持，这又相应地增加了战略实施过程的风险性。因此，一个企业要想通过进攻型战略获得真正的向前发展，应当始终把握的一个原则，就是要集中重点，选择明确的战略方向，力求在尽可能短时间内取得战略性突破，形成比竞争对手领先一步的竞争优势。

战略范例一：

2000年至2002年两三年的时间里，发展速度已经将奥克斯空调推向了一个十分关键的节点。奥克斯空调毫不犹豫地选择了进攻，而且选择了中国空调市场最难以把握的广东市场——以广东市场为代表的华南市场，一贯以其成熟市场固有的稳定性在中国空调市场中占有很高的位置。2002年华南市场的销售总额占全国市场销售总额的20.56%，而广东市场又是华南市场中绝对的核心，2002年广东市场销售权重占华南市场的73.65%。只要攻下了广东市场，那么就能够在华南其他市场中迅速的扩容。

奥克斯将"革命"广东的营销目标定为：将广东空调市场一线品牌现有的价格拉下1000元左右，使广东空调市场的价格格局获得改变；在2003年全面进入广东市场的大商场和大卖场，做到哪里有空调卖，哪里就有奥克斯；在2003年实现5个亿的销售，2005年内则达到10个亿。

策略：2002年9月，奥克斯空调抽调原湖南分公司经理毛绍辉出任新一届广州分公司经理，奥克斯空调在湖南市场已连续多年实现行业冠军地位。与此同时，一批在全国各地市场取得较佳成绩的分公司经理成为广东市场的营销新军。为更好地保证2003年在广东市场的精耕细作，奥克斯空调决策者果断决定将原广东一个分公司模式变阵为六个分公司两个办事处（广州、深圳、佛山、中山、汕头、湛江分公司，东莞、海南办事处）。考虑到一系列市场活动之后，市场可能会出现一个井喷式的增长，提早将原有3人的售后服务人员增加至10人，并完善了相关的服务标准。紧接着，奥克斯打出了一系列组合拳。它祭出价格的武器、发动事件营销、巧打"非典"牌、启用免费年检、发"白皮书"……奥克斯以挑战者的身份，在中国空调品牌数量最多、本土品牌基础最好的广东市场向一个强势群体发起攻击。从价格、传播、服务、渠道、技术等多方面下手。

成效：奥克斯空调因为以广东市场为代表的区域实现了高速增长，2004年1月7日被中国企业联合会评选为"2003年中国最具成长型企业"之一；奥克斯空调因在广东市场的良好表现，在2003年底由《羊城晚报》组织的"广东家电风云榜"评选中被评为"2003年度最具潜力空调品牌"；奥克斯空调因率先发布《中国空调技术白皮书》，广东省消费者协会授予奥克斯空调"2003年度最诚信家电品牌"称号；奥克斯在广东市场启动的"中巴之战"，被中国空调权威机构《空调商情》及其他媒体评为"2003年中国空调十大营销事件"之一；奥克斯空调销售总经理吴方亮因为广东市场的成功运作，2004年1月被《南风窗·新营销》评为"影响中国2003的50位营销操盘手"之一；奥克斯空调全国市场总监李晓龙因为成功参与策划"中巴之战",2004年1月被《成功营销》评为"中国十大营销操盘手"之一;奥克斯空调广州分公司经理毛绍辉因为广东市场的成功运作,被《中国电子报》、《中国家电网》等单位评为"2003年度家电杰出十大职业经理人"之一。

而奥克斯常年以来一直擅长以事件营销作为主要传播手段,从而造成其发动价格战的同时,依然能够较好地进行品牌知名度与美誉度的提升,使得其能够在价格战与品牌战两条战线上轻松应对。

战略范例二：

在1984年,仅麦当劳一家在广告方面的开支就达2.5亿美元以上,几乎相当于一天花65万美元,一小时花2.9万美元。要收回这笔钱,他必须售出大量的汉堡包。这样的巨型企业是如何起步的呢？故事还得从咖啡店说起,这种咖啡店在美国每一个村庄和城镇都很受欢迎。

一般而言,家庭经营的小店仅有一张柜台,六七只凳子,咖啡店只是一个名称而已,它不仅仅局限于提供食物和饮料,你也可以吃到火腿和鸡蛋、烟熏猪肉和莴苣三明治、冰淇淋等,自然也少不了汉堡包或乳酪面包和法式炸鸡。且每一个城市、地区都有各自的特色。在费城,有乳酪牛排三明治;在波士顿,有蛤肉杂烩;在南部,有粗燕麦粉。这是一场争夺市场的战争。在这里,所有参战的都是游击者,他们警惕地防卫着各自的地盘。(游击原则之一是：寻找一块小的自己足以防卫的市场部分。)

1. 并入麦当劳商号

雷·克罗克在伊利诺伊州的迪斯平原开始了他的第一家麦当劳快餐店的经营,几年后,快餐店的生意发生了巨大变化。克罗克的成功之处是他的店对当地的咖啡馆发起了进攻,然后迅速把经营规模扩大到全国。在那个时代,咖啡馆经营的品种几乎无所不包,其特点是简单、方便、省钱。但从军事角度来说,这种经营方式使战线拉得太长,因而不堪一击。克罗克作出了明智的抉择,他择其中部发起进攻。(在咖啡馆的菜单上,什么是最受欢迎的品种？是汉堡包和乳酪汉堡包。)

馅饼连锁商号诞生了。在不存在竞争的情况下(只有些经营很差的咖啡店),加上他本人的勃勃雄心,克罗克很快扩大了他的连锁商店。为实现其梦想,他甚至不惜去借高利贷。更为重要的是,这种早期扩张确保了麦当劳的成功并确立了它在正在发展中的汉堡包行业的优势。今天，麦当劳的销售额超过了伯格·金、温迪以及肯塔基炸鸡店 3 家的总和。在解释麦当劳的成功时，市场营销专家们都热衷于描述公司严格的标准和程序，它对清洁的狂热追求，以及对特许经营者的严格训练等（它在伊利诺伊州埃克格威设立了麦当劳汉堡包大学，所有的特许经营者都要在这里接受强化训练，并给每一位毕业生授予汉堡包学位）。这些可能是实力原则赋予领导者的奢华之处，麦当劳是一个领导企业，因为它最早进入汉堡包行业并通过迅速扩张而站稳了脚跟。

在馅饼战中，你不可能靠烤制得更好的汉堡包而变成领导者，但是，即使你烤不出更好的汉堡包，你也能保住你的领先地位。领导者的地位使你有充分的时间去纠正可能出现的问题。在 20 世纪 70 年代后期，麦当劳的一份秘密文件率直地承认，根据对公众意见的调查，"伯格·金的质量明显的高于麦当劳的产品。"

2. 伯格·金的道路

运用有效战略来反对麦当劳的第一家连锁商号是伯格·金。当麦当劳成为全美最大的快餐连锁商店后，它就不再处于进攻状态而是转入防御境地。运用进攻战略的机遇就落在第二位连锁商店伯格·金肩上。

进攻战原则是：找出领导者的薄弱之处并攻击之。麦当劳的优势是汉堡包，它的协调一致，它的快速运输以及它的便宜。或者正如广告介绍连锁商店的最大商店麦当劳时所说的"两个全牛肉小馅饼、特制酱汁、莴苣、乳酪、腌制食品外加一芝麻籽面包上的洋葱"。这通常用一口气说不来。（在印刷过程中，麦当劳商号加上一小小的 TM 字样以提醒人们这是已注册商标。）

但其内在的劣势是什么？很明显，它存在于麦当劳用来快速发运便宜汉堡包的装配线系统上。如果你想要点特制的食品，你不得不站在另一支队伍里耐心等候。同时一位服务员不得不到后面去特制，打乱了系统的运行。在 20 世纪 70 年代早期，伯格·金实施了利用此弱点的战略。"按您的需要，"广告这样说，"可以是没有腌制食品的，也可以是没有调料的"，或是任何你想要的东西。广告许诺，在伯格·金这里，你不会因为要点特制食品而受到流浪者那样的待遇。

伯格·金的销售情况也作出了回答:"按您的要求。"广告在顾客服务和调味品方面,把两家商号有效地区分开来。人们也注意到,麦当劳商号受到了压力。它无法为许下与伯格·金同样的诺言而损害它协调一致的体系,这就是对良好进攻行动的评价。自问一下:防守者自己能在不损害自身地位的情况下与之竞争吗?一种优势也可能是一种劣势,但是你必须找到二者的连接处。

3. 麦当劳转向炸鸡业

对麦当劳来说,20世纪70年代是扩张的时代,当时商号寻求招徕新的顾客和取得更多收入的途径。这种目标很吸引人,但它们也充满着风险。当你战线太长时,你的中坚部位就变得脆弱。另外,如果人们想吃炸鸡的话,为什么他们不去肯德基炸鸡店?实际情况也确实如此,麦当劳开始的两次主要扩张行动,麦克炸鸡和麦克猪排都失败了。

紧接着是麦当劳努盖特炸鸡品种的出现,这个项目取得了成功,并增加了麦当劳的销售额。但新的炸鸡产品常要做出很大努力,并要花掉上百万元的广告费用。令人吃惊的是,对于麦克·努盖特炸鸡品种的出现,肯德基炸鸡店却没有做出反应。炸鸡连锁商号用了将近8年的时间才推出了相对麦当劳炸鸡的它们自己的产品。名字简单地称之为盖特炸鸡。

防守原则是:强大的攻势需尽快被遏止。肯德基炸鸡店浪费了8年的时光。在那些年里,他们本可以利用麦当劳的广告宣传,把业务发展到更深的领域。

麦当劳当年是以汉堡包向咖啡店的心脏部位发起进攻作为开端的。但如果现在以此为中心展开生意,把自己变成以往那种无所不包的连锁咖啡店,那将是具有讽刺意味的。

4. 馅饼之战

伯格·金又把视角转向麦当劳的心脏部位。这是一种典型的进攻战略,即攻击过分扩张其经营范围的领导者的内在薄弱之处。最有效的商业节目是这样一则广告,它暗示着与麦当劳的油炸汉堡包相比,伯格·金汉堡包味道更好,因为它们的汉堡包是用火烤制成的。

"火烤而不是油炸"这句话迅速吸引了公众并引起了麦当劳公司的律师注意,他们立即对此提出了控告。这件事情的发生对伯格·金极为有利。麦当劳愤怒的反应一下子把这场运动搞成了人们争相报道的事件，全国所有的三家电视网和几十家电视台与新闻报纸都被吸引住了。伯格·金商号的销售额有了上升。与麦当劳的3%增加额相比，它比前年提高了20%。数量虽然小，但是基数大，且正处于需要高度紧张和巨大开支的战争中。

尽管伯格·金的广告预算还不能与麦当劳的相比，但他们努力为电视广告筹集了12亿美元。与此同时，在伯格·金正忙于发动一场新的攻势时，另一连锁商号也正在采用一种不同的市场营销策略。

5. 攻击麦当劳的侧翼

由肯德基炸鸡店的前副总裁创立的温迪商号，在1969年才建立起第一个具有传统特色的汉堡包销售店。尽管起步较晚，但温迪通过对汉堡包成人消费者市场的侧翼进攻迅速成长起来。温迪把其广告对准了成年人。强调让成年人在一个舒适的环境中来享用自己的一份食品。在这里，设有免费的草帽或气球，但温迪商号最小的汉堡包也达到了1/4磅，其开头为圆形，因此它容易吸引人们的注意力。"热得流汁"是它的一种广告策略，它把成年人的汉堡包观点灌输到大众的心中。温迪商号"热得流汁"的汉堡包需要"很多餐巾"，商业节目如是说。（你不会让你的孩子吃这种面包，否则的话，当你们回家后，你将不得不为他们换换衣服。）

很快，温迪商号的边际利润几乎达到快餐店的两倍半，并且正在对伯格·金产生压力。（实际上，温迪商号的单位收益率已超过伯格·金商号。）

接下来出现的是克莱拉·帕勒——一位八十多岁老人的惊讶表情。在商业电视节目中，还没有哪一个节目能像"牛肉在哪里"这则广告一样抓住了公众的想象力。在1984年，"牛肉在哪里"这条广告使温迪商号的销售额提高了26%。由于它成了沃尔特·蒙德拉和许多人的口头禅，因此在几年时间它都是最流行的话语。但有助于提高温迪商号销售的更为重要的事实是此术语抓住了温迪的战略本质：适合成年人口味的、较大的汉堡包。

如同过去的麦当劳一样，现在的温迪商号已经脱离了这一切，目前有什么改观吗？什么也没有。温迪商号应做的是恢复牛肉产品并请回克莱拉·帕勒。在侧翼战中，乘胜前进与进攻同等重要。

第六章

日新月异　潜力无穷

狼的生命之中，无处不在的只有危机与杀戮，每匹狼对周遭的一切都保持着极高的警惕之心，因此它们无时无刻不在吸纳着新鲜的知识与经验：例如怎样更好地以智谋胜敌，怎样更好的掌握搏杀猎捕的技巧……这些都是堪为人师的地方。

狼道智慧之七十六：
成功之基，自信为上

人要争取成功，总不会轻而易举，一帆风顺，尤其是选择了远大的目标，更有可能命运多舛，经历磨难，甚至会遭遇意外的灾难……这种种挫折和压力不是使人的能动性萎缩、破碎，甘愿认命；就是使人的能动性强化、坚韧，万难不屈。如果没有了自信，你就不会往高处走了。

请看命运不幸的陈玉书是怎样成为亿万富翁的。他1941年出生在印尼。19岁时，怀着一颗热爱新中国的赤诚之心，远离较为富裕的家庭，只身归国。1964年，他从北京师范学院历史系毕业，按当时的政策规定，先到农村劳动锻炼了一年，然后被分配到北京西颐中学教历史课，每月工资54元。

没想到横祸飞来，只因他在讲党史课时，依据萧三《毛泽东的青少年时代》一书的说法讲了毛泽东是富裕农民家庭出身，结果被打成"猖狂污蔑伟大领袖毛主席的反革命分子""罪该万死"。从此，他身陷囹圄，一颗心破碎了。不久，又经历了"文化大革命" 的灾难，他的处境之险恶、悲惨也就可想而知了。

20世纪70年代，他去香港谋生。当时他身上只有临走时从国家外汇局兑换的50元港币，一到香港就成为启德机场运石填海的地盘工。这种劳动又苦又累，整天汗流浃背，只能穿短裤背心……如此谋生对一个知识分子来说，很容易造成沉重的心理压力。但他一点也不觉得难为情，不怕丢人。他知道在资本主义世界求生存，干事业，必须要有两手准备：积累资金，搜集信息。积累资金，只有靠一点一滴节余，而要信息灵通怎么办呢？他也能从实际出发，处处留心。每天下班，他要乘摆渡船，每当船靠码头时，他不急着往外走，总是留在最后再走，为的是把乘客们看过后丢下的报纸拾起来，带回住处如饥似渴地阅读。这样既学习了各种知识，又了解了社会的现实情况。如此暗自努力很不容易，若缺乏自信主动意识，没有预期的目标，是不会这么坚持不懈的。这为他后来在关键问题上善于决断、善于抓住机会，打下了可靠的基础。

五六年后，陈玉书办起了"繁荣公司"，不过一两年就赚了100万元。商场风云，瞬息变幻。他这边发了财，在台湾那边的投资生意却遭到惨败，赔了200万元，濒临破产。这种惨重的打击，又是对一个人的心理弹性、自信强度的严峻考验。就在他再次奋起进取之时，他得知一个信息：北京的景泰蓝大量库存，因为景泰蓝的市场很不景气，不得不削价处理。他依据信息分析，认准用不了多久，情况就会变化。于是他筹集资金，大胆在北京签下1000万元的包销合同，成为世界景泰蓝大王。很快他时来运转，生意兴隆，成为亿万富翁……

卡耐基讲述了美国内战期间发生的一件事。

玛丽·贝克·艾迪是一位基督教信仰疗法的创始人，她认为生命中仅有疾病、愁苦和不幸。她的前任丈夫，在婚后不久就离她而去，第二任丈夫又狠心地抛弃了她。她只有一个儿子，由于生活的极度贫困，她又不得不将他送走。从此，她的儿子就音讯全无，以后的31年中，母子俩再也没见过面，她的健康受到了极大的损害，而她又一直对"信仰治疗法"表现了极大的兴趣。可是她生命中戏剧性的转折，却发生在纽约。

在一个寒冷异常的日子里，她在城中闲逛着，不幸的她因为路滑而摔倒，并且昏了过去。她的脊椎受到了损伤，她不停地痉挛，医生认为她不可能再活多久。即使她能奇迹般地挺过来，她也要和轮椅相伴余生。

躺在一张看来像是送终的床上，玛丽·贝克·艾迪打开《圣经》。她后来说，她读到马太福音的句子："有人用担架抬着一个瘫子到耶稣跟前来，耶稣对瘫子说，放心吧，你的罪赦了……起来，拿你的褥子回家去吧。那人就站起来，回家去了。"

这几句话在她的一生中产生了一种无法抵挡的力量。一种信仰，一种能医治她的力量，使她"立刻下了床，开始行走"。

"这种体验，"艾迪太太说，"就像引发牛顿灵感的那枚苹果一样，使我发现自己怎样好了起来，以及怎样也能使别人做到这一点……我可以很有信心地说：一切的原因就在你的脑子中，而一切的影响力都是心理现象。"

"我能，我一定能。"便是成功心态的直接体现，当我们在心里不断地发出这种积极的声音之时，我们生命的所有能量和积极性都被调动起来，它们化成强大的动力，驱赶着我们体内的惰性，引导着我们奇迹般地向着所渴望的梦想的方向和目标前进，绕开路上的一切障碍、陷阱，战胜一切困难，直到成功。

扳本保之介先生是日本能力开发研究所所长，但在中学一年级以前，他一直被认为是脑子笨的学生，在一年级的500名学生中，他名列第470名。初中二年级后，他逐步赶了上来，进入了前10名。为什么在短时间内取得这么大的成绩？他在总结中不无感慨道，是他父亲的帮助和鼓励，使他克服了自卑感，树立了自信心。他的父亲经常对他说："你无论是下河捕鱼，还是上山捉鸟，都干得非常出色，这就证明你的头脑比一般人好；下围棋或下象棋的规则，我一教你，你马上能学会，如果把这种精神用在学习上，学习成绩一定会提高的。"这样，他逐渐解脱了束缚自己的自卑绳索，刻苦努力，终于成为著名的学者。

狼道智慧之七十七：

乐观豁达，笑看人生

生活中，总会遇到困难，有时甚至还要面对挫折或是死亡的威胁；但是一个人只要具备了淡然如云、微笑如花的人生态度，任何困境和不幸都能被锤炼成通向平安的阶梯。

有一个年近五十的妇女，她的头发已经开始花白，她每天都会在一个小书摊位前卖一些旧书。虽然她看上去满脸疲倦,但面容上却始终挂着温暖而平和的微笑。她原本有着一个清贫而又温暖的家,不幸的是,她的丈夫遭遇了车祸,躺在床上需要别人照顾,孩子还要上学。原本就清贫的生活一下子跌入贫困的深渊。

为了支付丈夫的医疗费,她几乎变卖了家中所有值钱的东西,本来不大的小屋现在却显得冷冷清清,虽然生活更加惨淡,但是她仍然每天微笑着面对丈夫。她的丈夫虽然受了伤,但脸上的微笑和她的微笑一样温暖而平和,外人根本看不到那种重伤在身、贫困交加的人所表现出来的厌世、焦躁、淡漠与敌视的神情。那张脸虽清瘦苍白,但洋溢出来的微笑却如花般灿烂、美丽。这又给自己的妻子多么大的鼓励啊!

那时,她的一个女儿正在读高中,正是花钱的时候。面对人生的不幸,她没有低头,而是想尽一切办法来增加家中的收入。后来她又弄点儿旧书来卖,成本不高,周期短,能赚多少算多少,只求能把这个家支撑下去。有时她也会对别人讲自己生活中一些颇使人心忧的事,不过在她讲述那些常人也许无法承受的不幸时,她的脸上仍带着淡淡的笑容。

有微笑的地方就有希望,有微笑的地方就有力量。如果你在遇到挫折或不幸时,请你也像他们那样微笑如花。这家人的生活很不幸,却能示人以如花的微笑,使人无时无刻不在感受着那种蕴含在微笑后面坚实的、无可比拟的力量——那是一种高格调的真诚与豁达,一种直面人生的成熟与智慧,这才是支撑起希望的基石。

在日本东京的一家百货商店里,一个满脸严肃的中年男子和一个四岁左右的小男孩在转悠,从他们已经褪色的衣着上看,他们是比较穷苦的阶层。他们在转圈子,当他们走到一架快照摄影机旁边时,孩子拉住了父亲的手说:"爸爸,请给我照一张相吧。"爸爸弯下腰,在孩子的额头上亲了一下,把孩子额前头发拢在一块儿,很认真地说:"不要照了,你的衣服太旧了。"孩子沉默了片刻，抬起头来说："可是，爸爸，我仍会面带微笑的。"父亲紧紧地抱住了儿子。

中年男子下定决心要改变他的态度，他决心展现开朗的、快乐的微笑。于是，在第二天早上洗脸时，他对着镜子中满面愁容的自己下令说："你得微笑，把脸上的愁容一扫而光，现在立刻开始微笑。"

自此，这位父亲改变了整天板着的面孔，总是面带着微笑。结果，微笑改变了他的生活，他的家所得到的幸福比以往每年还要多。

如花的微笑，能使自己得到幸福，也能感动别人。

一个寒冷的冬天，在美国纽约一条繁华的大街上，有一个双目失明的乞丐，他的脖子上挂着一块牌子，上面写着："自幼失明。"有一天，一个诗人走近他身旁，他便向诗人乞讨。诗人说："我也很穷，不过我可以给你点儿别的。"说完，他便随手在乞丐的牌子上写了一句话。

那一天，乞丐得到了很多人的同情和施舍。后来，他又碰到那个诗人，就很奇怪地问："你给我写了什么呢?"那诗人笑一笑，念了牌子上他所写的句子："春天就要来了，我在内心里微笑着迎接它。"

不同的表达方式，换来完全不同的结果，诗人的妙处在于他激发了人们强烈的感情。

悲观者比乐观者经历更多的失望，这是不足为奇的。当然，一般地，悲观者自找失败，而乐观的人是聪明的，他们总是微笑着面对人生，相信凡事都会有好起来的时候。

狼道智慧之七十八：

力争第一，把握命运

每一个红黑军团的球迷都不会忘记2005年冠军杯上AC米兰的悲喜两重天，在以三球领先的情况下，竟被利物浦4：3翻盘成功。

要主动把握自己的生命之舟，这样简单的道理在冠军杯决赛中最直接、最残酷地表现了出来。

　　上半场顺风顺水的米兰人就已经以三球领先,在任何人看来成功都已经属于红黑军团了。但是,领先使他们放松了警惕,心态"松弛"了下来。卡卡被对方最后一个防守球员放倒错失单刀的机会也不觉得可惜——毕竟3∶0了!杜德克扑球脱手,卡福想都不想就是一脚抽射——毕竟3∶0了!这些非常可怕的细节为接下来的崩盘埋下了伏笔。

　　结果杰拉德、斯米切尔、阿隆索给了米兰致命的三刀,15分钟内完成了不可思议的逆转奇迹,这无疑是米兰最痛苦、最刻骨铭心的15分钟。

　　利物浦的确打出了士气,他们用主动的心态、永不服输的韧劲儿去争取一切"可能",他们拼了。与其说是他们超水平发挥,不如说是红黑军团"主动"放弃了对于胜利的渴望,造成了自己的失败。

　　球场上如此,人生的道路上又何尝不是这样呢?只有主动地把握自己生命之舟的舵,才能够向自己希望的方向前进,才能够实现自己的人生价值。

　　历数国内外那些大名鼎鼎的成功人士,哪一个不是主动地把握着自己的生命之舟,操纵着自己的命运之舟走向成功?微软的比尔·盖茨,中途从哈佛弃学,创建自己的公司;网易的丁磊、盛大的陈天桥……无一不是他们的主动进取造就了他们的成功。

　　1992年,原在江西寄生病虫研究所诊断研究室工作的袁建华,以访问学者的身份进入哈佛大学生物医院,主攻传染病与免疫专业。5年后读完博士,他的老板发话:"在哈佛,以后你想待多久就待多久。"

　　"当年一到美国时,唯恐自己留不住,第一年到第三年都拼命工作。"袁建华说,"一旦老板这样说了,我就似乎看到自己以后的生活,不外乎一栋房子、一份工作,一直就这样了。"

　　他对这种下半辈子完全能够预见的生活安排感到恐怖,于是决定放弃目前的工作,离开哈佛。为解决自己的移民身份,他于1997年移居加拿大并成立了一家公司。但他当时认为自己在国外发展并没有多少优势。

"首先，我当时已经46岁了，在国外年龄偏大。美国人一般差不多都是30到35岁出成果。"他说，"但这样的年龄在中国还有优势。"类似的，他认为自己的英语、社会活动能力与当地人相比，肯定处于劣势，而到了中国，这几项劣势又自然逆转成优势。

事实也证明了袁建华的主动选择为他自己打开了成功的大门。

1998年8月，经过认真考虑的袁建华带着自己的积蓄回国创建广州杰特免疫诊断制品有限公司。

他决定选择专门开发、生产、销售传染病和寄生虫病快速诊断技术，第一个产品就是艾滋病快速诊断试剂盒。这种试剂盒诊断艾滋病非常方便，只要将一滴血滴在上面，15分钟就可以出结果。

随着中国艾滋病患者的增多，在人群中筛选和检测出艾滋病患者显得越来越紧迫。据估计，现在艾滋病快速诊断试剂盒的市场容量是5亿元，每年将以30%的速度增加。

2001年，袁建华又成立了广州洁特生物过滤制品有限公司，专门从事细胞培养瓶（板、皿）、酶标板、过滤器和移液管等实验室一次性耗材中高端产品研发、生产和销售。

"我没有别的本事，我只想当个高级搬运工，把美国最好的东西搬过来。"袁建华说。他以前在国内做生物医药研究时，经常需要培养活体细胞，而培养器皿都是重复性使用，这样使实验结果容易受到影响。而美国都使用一次性产品。

作为国内第一家研发一次性细胞培养器皿的公司，袁建华对自己的先天优势感到庆幸。他说："我是做生物的，我弟弟是做材料物理的，两人合作起来正好攻克这个难关。"

通过低温等离子改性技术，洁特生产的培养细胞高分子材料，在投放市场三个月内销售收入就达到100万元。现在，洁特在加拿大和中国建有10万级净化车间，年产能力1000万件。

生活只能依靠自己的努力慢慢去改变，命运只能依靠自己的思辨去把握。别等待奇迹的出现，生活不是电影和小说，它是没有奇迹的，生活是最真实的，一分耕耘一分收获，成功要靠自己去把握。

狼道智慧之七十九：
自励自强，斗志昂扬

20世纪90年代，电视连续剧《北京人在纽约》风靡全国，这部电视剧之所以吸引人们的眼球，除了剧情外，关键是它充满着一种积极向上的力量，鼓励人去努力，去奋斗。

剧中有一句很有名的话："如果你爱一个人，那么让他到纽约去吧，那里是天堂；如果你恨一个人，那么让他到纽约去吧，那里是地狱。"这句话很有意思，纽约对于一些人来说，是个天堂，而对于另外一些人来说，则是名副其实的地狱。

区别地狱和天堂的尺度，其实就在自己的心里。对于心态积极的人来说，那里就是天堂，而对于心态消极的人来说，那里毫无疑问就是一个地狱。

北京的音乐家王启明为了追逐梦想，携带妻子来到了美国的大都会纽约。但是，这里并不像他想象的那样，他这个音乐家在这里根本没有办法生活。最后只好放下架子，用拉小提琴的双手去餐馆刷盘子，日子可以说是过得相当凄惨。这个时候的纽约，对于王启明来说就是典型的地狱；但是王启明并没有因此而消沉，而是在努力生存，最终获得了成功。这个时候的纽约，对于他来说就是一个天堂。

而这之间的根本区别，就在于心态的积极与否。如果没有积极的心态作为后盾，在国内只会拨弄琴弦的王启明怎么会激发出经商的潜能呢？又怎么能够取得成功呢？

我们每个人天生都携带着一种看不见的法宝——积极的心态。由于有了积极的心态，王启明赤手空拳来到了美国，并获得了成功。还有一些比王启明的条件优越上百倍的人，由于没有积极的心态，而走上了绝路。

据媒体报道，一位在加拿大留学的留学生在多伦多跳桥自杀，身后遗下一双未成年的儿女及无助的妻子。这位留学生曾经是高考状元，在国内一所著名高校获得硕士学位，被破格提升为该校最年轻的副教授。后远渡重洋赴美国攻读，并且获得核物理博士学位。后来移居加拿大，找不到合适的工作，万般无奈之下，在多伦多攻读第二个博士学位。

此后由于四处寻找工作没有结果，最后走上了绝路。

这个拥有双博士学位、在国外生活多年的留学生，条件比只会拉琴、对美国丝毫不了解的王启明可谓是好上百倍，但是由于心态的不同，使他们走上了不同的道路。

心理学家认为，在人出生以后，他的心灵犹如一粒种子，蕴涵了无限的潜力和可能性，等待着自己去挖掘；而要发挥这些潜能，拥有积极的心态很重要。

大家也许都读过《假如给我三天光明》这本书，都应该知道海伦·凯勒这个人。海伦·凯勒1880年出生于亚拉巴马州北部一个叫塔斯喀姆比亚的城镇。在她一岁半的时候，一场重病夺去了她的视力和听力，接着，她又丧失了语言表达能力。然而就在这黑暗而又寂寞的世界里，她竟然学会了读书和说话，并以优异的成绩毕业于美国拉德克利夫学院，成为一个学识渊博，掌握英、法、德、拉丁、希腊五种文字的著名作家和教育家。她走遍美国和世界各地，为盲人学校募集资金，把自己的一生献给了盲人福利和教育事业。她赢得了世界各国人民的赞扬，并得到许多国家政府的嘉奖。

一个聋盲人要脱离黑暗走向光明，最重要的是要学会认字读书。而从学会认字到学会阅读，得付出超乎常人的毅力。海伦是靠手指来观察老师莎莉文小姐的嘴唇，用触觉来领会她喉咙的颤动、嘴的运动和面部表情，而这往往是不准确的。她为了使自己能够发好一个词或句子，要反复的练习，海伦从不在失败面前屈服。

从海伦7岁受教育，到考入拉德克利夫学院的14年间，她给亲人、朋友和同学写了大量的信，这些书信，或者描绘旅途所见所闻，或者倾诉自己的情怀,有的则是复述刚刚听说的一个故事,内容十分丰富。在大学学习时,许多教材都没有盲文本,要靠别人把书的内容拼写在她手上,因此她在预习功课的时间上要比别的同学多得多。当别的同学在外面嬉戏、唱歌的时候,她却在努力备课。

1968年6月1日,88岁高龄的海伦走完她传奇般的一生。因为她坚强的意志和卓越的贡献感动了全世界,各地人民都开展了纪念活动。有人曾如此评价她:"海伦·凯勒是人类的骄傲,是我们学习的榜样,相信众多的有疾病的聋、哑、盲人都能在黑暗中找到光明。"

一个看不见任何东西、说不出一句话、听不见一丝声响的残疾人,为什么能够走出黑暗,作出了让正常人汗颜的成绩?为什么能够赢得世人如此高的褒奖?除了靠她自己的顽强毅力和她的老师莎莉文的循循教导之外,恐怕起关键作用的就是她积极的心态。

海伦·凯勒正是凭借积极的心态将自己的潜能激发出来,才取得了辉煌的成就。

积极的心态是一种有效的心理工具,如果你认为你自己能够发挥潜能,它就能够帮助你,从而使你如愿以偿。

有人能发挥潜能,能成功,是因为他能始终保持积极的心态,这就是成败的差异。人生是好是坏,不由命运来决定,而是由心态来决定,我们可以用积极的心态看事情,也可以用消极的心态看一切。但积极的心态激发潜能,消极的心态抑制潜能。

狼道智慧之八十：
有胆有识，功成名就

狼在生存中，存在这样一种胆识：它们敢于同敌人斗争，敢于去尝试。由此，它们才会成功，才会成为强者，才成为自然界中效率最高的狩猎机器，才造就了它们在自然界长达100万年的生存历史。

日本三洋电机的创始人井植岁男，成功地把企业越办越好。

一天，他家的园艺师傅对他说："社长先生，我看您的事业越做越大，而我却像树上的蝉，一生都趴在树干上，太没出息了，您教我一点创业的秘诀吧。"

井植点点头说："行！我看你比较适合园艺工作。这样吧，在我工厂旁有两万平空地，我们合作来种树苗吧。树苗1棵多少钱能买到呢？"

"40元。"

井植又说："100万元的树苗成本与肥料费用由我支付，以后三年，你负责除草施肥工作。三年后，我们就可以收入六百多万元的利润，到时候我们每人一半。"

听到这里，园艺师却拒绝说："哇，我可不敢做那么大的生意！"

最后，他还是在井植家中栽种树苗，按月拿工资，白白失去了致富良机。

人们常常会用"胆量"这两个字来说明敢想敢干、敢作敢当的精神。在复杂的社会生活中，我们需要面对许许多多的问题和矛盾，处理这些问题，解决这些矛盾，需要有经验、有智慧、有谋略、有才干，同时，还有一样东西也是必不可少的，这就是胆量。所谓的胆量，通俗地讲就是要敢于想别人所不敢想的，做别人所不敢做的，为别人所不敢为的，一句话，就是人家不敢的，你敢，这就是胆量。

对于一个想要完成一件事或者成就一番大事业的人来说，胆量就起着决定性作用。因此，胆量在一个人成就事业中具有何等重要的地位。难怪古人在造词的时候，把胆量与谋略合在一起，叫"胆略"，其中胆在前，略在后，这就是说胆量和谋略虽然同样重要，缺一不可，但如果把这两者作一比较的话，很显然，胆量比谋略更重要。

在现实的生活中，我们有时候会有很多的事情，做不出来，做不好，并不是我们不会做、不能做，而是我们不敢做、怕做。我们太习惯于循规蹈矩。改革开放以来那些暴发户们的发家史就充分说明了这一点。他们中间有多少是老老实实、循规蹈矩的高学历、高智商者？很少。但为什么那些循规蹈矩的高学历、高智商者发不了财，相反那些原本在单位并不受欢迎、甚至被人瞧不起的人却成了暴发户呢？在这其中有的是干出来的，但更多的却是敢想敢干闯出来的。他们敢于"自毁前程"，打破原有的坛坛罐罐，义无反顾地把自己推向市场；他们敢于"吃螃蟹"，做别人不敢做的事；他们敢于冒风险，哪怕是倾家荡产、妻离子散，也在所不辞；他们敢于向传统挑战，"闯红灯"，打政策的"擦边球"。凡此种种，都无不彰显出胆量在现代社会生活中的地位和作用。所以，人们常常会说"撑死胆大的，饿死胆小的"，就是这个道理。

因此，胆量在一个人的事业中有着很重要的作用！在现实生活中，我们要面对很多的矛盾，要做很多的事情，这些矛盾和事情，有的是我们可以事先把握的，不仅可以事先知晓，而且还可以控制，这样的事一般是比较简单、比较普通的。但在更多的情况下，我们对所面临的矛盾，所要做的事情，并不一定预先能知晓它的变化规律和结果，更不可能预先设计出一套万无一失的控制方案，有很多甚至根本就不知道会是怎样一种结果。这就是人们常说的"谋事在人，成事在天"、"三分人事，七分天意"。对于这一点，就是那些天才的谋士、高智商的战略家都是难以逾越的。那么在这种情况下，面对要处理的矛盾和要做的事情，我们凭什么来决定行动呢？毫无疑问，这就是我们所需要的胆量。有胆量的人，看准了，就大胆地干，哪怕前面是"地雷阵"，是万丈深渊，也要勇往直前，其结果，也许会是人仰马翻，甚至是头破血流，但也有可能取得成功，而且是巨大的成功（越是别人不敢做的事，你做了，获得了成功，这样的成功往往都是巨大的）；没有胆量的人，被眼前的困难所吓倒，或者事先就为未知的结局而恐惧，惧怕失败，止步不前，畏首畏尾，其结果，也许不会失去什么，不会"亏本"，但他将永远与成功无缘。这两种情况概括起来说就是：大胆地干，失败与成功各占一半；小心谨慎，也许不会失败，但决不会有成功。因此，要成就事业，要追求成功，就必须要有胆量。成功的前提就是看有没有胆量。因此，胆量是成功的基础，胆量是成功力量的来源。

  胆量在一个人的事业中有着非比寻常的重要性。但是，任何事物都不是绝对的，胆量也是如此。胆量固然重要，有时甚至起决定性的作用，但并不是说一个人只要浑身是胆，天不怕地不怕就什么事都能干成。正如前面所分析的，有胆量做事的人，成功与失败各半，为什么会这样呢？造成失败的原因主要有两个方面：一是不识时务，做了不该做、客观上根本就做不成的事；二是有可能成功，但缺乏足够的智谋，能力不济，功败垂成。这两种情况都说明了一个具体的问题，那就是胆量虽然也重要，但仅有胆量还是不够的，还要有智慧和谋略。有智慧者，知进退之道，明白哪些事可为，哪些事不可为，不鲁莽，不蛮干，不盲目大胆。而所谓的谋略，则是指计谋、策略。就是在追求成功的过程中，要善于运用各种手腕，借助各种力量，做到多谋善断，随机应变，努力使自己立于不败之地，并千方百计达到成功。拥有这样的智谋做后盾，作保护，那么胆量才会真正地发挥出它的作用，并最后达到大胆追求的目的。

  综合上面所述，在我们现实的社会生活中，胆量固然很重要，但智谋也是必不可少。这二者对于一个人成就事业都具有非常重要的意义。那么，胆量与智谋究竟是一种什么样的关系呢？胆量和智谋并不是彼此孤立的，这个世界上是没有完全离开智谋的胆量，也没有完全离开胆量的智谋，胆量中包含着智谋，智谋中也同样包含着胆量，两者合为一体就叫做胆略。没有胆量的智谋，不是真智谋；没有智谋的胆量也不是真胆量。因此，我们要真正成为一个有胆有谋的人，就要正确理解胆量与智谋的关系，做到胆量里面包含着智谋，不盲目大胆；智谋里面蕴藏着胆量，不坐而论道。只有这样，才可以真正地走向成功的道路。

最后，还是用一个比方来说明胆量和智谋的关系：胆量就好比是一颗种子，成功则是这颗种子发出来的幼苗；智谋是催生这颗种子发芽的阳光、空气和养分，它可以催生成功，但它本身并不包含成功的因子。没有胆量，不会有行动，也就不可能有成功；但仅有胆量，没有智谋也难以有成，甚至有可能适得其反。只有先具备了一定的胆量，再加上所拥有的智谋，二者起着相互的作用，相互的促进，方能催生出成功这棵幼苗并使之长成参天大树。

中国有句古训："才、学、胆、识，胆为先。"有人以为胆量算不上什么，然而仔细看一下我们周围的人，你就不难发现，天下其实永远都不缺少有才华的人，有才华的人到处都是。但真正有胆量的人，人群里却是少之又少。

有许多的能人，他们做事冷静沉着，看问题仔细清楚，破解事物的本领也达到了惊人的程度，但是他们却做不来。有时正是由于他们的精明，一生平平淡淡，淹没在自己的所谓智慧里。据美国企业家协会的调查统计，天下真正做大事的人，不一定都是精明人，但却一定都是有胆量的人。做一个有胆量的人，比做一个有能力的精明人更难。所谓的胆量，说的是失与舍，以及对未知事物的甘心承受。因此这种胆量，通常是具有承受失败的胆量和勇气。

但凡天下大事，又必须要有胆量才能做得起，撑得住。

然而，很有意思的是有一位英国的心理学家在调查中却发现，许多的能人、精明人，为了成就他们所面临的事业，长年学习和掌握的，原来都是围绕着如何提高自己胆量这个问题来的。他们终日在心里默默训练的那个东西，原来也是胆量。他们说的要全面提升素质，原来就是如何提升自己的胆量。

为此，英国科学家得出一个结论：胆量，往往才是承受生活中一切艰辛、做一切事物的根基！

狼道智慧之八十一：
激发潜能，登攀高峰

人人都想发挥潜能，人人都想成功。每一个人都想要获得一些最美好的事物。没有人喜欢巴结别人，过平庸的生活。也没有人喜欢自己被迫进入某种情况。

奥格·曼狄诺发现，最实用的激发潜能经验，可在《圣经》的章节中找到，那就是"坚定不移的信心能够移山"。可是真正相信自己能够移山的人并不多，结果，真正做到"移山"的人也不多。

有时候，你可能会听到这样的话："光是像阿里巴巴那样喊'芝麻，开门！'就想把山真的移开，那是根本不可能的。"说这话的人把"信心"和"希望"等同起来了。不错，你无法用"希望"来移动一座山，也无法靠"希望"实现你的目标。

但是，你要告诉自己，信心和希望同样重要。

在根据一本传奇般的书《无畏的人》改编的电影里，有这样一个镜头：

纳粹德国的军官们正在审问一位年轻姑娘。她是作为二次大战同盟国的间谍被俘虏的。一个军官试图说服那位姑娘，她绝无逃脱的机会，应该与他们合作，免得受无数不必要的皮肉之苦。他们企图用这样的言辞让她开口："没别的法子，我们只好用坐老虎凳的办法来'招待'你。等你下来时，就成了瘸子了。"但那姑娘选择了沉默来保护同伴，她这样做，既为了自己的使命，同时也保留了希望。

一个人若丧失了希望之光，陷入无力自拔的境地，不啻是精神扭曲和残废。你将感到沉重的压抑，如同拘禁于人生的囚笼。这种情形持续的时间越长，带来的消极后果越严重。最终，一切希望都化为乌有时，开始是精神接着是肉体都将衰败、恶化。"希望"本来纯粹是精神意义上的，你可以摒弃它，也可以视其为生命不可缺少的一部分，决定权完全在于你自己。

对自我抱有希望和自信是同等重要的，两者互为依存、不可缺少。希望意味着相信自己有能力生活得更好，要使希望成为现实，你就得有足够的自信心，而自信心产生于行动中，绝非源于不切实际的幻想或空谈。希望属于精神，自信属于行动。你必须摒弃那种一切都是无望的观念。相反，一切都是有希望的。不要计较客观环境，以希望的眼光去看待事物，将有助于你果断地采取自信的行动。幸存的战俘以亲身经历证明了希望的重要性。威廉·尼荷斯，曾被叛乱者监禁于委内瑞拉的原始丛林中长达三年之久，最终获救。他将自己的生还归结于自始至终不曾放弃生存的希望。

相信自己，绝不放弃，自己作为一个独特的、重要的个人具有内在的充实感，希望才能飞临你的身旁。换言之，只有全身心地投入生活，你才能获得希望。除此，没有他途！这里，也没有什么神秘可言，只要你下定决心排除外界的干扰，对可能遇到的困难和风险有充分的心理准备，你就完全可以改变自己的生活，在行动中发现自己生存的目的和意义。当然，每个人的情况不同。你的邻居或许愿意成为一个牧羊人；你的姐姐或许愿意经营自己的书店；你父母或许热衷于旅游；你的弟弟身为辩护律师，因为解决了一个疑难案件而感到内心充实。所有这些或许都不适合于你，但只要你不怕冒险、不怕失败、勇于创新、大胆尝试，你一定能在生活中找到自己的位置。害怕失败的心理是你追寻自己生存目的、使命感的最大障碍之一。

《从失败到成功的销售经验》一书的作者弗兰克·贝特格写道："坚强的自信，常常使一些平常人也能够成就神奇的事业——成就那些天分高、能力强但多虑、胆小、没有自信心的人所不敢尝试的事业。"

你的成就大小，往往不会超出你自信心的大小。假如拿破仑没有自信的话，他的军队不会爬过阿尔卑斯山。同样，假如你对自己的能力没有足够的自信，你也不能成就重大的事业。不希求成功、期待成功而能取得成功，是绝不可能的。成功的先决条件，就是自信。

自信心是比金钱、权势、家世、亲友等更有用的条件。它是人生可靠的资本，能使人努力克服困难，排除障碍，去争取胜利。对于事业的成功，它比什么东西都更有效。

假如我们去研究、分析一些有成就的人的奋斗史，我们可以看到，他们在起步时，一定有充分信任自己能力的坚强自信心。他们的心情、意志，坚定到任何困难险阻都不足以使他们怀疑、恐惧，他们也就能所向无敌了。

我们应该有"天生我材必有用"的自信，明白自己立于世，必定有不同于别人的个性和特色，如果我们不能充分发挥并表现自己的个性，这对于世界，对于自己都是一个损失。这种意识，一定可以使我们产生坚定的自信并助我们成功。

狼道智慧之八十二：
身残志坚，坦然进取

在大街上的人群中，我们常常会发现某个"丑"男人的胳膊上挎着一个相当漂亮的妻子。这样的"丑"男人不是具有物质财富，就是具有精神财富，或许两者兼而有之。可见，因为他不向丑字屈服，能够创造和表现出自身的价值，他才有了与美的结合。而且，这样的人的形象也完全可以在世人的心目中得到改变。

有个叫柳西的女孩长得较丑。

你和她打第一个照面时，就会不由猛地一怔，被吓了一跳。她却坦然地面对一切，实话实说：

"我知道我吓了你一跳。我大概是你平生见过的最丑的女人。我从小就不记得有什么人喜欢我，我是在人们的白眼和鄙夷中长大的。……可我毕竟长大了。我懂得了我必须违背人们的意志，我必须和人们拗着。你们讨厌我，不让我好，我偏要好！不让我活，我偏要活！我知道人们不喜欢我，不光因为我这相貌，还因为我这倔强的性格。可谁知道，我这性格恰恰就是被他们培养出来的。

"从农村插队回城后，我进了工厂，干了5年劳动量最大、工资最低的活儿。

"1981年后，改革开放使我勇气倍增，我辞去公职，全厂哗然，我四处奔走，我要干一番事业。我没有钱，便去各厂矿募捐。我发现，我相貌的丑由于我行为的善而被人们忽略了。当我向人们，包括向一些年轻漂亮的男人们诉说社会中某一部分上帝的弃儿的悲惨命运时，他们长久地盯住我的眼睛，他们被我感动了。半年的时间里，筋疲力尽，但终于把这个难产的机构办了起来。当然最重要的是，人们开始知道我，谈论我，佩服我，注意我。报社记者来了，镁光灯嚓嚓的闪；电视台记者来了，摄像机镜头追着我转。我趁机扩大影响，直到海外同类机构找上门来捐赠大笔款项、设备。我又新建起大片现代化房舍，招聘了几十名工作人员。我有了根基，有了名望，有了钱，平时傲慢的人们确实开始崇敬我了。

"……有一次，省电视台节目主持人来为我编排了一个专题节目。这个主持人青春年少，风流倜傥，语言诙谐，聪明过人。他是无数女孩子心目中的首席偶像。他的到来激起我情绪的巨浪，我对着话筒滔滔不绝，我讲人道，讲仁爱，讲道义，讲慈善，讲人与人之间的同情与爱。我把积压了三十多年痛感人间无温暖的肺腑之言尽情倾吐，我为不幸的人们呼喊。我声泪俱下，不能自制，一阵晕眩，险些站不住。他当时正巧站在我面前，为我举着话筒录音，见状一把搀扶住我，并亲自送我回家。待我清醒过来，已躺在床上，他正一手搂着我脖子，用一方手帕为我擦拭额上的冷汗……这是我第一次与一个男人，一个漂亮得令我不敢向往的男人离得这么近，近得我能够听到他的呼吸，能感受到他的心跳，也能感受到他的体温！他显然也深深地感受到了我的激动，他也很激动……"

人是因为可爱才美丽。

一个很丑的女人确确实实终于证实了自己的征服力，实现了自己的人生价值。在可以突破自身条件的局限这一点上，她给人的启示不是很有力吗？

狼道智慧之八十三：
跌倒爬起，不惧挫折

在前进的路上，谁都想一帆风顺，然而，挫折是难免的，虽然挫折并不保证你会得到完全绽开的利益花朵，它却能提供利益的种子，你必须找出种子，并且以明确的目标给它养分并栽培它，否则它不可能开花结果。

你应该感激你所遭遇的挫折，因为你如果没有和它作战的经验，就不可能真正了解它。

约翰在威斯康星州经营一座农场，当他因为中风而瘫痪时，就靠这座农场维持生活。

虽然约翰的身体不能动，但他还是不时地在动脑筋，忽然一个念头闪过他的脑海里，而这个念头注定了要补偿他不幸的缺憾。

他把他的亲戚全都召集过来。并要他们在他的农场里种植谷物。这些谷物将用作一群猪的饲料，而这群猪将会被屠宰，并且用来制作香肠。

数年间，约翰的香肠就被陈列在全国各商店出售，结果，约翰和他的亲戚们都成了拥有巨额财富的富翁。

出现这样美好结果的原因，就在于约翰的不幸迫使他运用从来没有真正运用过的一项资源：思想。他定下了一个明确目标，并且制定了达到此目标的计划，他和他的亲戚们组成智囊团，并且以应有的信心，共同实现了这个计划。别忘了，这个计划是因为约翰中风之后才出现的。

当你遇到挫折，不要去浪费时间计算失去多少。相反的，你应该想想你有多少收获。你将会发现你所得到的，会比你所失去的要多得多。

你也许认为约翰在发现思想力量之前，就必然会被病魔打倒，有些人更会说他所得到的补偿只是财富，而这和他所失去的行动能力并不等值。但约翰从他的思想力量和他亲戚的支持力量中，也得到了精神层面的补偿。虽然他的成功，并不能使他恢复对身体的控制能力，但却使他得以掌控自己的命运，而这就是个人成就的最高象征。他可以躺在床上度过余生，每天只为自己和他的亲人难过，但是他没有这样做，反而带给他的亲人们想都没有想过的安全。

狼道智慧之八十四：
全力争取，勤勉攻坚

狄更斯说："顽强的毅力可以征服世界上任何一座高峰。"

如果在人们的关注下，你还可以忍受心灵的孤独，那在别人遗忘的角落，你是否能够依然承受这样的煎熬？如果你能做到这一点，那你注定有被人注目的一天，注定有被人记住的一生。也许你在平日里并没有多大的欲求，也许你只是执着于自己的某种爱好，也许你的举动曾经遭到别人的讥笑，但只要你不放弃，只要你坚持下去，你就能有意想不到的收获。别人的白眼这时也会变成羡慕的眼光。

许多年以前，在荷兰的一个小镇，来了一个只有初中文化水平的年轻农民，他的名字叫列文虎克。他的工作主要是为镇政府守大门，他在那儿一干就是60多年。在工作之余，他从来不打牌，不下棋。他只有一个爱好，那就是磨镜片。为了钻研磨镜技术，他到处求师访友，向眼镜匠学习,向炼金家请教。常常磨镜片磨到深夜都不肯罢手。由于这种对镜片的爱好,所以他一下班就躲到屋里忙活起来,这自然就减少了与亲友交流的时间,所以被亲人误解,常常被认为是"不近人情的家伙"。对此,列文虎克无动于衷,依然锲而不舍地钻研。他磨出的复合镜片的放大倍数超过了专业技师,最终制成了当时无与伦比的精细显微镜,揭开了科技尚未知晓的微生物世界的"面纱",为此他被授予巴黎科学院院士的头衔。英国女王访问荷兰时,还专程到这个小镇拜会他,英国皇家学会也把他选为了其中的会员。

列文虎克的成功就在于他拥有了坚韧不拔的精神。许多人在事业上的失败,常常不是因为没有选准目标,也不是因为难度太大了,而是因为他们缺乏坚强的意志和坚韧的品格。列文虎克打磨镜片,一干就是60多年,其中的艰辛、枯燥和乏味不言自明,没有坚韧不拔的意志和锲而不舍的精神是万万不行的。他走的是一条艰辛的荆棘路。打磨镜片在别人看来是太平常的一件工作,但正是在这种细小平凡的事情中才能看出一个人做事的态度。列文虎克不同于其他人的想法,他想把手头上的每一块镜片都磨好,所以他扎扎实实、一丝不苟地做着这样的事情,用尽毕生的心血完成了每一个平淡无奇的动作。在他85岁那年,朋友们劝他安度余生,离开显微镜,他却说:"要做成一件事,必须花掉毕生的时间……"他活到90岁高龄,也没有离开显微镜。正是把坚韧不拔的品格作为护身法宝,列文虎克才走过了漫长而坎坷的崎岖小路,用辛劳的汗水浇出了绚丽的成功之花。

科学上的许许多多所谓"一举成功"、"一鸣惊人"的壮举,都是长久地默默地坚持付出的结果,都是以钢铁般的意志和锲而不舍的精神去战胜无数困难的结果。诺贝尔奖获得者、化学家戴维斯说:

"真正的雄心壮志几乎全是智慧、辛勤、学习、经验的积累,差一分一毫也达不到目的。至于那些一鸣惊人的学者,只是人们觉得他一鸣惊人,其实他下的工夫和潜在的智能,别人事前未能领会到!"

要想取得成功,没有什么"捷径"可走,也没有什么"锦囊妙计",最需要的就是坚韧不拔的品格。正如法国微生物学家巴斯德所说:

"告诉你使我达到目标的奥秘吧,我唯一的力量就是我的坚持精神。"

所以,忍耐是一种痛苦的磨炼,历经炼狱般的折磨而铭刻于心。尤其是搞科研的人员,如果没有持之以恒的精神,是不可能完成尖端的研究项目的。在那种条件下,挑战的不只是一个人的智力,更多的是对一个人心理素质的挑战。如果没有一个良好的心理素质,没有一个能够抗住外界压力和艰苦环境的忍耐精神,是不可能做出成绩的。

如果你是颗珍珠,那你就不用担心在贝壳里呆得时间太长,就不要否定沙子对你的作用,总有一天你会被发现,得到重用。当一个人身处逆境时,很容易消极颓废,很容易产生懈怠的情绪,宁可坐在那里干等,也不愿意采取行动或是设法努力向前。他们信奉时间会解决一切,时间能够消除心灵的伤疤,无论对个人还是对事业,都抱着"除非确定事情肯定成功,否则不要去做"的态度。但事实上,很多事情根本无法提前很准确地知道它是否一定可行。所以这种人做起事来老是畏畏缩缩,这样他们常常感受不到生活的乐趣,找不到自己发展的方向,找不到自己奋斗的目标和寄托的希望。这种等待的状态并不是那种忍耐的状态。形势不明朗时你必须忍耐一点,但却不能忘记自己前进的方向。但如果你想让自己有所成就,你就必须全力以赴地去争取,积极地等待机会的到来。

狼道智慧之八十五:

积蓄力量,迎接挑战

无论做什么事情,都有"适当时机"。时机乃是超乎人类能力的大自然的力量。无论你怎么渴望,在春天未来临之前,樱花绝不可能盛开;无论你怎样焦急,在时机尚未成熟的时候,做事必然无法成功。严冬来了,春天就不远了。樱花即使是被凛冽的寒风吹打，或遭遇到压弯树枝的大雪，仍然宁静地等待春天的驾临，充分表现了对于大自然恩惠的信赖。

不如意的事情过去了，好的时机必然来临。因此，凡是成大事的人，无不等待时机的来临。既不焦急，也不慌张，静静地处理眼前的工作。伟人等待时机的心情，恰似等待春天的樱树。然而，消极地等待，无疑是企求侥幸。樱树虽然静静地等候春天，却无时不在养精蓄锐。没有储蓄潜力，时机纵使到了，仍然一无所成。

愈需要等待，则内心愈是焦虑，这是人之常情。然而，自然的法则，却不能被人情所左右。这不是冷淡，时机对于静静等待它的人，无不以温暖的双手去迎接。因此，我们要能养成"善待时机"的心理。

一个名叫尤尔加的美国人的故事就很好地说明了这个道理。

尤尔加在底特律生活了一段时间以后搬到了新奥尔良。他在底特律时只是一个铅管匠，努力了好多年，也没有发展起自己的事业，原因是缺乏资金。

刚搬到新奥尔良的时候，他带着老婆、三个孩子和120元钱，那是他全部的家当和资产。搬来后的第一天，他找了八家铅管公司，可是没有人愿意雇用他，那些人只是告诉他人手已经够了。

无奈，第二天他跳上了一辆公共汽车，走过了一条长长的、繁忙的大街；那条街上有几家快餐店，他记下了窗口上张贴征聘店员广告的店名。走到路尽头时，他跳上了另一辆返回家的车，一路上去了四家快餐店，可是都没有找到工作。

最后，总算第五家的经理对他有点兴趣。他向那个经理保证，他工作勤奋，而且做人诚实。那个经理告诉他，薪水相当低。但他告诉经理待遇不成问题，他会为顾客提供一流的服务。

的确，他的工作做得很努力，结果在6个星期之内他成了那家快餐店的营业部经理。在那期间，他结识了不少顾客，根据他们的要求，他改善了服务质量，提高了工作效率。9个月后，这家快餐店的老板把他叫到了办公室。原来这个老板除了经营餐饮业之外，还有别的投资项目，尤其是在房地产方面也搞得不错。这个老板看他的能力很强，也很敬业，就想派他去一座有90户的大厦当助理经理。

他当时就愣住了，然后告诉这个老板，他只当过铅管匠，对管理大厦一无所知。但老板笑着对他说："我查过你在快餐店的记录，利润增加了83%。管理大厦与管理快餐店的道理是一样的——乐于助人、推行计划和委派。我想你一定能让大厦保持客满，准时收到房租，而且保养良好。"

结果他接受了那个工作——工资是他在快餐店时的三倍，还有一间漂亮的公寓。两年后，他已经升为了高级经理，不久以后，他就有足够的钱来开创他自己的事业——创办一家大规模的铅管企业。

尤尔加选择了一份很少人愿意去做的工作，但他最终却成就了自己的事业。所以从哪里开始并不重要，重要的是你知道自己是要到哪里去。即使你选择了最不起眼的工作，如果你能让自己的目标明确起来，那你就能在平凡的岗位上为不平凡的事业做好充分的准备，就能为自己的事业打下坚实的基础，就可能实现自己的梦想，成为一个成功的人。

狼道智慧之八十六：
勇于竞争，调动激情

竞争是不可避免的。人与人之间的竞争不见得全是坏事，有时候通过竞争，可以让机遇之花遍地盛开，给你带来一个幸福的春天。

古人有"并逐曰竞，对辩曰争"的说法，意思是说：你追我赶，对问辩论，就叫做竞争。人若不参加竞争，就不够紧张，不会活跃，内心深处的热情就调动不起来，你自己的潜能就发挥不出来。可见，我国古人对于竞争及其作用，已经有了相当的了解。

但是在我们的意识里，总是以为竞争就是带着残酷和血腥的，所以，很长时间内只提倡团结合作，而不提倡竞争。其实，列宁就是竞赛和竞争的倡导者，他认为竞赛和竞争可以"在相当广阔的范围内培植进取心、毅力和大胆首创精神"。

一个人在平等的竞争中,能够充分发挥自己的聪明才智,能够极大地发扬自己的创新精神和奋斗精神。因此,竞争可以成为催人上进、促人前进的有效动力。在心理学中竞争被视为能激发一个人自我提高的一种动机形式。

诺贝尔生理学和医学奖获得者罗歇·吉耶曼和安德鲁·沙利持续22年的竞争就是一个生动的事例。

沙利是波兰出生的美国科学家,吉耶曼是法国科学家。1955年,他俩不约而同地宣布了一个相同的基本发现——主张首先从下丘脑分离出垂体释放的"促皮质素的下丘脑因子"(CRF)。以前,他俩是在互不知道的情况下进行这一研究的,从此,一场分离CRF的竞争开始了。他俩谁都不甘落后,谁都想领先分离出CRF。经过持续22年之久的你追我赶和不断奋斗,虽然他俩都没有分离出CRF,然而,沙利首先分离、合成了"促甲状腺激素释放的下丘脑因子"(TRF)和"促黄体生成激素释放因子"(LHRF),而吉耶曼却领先分离、合成了"生长激素释放抑制因子"(SRIF)。他俩的这些科研成果,证实了脑激素的存在,不仅为控制某些重要疾病开辟了新的道路,而且为找出控制人口的安全方法提供了可能,成为神经内分泌学史上划时代的里程碑。鉴于这一系列重大成果,他俩荣获了1977年诺贝尔生理学和医学奖。他俩的激烈竞争,结出了丰硕的成果。

由此看来,有人把竞争比作人才成长的催化剂、加油站和压力器,是有一定道理的。

实际上,在我们的生活、工作中以及从事的各项活动中,都存在着各种形式的竞争。比如学生时期的考试,不仅升学考试要争个高低,平时许多考试也有竞争问题;至于各种各样的体育比赛、文艺大赛、各级各类的评优活动都是竞争的有形表现。即使不举行这种有形的竞赛活动,竞争仍然在无形地进行着:谁的工作业绩最突出?谁的演说口才最好?谁的动手能力最强？甚至谁经常受到单位领导的表扬？等等，都可能形成无形的竞争。因此，我们在生活和工作中应当自觉培养自己的竞争意识和竞争精神。

机遇之花在竞争之中盛开。当你获得一次竞争，你就获得了一次可贵的机遇。失败了，你可以积累经验，从头再来；成功了，你的信心会更加强盛，你会感受成功到来的喜悦。这样的事情为什么你要拒绝呢？

竞争意识比较强的人，勇于投入竞争，积极从事各项具有竞争性质的活动，竞争对于这种人的激励作用往往比较大，它可以进一步促使一个人确立目标和志向，增强自身的活力和动力，缩小自己能力与目标之间的差距，而且容易感到生活富有生气，奋斗充满乐趣。相反，一个竞争意识比较弱的人，或者是一个害怕竞争的人，往往会把竞争中一时的胜负看得过重，不容易理解"胜败乃兵家常事"的道理，更缺乏把失败看作成功的先导的胸怀，一旦遇到挫折，就想从该项活动中退出去。

当然，现在社会上有些人为了在竞争中取得胜利，不是通过正当手段，而是采取营私舞弊、借助权力、拉帮结派等不正当手段，这当然是一种错误的动机和行为。这种行为，使竞争变得失去不平，竞争的结果也就失去了真正的价值。这种动机使竞争者变得卑劣和低下，它即使让你获得一些暂时的机遇，取得一些成就，但是肯定不会有好的结果，因为这样越走越远，终究要将一个人推入歧途。

真正善于竞争的人，一般也是善于合作的人。现代社会，竞争往往不是人才个体之间的竞争，更多的是人才群体之间的竞争。在这样的人才群体中，人才个体之间必须搞好合作。这种合作可以提高人才群体在竞争中的优势，从而更好地投入竞争。我国首次人工合成胰岛素成功，使我国在这个领域走到了世界的最前面，使外国科学家十分震惊。他们问："是谁搞出来的？"其实，这不是哪一个人的成绩，而是几十位科学工作者多年合作搞成的。这种联合起来促使竞争成功的事，在现在学术界举不胜举。现代的团体精神，是一种无往不胜的力量。

竞争，让你的机遇之花遍地盛开，经久不衰。

狼道智慧之八十七：
乐观心态，努力成功

西方有这样的谚语："成功吸引更多成功，而失败带来更多失败。"这句话真是一语中的，为成功而努力会使你更有能力迈向成功。如果你什么也不做，坐等失败，只会使你遭受更多的失败而已。事实就是这样简单，然而还是有很多人揣着旧的失败，等待新的失败。

如果你以积极的心态发挥你的思想，并且相信成功是你的权利的话，你的信心就会使你成就所有你定下的明确目标。但是如果你接受了消极心态，并且满脑子想的都是恐惧和挫折的话，那么你所得到的也都只是恐惧和失败。

要不断发掘自己的积极因素，要坚持对自己说：

——别人知道我是可以信赖的。

——我有勇气。

——我是个靠得住的人。

——我很愿意使别人高兴。

有些很小的事情，也许你觉得没有多大意思，也要列举出来，希望你把对自己可能产生消极作用的东西彻底破除掉，然后你便能够积极一些。

亚伯拉罕·林肯说过："人下决心想要愉快到什么程度，他大体上也就愉快到什么程度。你能够决定自己头脑中想些什么，你就能控制自己的思想。"

成为积极或消极的人全在于你自己的抉择。没有人与生俱来就会表现出好的态度或不好的态度，是你自己决定要以何种态度看待你的环境和人生。即使面临各种困境，你仍然可以选择用积极的态度去面对眼前的挫折。

约翰·伍顿曾经是美国加州洛杉矶大学的一名知名篮球教练，他曾说过一句话："那些懂得好好顺应事情走向并坦然面对它的人，终有善果。"

保持一颗积极、乐观的心。尽量发觉你周围的人和事中最好的一面，从中寻求正面的看法，便能让你有向前走的力量。即使最终失败了，也能汲取教训，运用于未来的人生中，把这次的经验视为朝向目标前进的垫脚石。

如果你刚进入工作岗位不久，或仍对那个时期记忆犹新，相信你对工作之初的那些经历只能是会心而苦涩地一笑。的确，绝大多数初出茅庐的年轻人都有过这样一段经历：被置于不受重视的部门，做打杂跑腿的工作，受到无端的批评、指责，或代人受过，得不到必要的指导和提携……总之，那是一段很不愉快的日子。

但是，受苦难不一定是什么坏事，特别是在一切刚刚开始的时候。能够帮助我们消除很多不切实际的幻想，能够使我们对形形色色的人与事有更深的了解，这些对一个人的成长都是必要的。但是，如果你安于现状，你就可能成为众人眼中的无能者，更糟的是，你自己也会渐渐认同这种角色。

生活中不可能没有挫折和失败，但问题是，有的人一旦遇到失败和挫折，就会丧失意志和勇气，被击退；而有的人则能从失败中吸取教训，获得经验，并化为一种前行的动力。这也是两种不同心态的差异。

美国联合保险公司有一位推销员，名叫亚兰。亚兰想成为这个公司的明星推销员。他努力应用他在励志书籍和杂志中所读到的积极心态的原则。

寒冬的一天，亚兰在威斯康星州一个城市的街区推销保险单，却没有做成一笔生意。当然，他对自己很不满意。但他没有因此而气馁，而是将这种不满转变为一种励志的动力。

他记起他所读过的书，应用了那些书中所提出的原则。第二天，当从办事处出发时，他向同事们讲述了前天所遭遇的失败，接着他说："等着瞧吧！今天我将再次拜访那些顾客，我将售出比你们售出的总和还多的保险单。"

啊！这确是一个不平常的成就，亚兰果然成功了。头一天亚兰在风雪中穿街过巷，跋涉了八个小时，却没有卖出一张保险单。可是亚兰能够把头一天我们大多数人在失败的情况下所感觉到的消极不满在第二天转化成励志性的不满，并且取得了成功。亚兰成了这个公司的最佳推销员，并被提升为销售经理。

在那些真正的成功者中，许多人具有这样的特点：他们有能力使用"积极心态"的力量，但大多数人总是盼望成功会以某种神秘莫测的方式不期而至，可是我们并不具有这样的条件，即使我们确实具有这些条件。我们也许会看不见它们，很明显的东西往往反而会被人视而不见。每一个人的积极心态就是他的优点，这并没有什么神秘莫测的地方。

一般公司对新进人员都是一视同仁的，从起薪到工作都没什么差别，无论你是多么优秀的人才，在刚开始的时候还是没有什么特权的。而且在刚进公司所分配的工作，也是从谁都能做的简单事情做起。

狼道智慧之八十八：
保持动力，更新观念

成功的前提之一是必须要建立明确的价值观念。价值观念反映了一个人最主要的欲望、动机和目标，以及对于一件事物的根本看法。

在现代社会中，对于价值观念有许多不同的理解，这样便形成了价值观念的多元化。有的人认为发家致富最重要，其他一切对此来说都显得微不足道；但有的人认为追求高尚的人生境界最为重要，金钱只不过是一个附属品。这些都无可非议，因为各人有各自的追求目标，有各自的价值取向。

在现实生活中，许多人的价值并不是不正确，而是不明确，也就是说，是由于对自我关注太少而造成了价值观念的模糊不清。每个人都有自己的天空，拥有自己的想法。如果人云亦云，盲目随大流便会导致自我的不稳定；而这种不稳定又往往造成了对方价值取向的无所适从。一个人如果没有属于自己的价值观念，不敢对传统的价值观念进行挑战，就无法建立一种积极的心理状态，树立成功的信心。

李在麟曾经是兰州市一家国有企业的人事科长，在别人眼里，这确实是一个令人羡慕的工作，既是国营单位里的铁饭碗，而且又是一个"肥缺"，料想他应该满足了吧。

但是出人意料的是，李在麟居然辞去了人事科长的工作，而去承包了一家濒临倒闭的乡镇企业。当时许多人都很奇怪，为什么他会丢下铁饭碗而去挑起一担破箩筐呢？

然而李在麟有他自己的看法。他认为人生在世不能安于现状，得有一股闯劲儿。在国有企业中太过束缚，他感觉到才能施展不开。承包了那个小企业之后，他会觉得得到了自由，可以充分地展现他的才干，而且这对于有进取心的他来说也可以算是一个挑战。因此李在麟毅然作出了这个决定。

结果是令人振奋的。李在麟坐上那个小企业的第一把交椅之后，锐意改革，裁减冗员，制定严格的规章制度。一年之后，企业开始扭亏为盈，工人的积极性得到极大的提高。不到三年，这个乡镇企业就变得小有名气，而李在麟也接连两次被评为优秀企业家。

可以看出，李在麟正是明确了他的价值观念。他并不盲从普通人所认为的一般价值取向，而是从他本身出发，以实现自我为目的，而确定了新的价值观念。

在日常生活中，有许多的事情，人们已经习以为常了，而且也似乎有一定的规矩。于是便不敢越规，盲目地随大流。其实，抱有这种观点是错误的。这种盲从的心态必然对自我意识的确立，以及人生选择产生消极的影响和严重的束缚，使人难以保持良好的自我心态，从而导致整个心理的不良循环。

所以，要想成功，更新价值观念是不可或缺的一条。

一位美国的家具商人杜尔克斯也是这样,他是个勇于创新的商人,整天除了生意上的工作外,便是思考着如何设计出更好更独特的家具来适合口味越来越高的消费者的需要。

有一次,杜尔克斯到纽约乡下去度假,路过一个小村庄时,眼前出现了一片残垣断壁,原来这里刚刚发生一起火灾,烧毁了大批的房屋和树林。由于道路被阻,杜尔克斯不得不停下车来等候路障的清除。

由于无聊,他便四处闲逛,看见一片悲惨的景象,他的怜悯之情油然而生。他跑上前去,帮助村民搬运残留的物件。

突然,一片焦松木引起了他的兴趣。那块木头的边缘虽然已经烧焦了,但是中心的木纹却十分漂亮,仿佛是一幅画似的,他从中得到了启示。

回家之后,经过几个月的研制,他发明出一种仿纹家具,这种家具美丽的花纹和亮丽的色彩使之在老式家具中脱颖而出,一举成为市场上的畅销货,而杜尔克斯也由此获得了巨大的财富。这些事例都说明了在众多的刺激与反应之间,拥有积极自我意识的人往往能够更加的敏锐,从而更有能动性和创造力。

团队意识　服从统一
聚精会神　专注目标
强者之道　绝不示弱
……